中央大学政策文化総合研究所研究叢書 11

オーラル・ヒストリー 多摩ニュータウン

細野助博
中庭光彦 編著

中央大学出版部

まえがき

　少子・高齢化，まちづくり，都市・地域再生といったキーワードが地方分権や道州制などの政治的争点と関連を持ちながら世間で語られている．そして多摩ニュータウンはその時代的先端性から常に時代のキーワードから無縁ではなかった．

　構想から10年，そしてまち開きの時点から40年，おおよそ半世紀の時代的な流れの中で，ある時は「陸の孤島」と揶揄され，ある時は「第四山の手」と過大に評価され，そして最近は「オールドタウン」と同情的なニュアンスで「多摩ニュータウン」は語られる存在である．しかしその時々の論調は，研究者にとっても住民にとっても皮相的なものでしかないものが大半であった．したがって，多摩ニュータウン学会の活動も含め，私たちはそれらの観察や言説に対してマスメディアなどを通じて啓蒙的な反論を行い，『多摩ニュータウン研究』をはじめ各種の学会誌，専門誌で理知的な反駁も行った．と同時に多摩ニュータウンの魅力の再発見を「謎解きニュータウン」と題して積極的に提示しながら，世間一般の認識を改める努力をしてきた．また将来に向かっての姿勢として専門家と行政のみで多摩ニュータウンをめぐる言説を閉じるのでなく，多種多様な価値観を抱く住民を主役に据えた魅力づくり活動の場を提供し，あるいは理論的支柱となろうという「多摩ニュータウン学会」の設立時から一貫した使命感に裏付けられた試みを行ってきている．

　中央大学政策文化総合研究所の3年間にわたる資金的援助のもとで開始された多摩ニュータウン「アーカイブ2007-2009プロジェクト」は，このような目的意識をもっとも明確に反映した活動の代表例といってよい．それは私たちに突きつけられた「時代からの緊急の要請事項」でもあった．UR都市機構，東京都，東京都住宅開発公社といった開発事業主体の事実上の事業完了をきっかけとして，現存してはいるが保存体制が不十分であったりして

散逸の危機を免れない可能性の高い貴重な各種資料と，多摩ニュータウンゆかりのキーパーソンや住民の「時代的証言（オーラル・ヒストリー）」を確かなエビデンスとして紙ベースや映像コンテンツとして保存することが求められている．別の言い方をすれば，「多摩ニュータウンの歴史を探りその魅力と課題を再確認した上で，将来を展望する作業を今開始すべきだ，もはや躊躇している時間的余裕はない」という共通認識を，言葉に出さなくても開発を担ってきた組織に関連する人たちもニュータウン住民も，そしてそこから出て行った人たちも共有している．

この多摩ニュータウン「アーカイブ2007–2009プロジェクト」は3つの部会に分かれている．一つは本書の内容に示されている「開発に深く関与したキーパーソンによる時代鳥瞰絵巻」を作成する部会であり，もう一つは，「開発政策史の観点から選ばれたキーパーソンのオーラル・ヒストリー」作成部会である．最後は「多摩ニュータウン住民のオーラル・ヒストリー」作成部会である．

なお本書の構成は以下のようになっている．まずこの証言を読み解くための導入編を第Ⅰ部に設けた．第1章で，多摩ニュータウンの誕生から現在までの概要を時間軸にそってガイドしてゆく．とくに多摩ニュータウン学会の研究成果をもとに構成した内容になっていることをここでは協調したい．第2章で，多摩ニュータウンの開発に関与したアクターと時代背景を整理する．第3章で，開発事業として最も重点が置かれた住宅政策の変遷を辿る．第4章で，開発事業主体が退場することで本格化する市民社会のあり方をNPOの活動を通して展望する．そして第5章の御厨貴，飯尾潤両教授をお迎えしての座談会の内容を，「オーラル・ヒストリー」とは何か，どのように読むべきかについての格好のガイドとして掲載した．

第Ⅱ部を「証言編」とし，「開発政策史の観点から選ばれたキーパーソンのオーラル・ヒストリー」の主要部分を掲載する．彼らキーパーソンは，全員何らかの形で多摩ニュータウンに関わった時代の申し子であり，時代の証言者である．第6章は伊藤滋教授による，日本に戦後まもなく導入された都

市計画という若い学問が，多摩ニュータウンの骨格にどのような影響を与えたかについての証言である．第7章は飯島貞一氏による，高度経済成長路線を演出してきた産業立地政策が主に派生させた首都圏への人口移動が多摩ニュータウン開発にどのような影響を与えたかについての証言である．第8章は川手昭二教授による，都市計画研究家としての思想的変遷を多摩ニュータウン開発担当としての実体験を踏まえての証言である．第9章は青山佾教授による，東京都の開発担当者として美濃部都政から連綿と続いてきた多摩ニュータウン開発事業の変遷に関する証言である．第10章は臼井千秋氏による，多摩ニュータウンの中核に位置する多摩市市長として市政からニュータウン建設に伴う行政課題にどう取り組んできたかについての証言である．第11章は横倉舜三氏による，用地を提供した地元の思いとニュータウン成立後の生活史に関する裏話を含めて興味深い証言である．

　高度経済成長の社会経済的圧力のもとで，キーパーソン各人各様の時代認識と価値基準に裏打ちされた時代的証言を通して「多摩ニュータウンの原型」が次第に明らかになってくる．ある点では多才なアクター達が繰り広げる歴史絵巻といって良い．だから編者としての作業を進めた時，この証言の中身に思わぬ発見の喜びを感じるとともに，ある種の予期せぬ驚きも禁じえなかった．それほど強烈な証言が含まれているからだ．彼らの口伝をもとに編みあげられたこの「歴史絵巻」をじっくり紐解くことで，現在の多摩ニュータウンが少しずつ具体的な姿を整えてゆく様を数々のエピソードを心に留めながら，是非とも「明日の多摩ニュータウン」の未来形を読者自身に考えていただきたい．これが，本書のねらいであり，本書に協力を惜しまなかった多くの方々の願いでもある．

2009年12月16日

　　　　　　　　　　　　　　　　　　　　　　　編者を代表して

　　　　　　　　　　　　　　　　　　　　　　　　細　野　助　博

目　次

まえがき

第Ⅰ部　導　入　編

第 1 章　歴史のニュータウン・明日のニュータウン
　　　　──オーラル・ヒストリーへの時間軸──　………　3
　　　　　　　　　　　　　　　　　　　　　　　細野助博

　　はじめに　3
　1．歴史の街を歩いてみる　4
　2．明日の街を描いてみる　13
　　おわりに──郊外の再発見　17

第 2 章　多摩ニュータウンにおける
　　　　　　開発政策史研究の課題　……………………………　19
　　　　　　　　　　　　　　　　　　　　　　　細野助博
　　　　　　　　　　　　　　　　　　　　　　　中庭光彦

　　はじめに　19
　1．分析枠組　21
　2．多摩ニュータウン開発初期をめぐる諸問題　22
　3．政策史から見る多摩ニュータウン開発の研究課題　35
　　おわりに──政策史調査手法としての
　　　　　　　オーラル・ヒストリー・アプローチ　37

第3章　多摩ニュータウンに見る
　　　　東京都住宅政策の変容過程 ……………… 39
　　　　　　　　　　　　　　　　　　　中　庭　光　彦

　　　はじめに　39
　　1．高度成長期の住宅政策　41
　　2．「多摩ニュータウン開発計画1965」の意味　44
　　3．美濃部都政における住宅政策の争点　47
　　　おわりに　53

第4章　まちづくりはソーシャル・キャピタルの
　　　　形成からはじまる
　　　　　──学びから出発した2つのNPO法人 ………… 57
　　　　　　　　　　　　　　　　　　　廣　岡　守　穂

　　　はじめに　57
　　1．まちづくりとソーシャル・キャピタル　59
　　2．NPO法人シーズネットワークとNPO法人エンツリー　62
　　3．学びがネットワークをつくる　66
　　4．NPOと企業の協働　68
　　　おわりに　71

第5章　座談会：地域政策史における
　　　　オーラル・ヒストリーの可能性 ……………… 75
　　　　　　　　　　　　　　　　　　　御　厨　　　貴
　　　　　　　　　　　　　　　　　　　飯　尾　　　潤
　　　　　　　　　　　　　　　　　　　細　野　助　博

　オーラル・ヒストリーとは何か　76
　チームで臨む　76

話を聞くのは真剣勝負　78
客観性を担保する空間をどうつくるか　79
聞かれることで活性化する　81
聞く順番　82
別の選択肢を探す　83
オープンに公開する方がよい　87
オーラル・ヒストリーは考え方の文脈探し　89
オーラルは素材集め　90
役人が本当のことを話すのか　91
地域密着型オーラル・ヒストリーの可能性　93

第Ⅱ部　証　言　編

第6章　都市計画の潮流と多摩ニュータウン ………99

伊藤　滋

学生の頃　99
外国の大学教育　101
都市計画――三つの流れ　102
林学から都市計画へ　104
高山英華の力量　105
戦後高度成長と都市計画　107
モータリゼーションと都市計画への需要　108
所得倍増計画 vs. 全総　109
建設省住宅局の出自　111
燃料革命と鉄道が変えた多摩　113
人間を人間として扱う住宅　115

第 7 章　立地政策から見た国土開発と都市政策……121
　　　　　　　　　　　　　　　　　　　　　　飯 島 貞 一

　　多摩ニュータウンと立地政策の関係　121
　　日本列島改造論と工業再配置促進法　127
　　地域格差の是正と成長促進のせめぎあい　130

第 8 章　戦後住宅開発計画思想の履歴……………143
　　　　　　　　　　　　　　　　　　　　　　川 手 昭 二

　　新日本建築家集団（NAU）とは何か？　143
　　住宅設計教育の草創期　147
　　団地設計の源流　150
　　プレファブ住宅　152
　　DK論の二つの発祥　153
　　原理主義としての住宅政策　157
　　拠点開発論としての新住宅市街地開発法　161
　　景気対策としての住宅建設五箇年計画　167
　　港北ニュータウンについて　172

第 9 章　東京都政から見た多摩ニュータウン事業…185
　　　　　　　　　　　　　　　　　　　　　　青 山 佾

　　多摩ニュータウンとの関係　185
　　美濃部都政は多摩ニュータウン事業に消極的だったのか　188
　　美濃部都政のブレーン　192
　　企画調整機能をもった出先機関　195
　　三多摩格差の問題　201
　　鈴木都政における多心型都市構造論　204
　　石原都政の副知事として　206

第10章　多摩市政20年の当事者として …………213
　　　　　　　　　　　　　　　　　　　　　　　臼井千秋

　教育委員から市議会議員までの経緯　213
　住宅建設ストップから「行財政要綱」の締結へ　216
　富澤市長引退と臼井氏市長選出馬　220
　鈴木俊一氏を訪ねる　226
　臼井市政　229
　特別業務地区　237
　パルテノン多摩をめぐる自治省との関係　240
　長期市政を振り返って　247

第11章　用地提供者の開発利益 ……………………253
　　　　　　　　　　　　　　　　　　　　　　　横倉舜三

　唐木田の横倉家　253
　桜ヶ丘開発　255
　背中に頼る農業からの脱却を願った　257
　諏訪・永山の土地をまとめた頃　259
　公団と東京都の対応　263
　虫食いにされないように動いた　265
　土地の力を知らない　268
　開発は自殺行為だった　270
　多摩市議会議員として　272
　開発利益のゆくえ　274
　行財政問題の頃は動かなかった　276
　市議会議員時代　279
　変動する多摩の政治　283
　1980年代の動き　286

都議選の選挙対策本部　　289
　　土地を育てることが基本　　298

参考文献一覧
多摩ニュータウン関係年表
あ と が き
索　　　引
編著者・証言者略歴

第Ⅰ部　導　入　編

第1章

歴史のニュータウン・明日のニュータウン
――オーラル・ヒストリーへの時間軸――

細 野 助 博

は じ め に

　ニュータウンに対するステレオタイプのテーマは,「ニュータウンはオールドタウンになってしまった」というものである．歴史的役割を終え若者が出て行き老人たちだけが取り残された郊外ベッドタウンの問題を，その部分だけを切り出してどう先鋭化した問題として描いて見せるかに終始している．たしかに多摩ニュータウンの一部地域では少子高齢化の問題が加速度的に進んでいるが，開発を待つ空地をいまだ多数抱えているため，完成の域に達している全国各地にある他の大規模ニュータウンとは違う側面を持つ．区画整理地域を中心に開発がまだ持続し，子育て環境に注目しているのか子供を抱えた若い世帯の居住が増え続けている．さて構想が誕生してから45年経とうとしている多摩ニュータウンに今突きつけられている課題は二つに集約できる．一つは開発時の規模とテンポと経済状況のタイミングで各々同一世代の居住が一般化し，住区毎に平均年齢がモザイク模様を描いて現れている．この世代別偏在がもたらす情景のマイナスイメージの払拭という課題である．もう一つは，住まい暮らす空間としてのニュータウンに独自性と魅力の土台を支える都市空間を演出する活動とそのアウトプットに多様性を発揮させる環境作りという課題である．

この二つの課題に果敢に挑戦する「明日のニュータウン」を実現するために，どのようなアクターが公共，民間両部門に存在し，時代というコンテクストの中で，彼らが個々の思惑と見通しの上に総力を挙げて上記の問題にどう取り組んで来たか，あるいはどう取り組んでいこうとしていたのかを研究することの意味は大きい．世界的な傾向として経済水準の高さによらず都市への人口流入が一般的に進んでいる．計画「都市」の在り方に対して，この種の研究で導びかれている教訓を世界規模で提供することにもつながるからだ．そのための序説として，「多摩ニュータウン開発」をめぐり展開される代表的でき事を時間軸をさか上ってオーラル・ヒストリーの時代的証言をもとにナビゲートする．つまり，多摩ニュータウン40年の昨日・今日・明日を語る通時的縦糸の議論をこれからしてみたい．

1．歴史の街を歩いてみる

（1） 理想と現実のハザマで

昭和30年代に本格化した高度経済成長は，首都圏を始め大都市圏へ，地方の若者を持続的に加速度的に流入させた．産業立国を旗印にした政府が「太平洋ベルト地帯」とそれを内抱する大都市圏を開発の中心にして産業構造の転換を図り，その結果として余剰となった全国の農村人口を大都市圏の開発拠点が引き受けることになる．この政策は東京都に年間約30万人も流入し続ける状況を作った．ふれ続ける流入人口に対して新たに住宅を提供するための無政府的な宅地開発のスプロール化に脅威を感じた東京都は，公営住宅の建設を重点施策とする一方で，当初首都圏整備計画の都心から30キロ圏内を10キロ幅のグリーンベルトとし，その外縁部に5万人規模の都市を複数整備することを構想した．高度成長が持続する中で人口圧力は一向に止まらず，国と東京都の都市整備担当部局は小規模住宅地より30万人規模収容の住宅地開発を「公的部門で計画的にすすめる」必要性を決めた．ただ

し高騰し続ける地価の制約を受け，区部での大規模住宅地開発は不可能であった．そのため，交通の利便性の遅れから地価上昇が比較的低めの都心から30キロ圏内にその土地を求めた．

他方，産業構造の転換時代を迎え，農業の将来性や都市化の波に不安を覚えていた対象地域の土地所有者は，開発の利益を担保するために「私有権の侵害だ」とグリーンベルトの指定に猛反発した．他方その外縁部の南多摩丘陵地域の山林や農地の所有者は都市化の波が徐々におし寄せ農業の兼業化が本格化しつつあったことと，農地転用に伴う譲渡所得の魅力に抗せずという2つの要因から本格的大規模開発のきっかけを待っていた．こうして大都市圏の成立とその結果として，住宅問題に苦慮する行政の思惑と土地所有者の開発需要とが顕在化し合致し東京西部地区の開発に対する大きなうねりを形成し，多摩ニュータウン開発計画を現実のものにしていったといえよう．

しかし，このニュータウン計画の中身は，住宅対策最優先で短期間に作成されたので，十分体系だった構想に基づいて都市を形成するという理想からは幾分乖離していった．まず必要な土地の買収を時間節約的に行うため，1963年（昭和38年）7月施行の「新住宅市街地開発法」を根拠とした全面土地買収手法によったからだ．これは先行した千里ニュータウンなどの住宅開発計画の遅滞に難渋した経験に一部基づく．この法律は「住宅市街地」というネーミングが示すように，3,000haにもおよぶ多摩ニュータウンのような大規模開発に適した法律と言うより，現下の住宅問題を局地的に解決するための「近隣住区論」の発想にベースを置く法律と言う原型を色濃く残していた．住区単位の開発に対して理想的なデザインが可能ではあっても，多様な機能を大規模開発に伴って構想するグランドデザインをベースで支えきれる法律ではなかった．このことが，多摩ニュータウンの魅力作りや都市としての「機能の完備性」を不十分なものにし，単なるベッドタウンというイメージを植えつけ，それを現在も払拭できない要因を形作った原因の一つと言ってよかろう．

さらにその計画区域の土地所有者は大半が兼業農家ではあったが，この法

律に基づく全面土地買収では農業継続がまったく不可能になるという事態を予測できなかった．むしろ「都市型農業者と新住民で構成されたニュータウン」という理想形を多摩町民は考えていたし，時の町長もそのような説明をいろいろな会合でしていた．しかし，全面土地買収を前提にした土地収用で農業継続が不可能になることは当然予想されたので，それをいち早く察知した関東農政局は，この開発計画全体に懸念を表明した．そして農地と農業を守る担当部局として当初はこの計画自体に難色を示し，計画の実現を阻止できないことが判明した後は農業者に対する生活再建の措置の必要性を強く主張することになった（勝村　1998）．その生活再建措置にしたがって近隣センターの店舗区画にいわゆる「クワからレジ」へといった業種転換で移り住む人も出たが，奥多摩・山梨・静岡などに代替農地を求めて移住してゆく人もいた．また地元の強い要求もあり，旧来から人口が固まって住み暮らしている既存集落をそのまま維持するために，土地活用に対して地元の自由度が保障される区画整理事業が1969年（昭和44年）に紆余曲折のはてに認められもした（北條　2002）．このような全面土地買収と区画整理という2種類の異なった開発方式の併存は，ある面では理想的で統一的なコンセプトでニュー

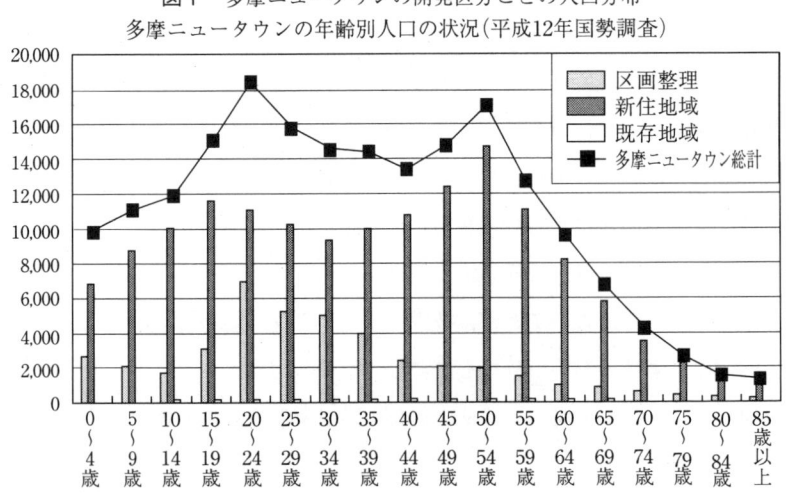

図1　多摩ニュータウンの開発区分ごとの人口分布
多摩ニュータウンの年齢別人口の状況（平成12年国勢調査）

（出所）UR都市機構（2006）．

タウンを現実のものとしようとした「原理主義的」プランナーには，現実が強く求めた「例外」を認める不本意な妥協の産物と位置づけられるものであった．しかしこの併存こそ，地域ごとの人口分布に見られるように，都市にとって必要不可欠な「活動の多様性」と都市のダイナミズムを生み出すふ卵器だといってもよいことが後になって判明する（図1）．

(2) サイズと形状

新住宅市街地開発法で土地買収のフリーハンドをある意味活用可能となった建設省，東京都，住宅公団3者は，1963年（昭和38年）から1965年（昭和40年）にかけて多摩ニュータウンの7次にわたる大幅変更をともなうマスタープランを作成する．第1次プランは最も小規模で形状は線形に近い．現在のニュータウンの形状と最も異なると同時に大幅河川改修を必要とし，既に始まっていた周辺地域のスプロール化を助長するという欠点を有していた．この欠点是正のため，面積を約2,200haから約3,000haに拡大し，河川改修を小規模にすべく現在の形状に近い第2次プランができ上がる．そして，行政区界の調整，京王線，小田急線の鉄道敷設計画の変更などとの微調整を図った第3次プランができ上がる．続く第4次，第5次案ではセンター機能を持った地区を京王相模原線の駅前（多摩センター）1つから，（南大沢

図2　多摩ニュータウン開発図

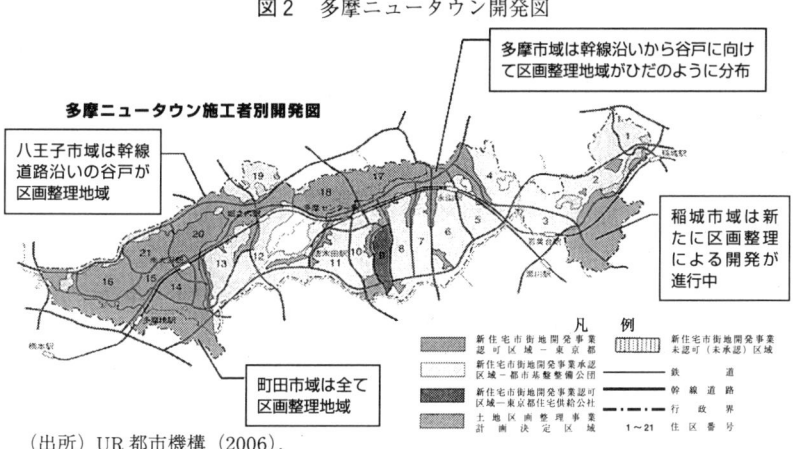

（出所）UR都市機構（2006）．

を含めて）2つにする案への変更が加えられた．そして，第6次案でセンター地区を合計で5つに増加させ，開発総面積は山手線で囲まれた面積のおおよそ3分の1，約3,000haのサイズに落ち着く（図2）．と同時に，多摩川水系一本で，鉄道とバスによる輸送手段の機能分担，歩車道分離の道路ネットワーク，系統的な緑地確保，100人／haの人口の厚みを持った30万人都市の誕生の基盤計画ができ上がった．

そして都市機能的には，立川，八王子，相模原，町田といった周辺の都市との連携を前提にした職住近接が可能で良好な住宅地建設がうたわれた（山岸（2005））．それを受けた第7次案は，用地買収の過程で浮かび上がってきた地元感情を悪化させないように，尾根部分を極力活用するといった地形や自然条件を考慮し，また急を要する住宅難の解消に向けた大規模住宅群の建設計画を打ち出し，より現実的な事業へ大きな一歩を踏みだすきっかけを作った（UR都市機構（2006））．

以上のように，7つのマスタープランの変遷プロセスは，開発面積，水系を含めた丘陵地の地形，都市幹線道路計画，行政区界などの要因とともに，開発対象地域の行政や住民の思惑などを総合的に考慮検討し，「走りながら考える」という段階的課題解決型の開発計画を税の制約や状況を見定めながら弾力的に展開した軌跡でもある．この弾力ある展開プロセスは，ニュータウン計画の大規模性を考慮した場合大いに評価すべきだが，人口減少時代の到来とともに唱えられ始めた「コンパクトシティ」論を持ち出すまでもなく，社会インフラの蓄積と活動の多様性に富んだ都心との競争でいえば，郊外都市はいずれも比較劣位の状況を打破できない弱さを持つ．職住近接に焦点をあてた場合はとくに現在もなお克服できてはいないのが現状である．

(3) 陸の孤島から第3山の手へ

1965年（昭和40年）に都市計画決定され，東京都，住宅公団，都住宅供給公社により事業が具体化して，1969年（昭和46年）3月に諏訪・永山地区への第1次入居が実現した．小田急多摩線，京王相模原線の開通する1974

年（昭和49年）までの3年間は「陸の孤島」というマスコミ受けするフレーズで多摩ニュータウンが語られた．事実入居地から最寄りの聖蹟桜ヶ丘駅までバスで40分もかかったからだ．住民の足を確保せずに「見切り発車」した結果と，表土を削り落としその後に幼木の植栽といった荒漠たる開発地の現状を考えるとマスコミの論調はあながち誇張ではなかった．さらに新規の住宅開発に伴い5,000人単位で急増する人口に見合う学校など教育施設や上下水道施設などの社会インフラの整備が同時に必要となったことで，多摩市の行財政は当然のようにパンク寸前になった．この窮状の打開が解決しなければ住宅建設を認めないという多摩市の強硬姿勢に，ニュータウンの開発を継続すべく美濃部都政のもとで1974年（昭和49年）に第9回「多摩ニュータウン開発計画会議」が開催された．ここでいわゆる財源措置と人口密度，土地利用計画，学区編成など今後のまちづくりの根幹を成す基本方針を盛り込んだ「行財政要綱」が制定された．地元自治体の財政問題への認識を重視し，住民の担税力の点からの賃貸と分譲比率の見直しも視野に入ることで，ようやく住宅建設と入居が再開された．その点ではこの一連の動きが，多摩ニュータウン開発にとって重要なターニングポイントとなった(成瀬　2006)．この地元自治体の行財政破綻への危機感と反発から，諏訪・永山地区の第1

図3　「パルテノン多摩」に続く現在の多摩センター駅前

次入居に始まり貝取・豊ヶ丘地区を対象とする第2次入居開始まで，5年間の足踏みが続くことになった．この開発の遅れがもたらしたマイナス・プラス両面についての検証は，ニュータウン計画の総合的な政策分析で行う必要がある．とくに職住近接を実現するための法的スキームの見通しを本格化することで行財政の安定化への道筋をつけるべきだったと思われる．

　昭和50年代に入り，住宅建設が再開されると機を同じくして美濃部都政と交代した鈴木都政で，多摩地域が区部に匹敵するような中心性を発揮する複合型多機能都市として位置づけられた（高橋 1998）．1979年（昭和54年）には「行財政要綱」が改定され戸建住宅の建設も認められた．また，「一戸建て感覚」により人気が急上昇したテラスハウスなど多種多様なタイプの導入や3LDK，4LDKクラスの質も高くて広めの住宅の建設，核となる多摩センター地区の整備も進み，多摩ニュータウンの全体的イメージが順次向上してゆくことになる．そして「行財政大綱」と1977年（昭和52年）にまとめられた「西部地区開発大綱」をもとにして開発は南大沢を中心とする西部地域へと進む（UR都市機構（2006））．

　昭和60年代に入り，バブル経済の到来と規制緩和による経済活性化で東京一極集中に拍車がかかり，都心部の地価高騰がプッシュ要因を形成し玉突き現象を起こしながら，外延部の郊外へ住宅開発の波が押し寄せることになる．その間に交通事情の改善や都市景観の整備でイメージアップがはかられつつあった多摩ニュータウンに，区部から若い世帯が結婚と同時に移り住み，一部メディアでは「第4山の手」というキャッチフレーズまで現れた．と同時に1986年（昭和61年）に「新住宅市街地開発法」が改定された．内容は良好な住宅環境と調和する，居住者の雇用機会と昼間人口の増加をねらった「特定業務施設」の立地を促進することになる．多摩ニュータウン開発が計画の俎上に上がった時から，ハワードの「ニュータウン論」に啓発されていた担当者たちの多くは当然のごとく職住近接型の計画案を前提と考えていた．しかし，喫緊の住宅政策を最優先させる高度政治的思惑の中で，次第に「職住近接」というその前提を前面に出す機会を逸してゆく．そして妥協の

産物が前述の「連携都市」の構想だったといっても過言ではない．これは，都心の地価がプッシュ要因として，新たな住宅を求めるファミリー層ばかりでなく，相対的に安い賃料を保障する魅力を求めて事業所も東京西部に「誘致しなくとも」移転してくるという甘い期待にも裏打ちされていた．しかし，都心だけでなく隣接する都市へのアクセスが容易になるように縦横無尽に交通網が整備されているわけでもなく，また各自治体の連携に対する意識のずれに翻弄された．このことから，構想は現実化するためのハードルがあまりにも高く，「職住近接」を実現させるためには無力だったと言ってよい．その反省の上に，先の「新住宅市街地開発法」の改定があった．さらに多摩ニュータウンが「多摩の心」の一つとして，立川，八王子，町田と同じく多摩地域の自立都市圏の中心になることを期待され，この東京都の方針をきっかけにして多摩センター地区を中心に，八王子，町田地域の業務7地区開発の本格化が徐々にではあるが進んでゆく．また，1988年（昭和63年）には稲城地域で環境や地形に配慮した多様な集合住宅を配置してニュータウン事業は東部地区に延伸する（宇野（2006））．

(4) バブルが消え，魅力も消えた

バブルの絶頂期1987年（昭和62年）多摩センターに多目的文化施設「パルテノン多摩」，1989年（平成元年）に延床面積6万平米の大型百貨店「多摩そごう」，1990年（平成2年）に京王プラザホテル多摩，総合レジャーランド「サンリオピューロランド」などができ，多摩ニュータウンは絶頂期を迎える．しかし株価大暴落でバブルがはじけ，翌年にピークをむかえた地価も急落してゆく．都心の地価下落と連動するように多摩ニュータウンの人気も急落していった．印象的にいえば2000年（平成12年）「多摩そごう」の撤退がその象徴でもあった．バブル経済の崩壊は，国民に土地の絡んだ経済的リスクの存在を印象付けた．男女共同参画社会の掛け声とともに女性の社会進出が進み，家計防衛やライフスタイルの変化で夫婦共稼ぎが一般化すると同時に，晩婚化や少子化も一段と進んでいった．「新住宅市街地開発法」の

改定が遅すぎたことや，バブル期の地価高騰の清算が不十分だったこともあり，この環境変化の中で多摩ニュータウンはベッドタウンから業務核都市への転換が遅れた．そのため事業所の誘致が思ったほどには進まず十分な雇用吸収先を作れなかった．その間に都心に近い地域でも，地価の大幅下落と工場移転，事業統合などで再開発の種地が増加したので値ごろ感のあるマンションが林立し出して，子育てと都心への距離から多摩ニュータウンの比較劣位は決定的なものになった．居住地選択に当たっては女性の意見が相対的に強いことから，若い世代になるほど，多摩ニュータウンの選好順位は低下してゆく傾向が明確になった（細野・矢部 2001）．

第1次入居からすでに40年近く経過している．その当時の最先端のライフスタイルに合った憧れの住宅も，徐々に時代にマッチしたものにリノベーションすべきであった．しかし，住宅投資の大半は新規住宅建設に一方的に偏るなど，諸般の事情で改築などの措置も施されずに時間だけが経過していった．利便性や間取りで見劣りし，時代にマッチしない住宅は賃貸であろうが，分譲であろうが若い世代からは見向きもされない．若者に去られたことで，一部マスコミによる「オールドタウン」というレッテルが張られる地区がモザイク模様のように出現してゆく（細野・中庭・矢部 2003）．しかも，高齢化が進み単身高齢者居住の社会問題化も一部地域で生じてきた．これは今後一段と先鋭化してゆくため，課題の摘出と解決の方策を福祉関連のNPOなどと地元行政とのコラボレーションで既存の成功例を参考にしながら，考案しなければならない（加藤田・上野 2004）．

ところで，多摩ニュータウンの魅力を一層高めてゆくには，広域行政による一元的取り組みが必要であることが当初より指摘されてきた．しかし東京都がこの点でのリーダーシップの発揮を期待されながら実現できなかった．そして思惑や優先度の違いから，必ずしも多摩ニュータウンを構成する四市の足並みが揃わなかった．市域の大半をニュータウン地域が占める多摩市と，市域の周縁を占めるだけの八王子市や町田市にとって，当然行政上の関与のスタンスや都市政策上の優先順位は異なる（高田 2000）．また稲城市も多摩

ニュータウンの開発初期に多摩弾薬庫の問題などが俎上にのぼり，開発当初に限っていえば一歩引いたスタンスを取ってきた．したがって，多摩ニュータウンの開発と四つの市独自の都市計画との異なった優先順位付けがもたらす行政効果の帰趨は明らかだった．また広域調整がままならない現状を是正すべき立場の東京都は，財政上の措置を施して2004年（平成16年）3月に新住宅市街地開発事業完了を宣言した．さらに大規模都市開発に独自の構想と手腕で取り組んできた都市再生機構も組織改編を繰り返しながら，2006年（平成18年）3月に新住宅市街地開発事業完了を宣言した．ここに3,000haの広大な敷地に「新しい街＝多摩ニュータウン」建設という国家的な規模でのプロジェクトとしては終焉を迎えた．しかし，プロジェクトは終了しても街はこれからも半永久的に生き続ける．その生き続ける街の明日の一部を次に展望してみよう．

2．明日の街を描いてみる

(1) 世代の垣根を越えて

多摩ニュータウンをオールドタウンと称し，老人だけの寂れた街というイメージを定着させた一部メディアの責任も重いが，どういう訳か関連行政も開発を担ってきた諸機関もそれに対して真っ向から反論を加えることが少なかった．開発を主体的に担ってきたはずの現在のUR都市再生機構しかり，東京都しかり，多摩ニュータウンを構成する一部の行政しかりである．多摩ニュータウンの住民の一人として，そしてこのまちに愛着を感じている者の一人としてその消極的なスタンスにむしろ違和感を持つ．統計的な面で見ると住区の開発経過年数と高齢化率が明確な関係を持ち，2006年（平成18年）実績で老齢化率は18.6％から5％強の幅がある．だから永山のように2中4小が1中2小に小中学校の統廃合が進む地域と，若葉台のように児童急増からプレハブ校舎で急場をしのいでいる地域とがニュータウン内で並存すると

いう事実をもっとおおやけにすべきなのだ．問題は，老齢化率が高い地域とそうでない地域のモザイク現象が極端なことと，そのモザイク現象は「若者世代の流出」を放任する限り，時間の経過の中で全体が老齢化するしか解消されないことである．新規の事業所誘致が進まず，新たな住宅投資が十分になされず，男女共同参画社会にうまくマッチし切れていない住区では，まちとしての魅力作りができないことから比較的若い世帯が相対的に減少している．また若い世代がニュータウンを選択する場合も，住民の平均年齢が近く，駅からも近く，彼らのライフスタイルにマッチする比較的新しく開発された地域が対象となる（図4）．

しかし，建て替え問題や世代間のサービスの整備問題も含めて，すみわけ現象を是正し世代の混住を大々的に進めるには，かなりのリスクとコストがかかるので現実的ではない．日々の生活の中ではとくに理性に対していつも感情が勝つからだ（Schelling (1978)）．若い世帯が受容する間取りやコストに

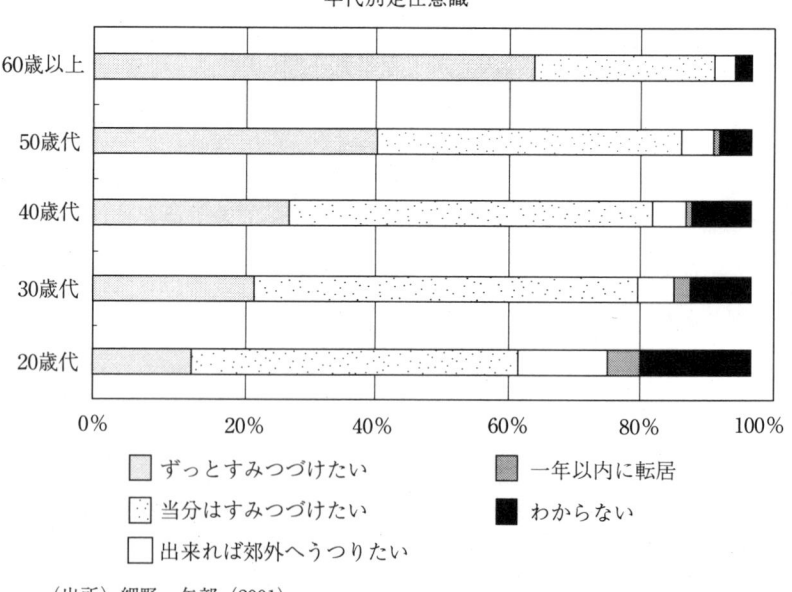

図4　世代別に見た定住意識
年代別定住意識

凡例：ずっとすみつづけたい／当分はすみつづけたい／出来れば郊外へうつりたい／一年以内に転居／わからない

（出所）細野・矢部（2001）．

配慮した新規住宅供給と同時に子育てにやさしい環境整備が必要な地域と，バリアフリーや健康管理を考慮した高齢者住宅化をさらに進めるべき地域に思い切って分けてよい．つまり「歩行可能で狭域な空間規模」を単位に，モザイク型すみわけを是認することが必要である．エレベータの無い中低層集合住宅で，1階部分に老人を住み替えさせる算段はインセンティブや合意も含めてコストがかかりすぎる．ただし「歩行可能な狭域ならば，中高年齢者による子育て支援や子育てを終了した女性やリタイアした男性による高齢者ケアへの参加も世代間の相互交流に十分役立つという報告例は多い．多摩ニュータウン地域のように地形を極力いかしたまちでは，起伏があっても充実した車歩道網やコミュニティバスなどの運行も交流のためのインフラとして一役買うだろう．居住空間の共有より，目的意識空間の共有がもっと多摩ニュータウンには似つかわしいといえる．問題は，そのような交流促進と活性化を支えるハードとソフトのバランスのとれた整備である．交流促進のハードと活性化を支える人材の確保に対して，行政が住民と一体になって取り組む必要がある．そのためにはまず課題認識と情報共有に向けた対話の場が必要である．多摩ニュータウン学会はそのための大学・行政・住民で作った一つのフォーラムでもある．

(2) 公私の垣根を越えて

多摩ニュータウンはNPOの宝庫である（新井 2001）．かつて世代間の交流，ハコモノの維持管理，各種相談などは家族やコミュニティで処理してきた．しかしある面で時代の先端性にあこがれた地方出身の多いニュータウン住民は，一般的に個やファミリーが共同体に優先すると自ら思い，子育てにもライフスタイルにもそれを反映させてきた．しかし上で述べたように，彼らのライフステージの後半で，子供たちも通勤・通学，あるいは結婚と同時に同様な行動でニュータウンを離れてゆくことを親世代は甘受しなければならなかった．「都市空間の魅力作り」という個人や民間の能力を超えた課題に対して，厳しい財政事情の中で小さな政府をめざす「官」に一方的に依存

することは期待できない．幸いにも，電子メールの普及に支えられたNPOという専門特化型の新組織体の出現により「民」と官とで，新たな公共圏を形成してゆくことが可能となった（中庭 2001）．おそらく全国的にも，多摩ニュータウンのNPOの設立数は人口当たりで他地域に対して群を抜いていると思われる．諏訪・永山地区の近隣センターには，福祉亭はじめデイケアサービスの事業所が立地している（図5）．おそらくこれからは活動の継続性を担保するためにコミュニティビジネスを意識した，子育てサービスや女性のキャリア支援のNPOなどがこれから続々設立されるはずだ．どのような活動にもヒト・モノ・カネの3種の神器は重要ではあるが，とくに大半のNPOの場合は最も重要な人材（ヒト）と，拠点（モノ）と活動資金（カネ）の欠乏にさいなまれている（横山 2004，元山 2005）．この欠乏感を埋める役割は官に求めることは不当ではない．むしろ現今の景気悪化の時代にはそこにこそ官の役割を限定して集中的に行政資源を注入すべきだ．

(3) ストックの再発見

緑に囲まれたガーデンシティという趣が多摩ニュータウンにはある．約3,000haのうち，公園・緑地が250ha確保されている．ところで最も構成

図5 永山近隣センターのデイケア事業

比が高い住宅ストックの中身を見ると，UR都市機構分が分譲・賃貸込みで約276,000戸，東京都公社分が分譲・賃貸で約7,200戸，都営住宅が9,958戸，そして明確な統計データを入手してはいないが，いくつかの情報をつなぎ合わせると，おそらく民間が15,000戸くらいだろうか．しかし「遠・高・狭」3拍子揃った賃貸の空家率は高い．それと同時に景気の停滞や高齢化の進展，家族機能の崩壊などを要因として，都営住宅居住を求めて多摩ニュータウンの域内外からの潜在的な待機も混在しているのが現状である．また空き家の活用を目的に高島平団地の活用事例を先駆とした，多摩地域の大学連携とUR都市機構とのコラボレーションが開始されようとしている．多摩ニュータウン周辺の諸大学は国内の18歳人口の減少を見据えた上で留学生，短期研究者受け入れ拡大，首都圏東部地域の受験生確保のため，家賃補助を含め賃貸空き家の有効活用に本腰を入れようとしている．しかし，ただ単に住いの確保だけでなく，学術を含め多文化，異文化交流や生涯学習とのコンビネーションがこの動きに彩りを添えることも住民から求められている．多摩ニュータウンを中心に，行政やNPO団体も巻き込んで環境にやさしい国際交流都市の萌芽ともいえる．

おわりに——郊外の再発見

　多摩ニュータウンが転機にあるという認識を共有し，まちづくりの理論的支柱としての「地元学」を構築するためのプラットホームを提供し，表出する課題に立ち向かう実践者のインキュベータの役割を果たす団体として多摩ニュータウン学会を学者，行政担当者，住民とで1997年（平成9年）に立ち上げた．文中で使用し，参考にした文献の大半を機関誌『多摩ニュータウン研究』掲載の論文に絞り込んだのは，学会の問題意識と存在意義を読者諸賢に一部紹介するためである．そして近年は，多摩ニュータウンの歴史を「開発政策史」という観点からたどるアーカイブ構築や，多摩ニュータウンの魅

力や課題を「郊外の再発見」というテーマで研究した（多摩ニュータウン学会 2007, 2008）．本稿も含めて，本書を構成する全ての内容はこの研究成果の一部である．

　UR都市機構と東京都の事業完了はニュータウン物語の終幕を意味しない．むしろ，第1幕が終わったということでしかない．これから主役が交代して地元行政や住民，そしてNPOや大学がそれぞれの持分を生かしながら，時には各主体がクロスしたり，ミックスしたりして各々の役割を演じながら第2幕，3幕目を展開してゆくことになろう．多摩ニュータウンは時代とともに様相を変え「永遠に未完の都市」であり続ける活力と刺激が無ければ「ニュータウン」の看板を下ろさなければならない．そうでなければ，次代を担う若者がニュータウンの魅力を再発見し，憧れ，そして人生の大半をここで過ごしてくれはしない．多摩ニュータウンの内外でこのまちの持つ潜在力に対しての自信と気概がしばし見過ごされていたのではないか．それが「オールドタウン」という揶揄を全力で跳ね返すことをためらわせたのではないか．この反省こそ明日のニュータウンを再発見させる原動力となるはずだ．

第2章

多摩ニュータウンにおける開発政策史研究の課題

細 野 助 博
中 庭 光 彦

はじめに

　多摩ニュータウン事業は，計画が開始されたとされる1963年（昭和38年）から43年が経過し，売れ残り用地244ha，人口約20万人という結果を残し2006年（平成18年）に終了した．この間，多摩ニュータウンでは問題が生じるたびに政策形成・決定がなされ実施されてきた．その中には，例えば，強固な制度として機能し改正まで23年を要した新住宅市街地開発法を用いた事業決定もあれば，東京問題調査会報告やロブソン報告のように，その提言が実質的には放置されるというケースもあった．このような結果に至る経路を，当事者（アクター）の相互的な意思決定過程による制度変化として再構成することは，政策史研究の最初の作業と言える．

　開発政策は一般に長期的な期間を要し，不確実な状況を必然的に伴い「投資利益（開発利益）の発生・配分を条件づける制度の当事者たちによる設計」という一面を持っている．ある開発時期の当事者と争点や制度が，次の段階では古くなるとか，逆効果の機能をもつといったこともありうる．開発利益には利便性などの短期的なだけではなく，「不動産価値」，「ライフステージを加味した住みやすさ」など長期的でソフトな要素までも含む．このため，

開発期間が長くなるほど，経済情勢の変化に伴った種々のリスクが発生し，その処理にあたって関係当事者間での思惑が錯綜することで発生する責任問題を含む．開発利益の配分問題の多くは各ステージ毎に処理できるものとできないものが予め分類できないのできわめて複雑になるのが実情である．このため複雑多岐にわたる対象に対して第一次的接近として，各開発時期と当事者を明確化することが，開発政策の分析には不可欠である．

多摩ニュータウン事業も，このような開発政策の例外ではなく，むしろ典型的な事例としてここでは分析する．なお開発事業終了後の現在，居住者や地元自治体がこれからの「まちづくり」の主要な当事者となるため，残されたストックを新たなまちづくりの資源として活用し，どのような成果配分を行うかが彼ら自身に問われている[1]．開発政策に止まらず一般に政策形成過程とは当事者達による進化的な過程である．その意味では過去は現状から自由ではありえないという問題意識は重要である．

「多摩ニュータウン開発史料の発掘とアーカイブ作成に向けた枠組みの構築」プロジェクトの背景を述べる．まず，多摩ニュータウンという国家プロジェクトにもとづく資源を将来にわたってより有効に活用するために，できるだけ多くの開発関連の資料をアーカイブとして整備することが目的である．既に，主な歴史的出来事については大半が資料として公表されており，それらをある視点や目的からつなげて多摩ニュータウン通史として作成することも可能な状態になっている．

しかし，一連の出来事がいかなる集合的意思決定過程の結果であったのかについては十分に明らかになっているとは言いがたい．「開発政策史」として十分解明が進んでいるとは言えない状態にある．しかも政策史関連の多くは文書化されず，文書化された史料もその政策史的解釈については詳細な検討が必要なことも確かである．また事業の終了に伴って組織の改変の中で資料が散逸する可能性もあり，これらのことから多摩ニュータウン学会として喫緊の作業としてアーカイブ作成のプロジェクトを発足させた．

本章ではプロジェクトの予備的作業として，1961年（昭和36年）〜1974年

(昭和49年)にいたる「開発初期」に焦点を当て,多摩ニュータウンにおける開発政策史構築における研究課題の一端を紹介する.

1. 分析枠組

開発政策史として多摩ニュータウン事業を分析する本論の分析枠組は図1のように,非常に単純である.

当事者ネットワークとは,当事者(アクター)たちの直接・間接的な協力・非協力関係である.多摩ニュータウン事業を例にとれば,建設省,首都圏整備委員会,東京都,日本住宅公団,東京都住宅供給公社,八王子,町田,多摩,稲城の地元4市,そして新・旧住民などが挙げられる.こうした当事者達の組織間関係だけではなく,東京都の中においても「首都整備局」「知事部局」で立場が異なるなど組織内関係も重要であった.さらには,表面には出ないが住宅金融公庫や,公団をとりまく企業群なども影響を及ぼさなかったとは言いきれない.それらを括って外部環境を形成する潜在的な当事者と呼ぶこともできる.

制度とは集合行動に対しフォーマル,インフォーマルに影響を与える要素

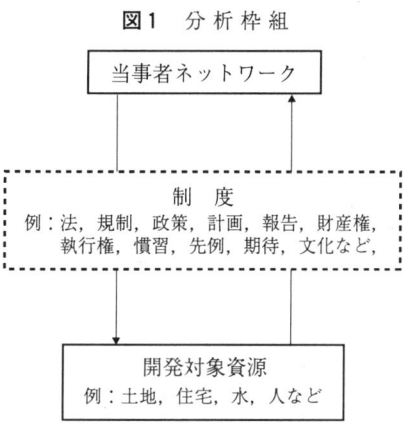

図1 分析枠組

で，法，規制，政策，計画，報告，財産権，執行権，慣習，先例，期待，文化などを指す．ノースが言うようにともすれば当事者間で展開する非協力ゲームを秩序だった結果に誘導するためのルールの体系として制度を捉える（ノース 1994：4）．とくに開発政策においては，ある面では私権に制限を加える場合も含まれるため開発利益の発生・配分に影響を与える公的視点に則った制度が重要になってくる．

　開発対象資源として開発を加えることで利益を期待できるもので，土地，建築物，水資源，それに長期的視点に立てば人的資源なども含む．大事なことは，これら資源に開発行為を執行する場合に，当事者が資源に対してどのような評価を見込んでいるかである．例えば，南多摩の未開発地も，「値上がり当然の不動産」として見るか，「スプロールを防止するための大規模住宅供給地」として見るか，「40万人が住む可能性のある行政空間」と見るかなど，当事者の評価視点が異なる結果，それぞれの評価の主張の強弱や合意の形成過程そのものが当事者の行為にも影響を与え制度にも影響を与えそして過程そのものにフィードバックしてくる．

2．多摩ニュータウン開発初期をめぐる諸問題

(1)　多摩ニュータウン事業開発初期の当事者と時期区分

　多摩ニュータウン開発初期は概ね二つの時期に区分することができる（表1）．第Ⅰ期は1960年（昭和35年）～1966年（昭和41年）の時期で「宅地・住宅計画決定期」と名付けることができる．過剰なスプロール化防止と大量住宅供給という目的の下，当事者たちの関心は構想～マスタープラン，用地買収，住宅建設にあった．計画通りに事業が実現すれば，期待される開発利益の配分も概ね当事者たちの意向に沿ったものだったろうと思われる．

　これに対し，第Ⅱ期は，1967年（昭和42年）～1974年（昭和49年）の時期で諸事情により既存当事者が再編されることにより，経営対象としての多摩

表1 多摩ニュータウン開発に初期における時期区分

	第Ⅰ期：宅地・住宅計画決定期 1960年（昭和35年）〜 1966年（昭和41年）	第Ⅱ期：開発経営の調整期 1967年（昭和42年）〜 1974年（昭和49年）
主な目的	・大都市問題の解決	・事業計画基盤の確立
主な当事者	建設省 農林省 首都圏整備委員会 東京都首都整備局 東京都住宅局 日本住宅公団 他	建設省 大蔵省 自治省 文部省 東京都知事・知事部局 東京都首都整備局 東京都住宅局 日本住宅公団 多摩市,稲城市,八王子市,町田市 旧住民，新住民（入居者） 住宅金融公庫 東京都問題調査会 施行企業 他
その後に影響を及ぼす制度	新住宅市街地開発法（1963年・昭和38年） 新住事業の都市計画決定（1965年・昭和40年） 既存集落の新住事業除外と区画整理事業整備の都市計画決定，施行者と施行区域決定（1966年・昭和41年）	東京問題調査会報告（1968年・昭和43年） ロブソン第二次レポート（1969年・昭和44年） 「南多摩における新都市の建設と経営について」覚書（1969年・昭和44年） 多摩ニュータウンにおける住宅の建設と地元市の行財政に関する要綱（1974年・昭和49年）

ニュータウン事業を調整する時期であった．いわば「開発地経営の調整期」と呼んでもよいだろう．

　この期間区分の基準は，表1に見られるように当事者の配置と構成の相違で示される．両期間の間に当事者の参入・退出，そして事業遂行に伴って期待される役割の変化と，当事者間の強弱関係の変化が見られる．例えば，第Ⅰ期には多摩ニュータウン開発候補地選定において主導権を握ったと思われる東京都首都整備局から，第Ⅱ期には造成資金を扱う東京都住宅局や，知事部局に発言や遂行力が移っていく．この変動をもたらしたのは，表面的には

美濃部都知事による多摩ニュータウン事業への介入である．しかしより本質的には，4市にまたがる多摩ニュータウン開発を担う主な当事者間相互に「開発地域の円滑な事業経営」が目的としてセットされたことにある．

多摩ニュータウン開発事業史を，「計画形成とその実現史」と捉えるならば，それは第Ⅰ期の計画がその後生じる様々な問題により計画理念や計画手法などが矮小化されたり，予期せぬ事態の発生により計画の内容や工程それにスケジュールの変更を余儀なくされた歴史である．言いかえれば，都市計画や広域計画の立案・修正の積み重ねとして多摩ニュータウン計画史として描かれる．このような視点からは高橋（1998）が詳細な説明を行っている他，川手昭二をはじめ多くの都市計画技術者たちによる膨大な業績がある[2]．

しかし，多摩ニュータウンの「開発マネジメント」に焦点をあてた政策史研究はほとんど見あたらない．上崎論文（上崎　2002・2003）は都市政策における住宅概念の歴史を制度にも目を配り分析した労作であるが，結論において「我が国においては都市を開発するための政治力が不足していたのである．そのため，力が結集された上で都市開発が行われることは無く，その代わりとして，住宅建設を拠り所とする開発が行われたにすぎないのである」という注目すべき指摘を行っている[3]．つまり住にのみ目を奪われ，トータルなまちづくりの観点からニュータウン開発が行われた形跡が見当たらないことを指摘したい．これが，ニュータウンを大都市圏で時代とともに存在感が薄れてゆく原因でもあった．

この指摘を踏まえると，「なぜ都市開発へと諸力を結集できなかったのか」，さらに多摩ニュータウンに関して言えば「開発をマネジメントする制度がなぜ用意できなかったのか」を歴史的に辿ってゆくことが筆者達にとっては大きな示唆を与える．この点について本格的な研究はいまだ見あたらないのが現状であり，本章はその序説として考えている．

(2) 多摩ニュータウン政策史上の諸問題①第Ⅰ期

① 多摩ニュータウンの地区選定

　第Ⅰ期の主な事実経緯は，表2に記した通りである．いくつかの資料をつなぎ直してもなお多摩ニュータウン立地の意思決定プロセスについては明らかになっているとはいえない．現在公にされた証言から事実関係のみを追うと，1963年（昭和38年）春頃，東京都首都整備局から日本住宅公団首都圏宅地開発本部に対して，多摩ニュータウン構想の作成依頼があったという（独立行政法人都市再生機構2006　13頁）．また，1963年（昭和38年）10月，東京都首都整備局長の山田正男は住宅公団首都圏宅地開発本部工事第一部長だった今野博に秘密裡の開発計画作成の依頼を行っていることがわかる（日本住宅公団　1981　41頁）．

　一方，1963年（昭和38年）3月，東京都首都整備局都市計画部地域計画課三多摩用途地域担当係長に任命された北條晃敬は，山田から多摩ニュータウン計画を担当するように指示された（北條　2002　61頁）．ところが，多摩ニュータウン計画の前に，「集団的宅地造成計画に関する調査」（昭和36年）等，南多摩を対象とした大規模宅地開発構想が，既に1960年（昭和35年）～1962年（昭和37年）にかけて検討がされていた．このことを北條（2002　61頁）は「これに先立ち首都整備課で小室係長が南多摩郡多摩村を中心とする1,600haヘクタールの開発構想を1960～62年にかけて，たてていたことは承知していたが，これを具体的に都市計画手続きにのせるのが私の任務ということであった」と述べていることからもわかる．

　この構想作業の主体は，1960年（昭和35年）7月に各局に分散していた首都整備計画部門をまとめて住宅局とは別に設置された東京都首都整備局である．初代局長は前出の山田である．山田は多摩ニュータウン事業を考えた意図について後年「オリンピックのああいう事業が済むと，不景気になるものなんだよ．それはローマでもどこでも．僕はヨーロッパを見てきたんだけれども，後は必ず不景気になるんだな．そういうイベントの事業が済んだ後は，何か代わりの事業を与えておかなければならないぞということは，僕はロー

表2 多摩ニュータウン開発史年表① 第Ⅰ期

	当事者の動き	法・計画・要綱等	報告書等
1960年 (昭和35年)	京王電鉄桜ヶ丘団地建設開始 東京都首都整備局を設置(7)		集団的宅地造成計画に関する調査（首都整備局）
1961年 (昭和36年)			
1962年 (昭和37年)			集団的宅地造成関連地域および周辺都市と を結ぶ幹線街路計画に関する調査 集団的宅地造成関連地域における緑地構成 に関する調査
1963年 (昭和38年)	首都整備局から公団首都宅地開発本部にNT構想作成依頼(9/6) 三多摩地区各木対策連絡協議会(9) 南多摩総合都市計画策定委員会(松井委員会、東京都10〜翌3) 公団、用地買収開始(12)	新住宅市街地開発法施行(7) マスタープラン第一次案(10) 開発事業実施要綱案(都、11) 多摩地区開発計画案第一次案(12)	多摩丘陵地主代表による公団の団地開発を誘致する陳情書 「南多摩」南多摩都市計画報告書 大規模宅地造成と高速鉄道の建設に関する調査
1964年 (昭和39年)	小田急、京王、西武が路線免許申請 (1) 多摩村町制施行(4) 由木村、八王子市と合併 東京都、東京都住宅公社、公団からなる用地取得連絡会設立 (8) 多摩川衛生組合設立 (8) 八王子市、町田市、稲城市、多摩町より開発同意回答(9) 東京都住宅局、東京都住宅供給公社用地買収開始(12)	マスタープラン第三次案(3) 多摩ニュータウン建設に関する基本方針(東京都、5) マスタープラン第四次案(11)	多摩都市計画新住宅地開発上の問題点(都) 八王島レポート(5)
1965年 (昭和40年)	東京都住宅局に新住宅市街地開発課を設置 (7) 南多摩新都市開発事務所設置(8) 東京都南多摩新都市開発事業連絡協議会設置 新住市街地開発事業の都市計画決定(12)	マスタープラン第五次案 (1) マスタープラン第六次案 (2) マスタープラン第七次案 (6) 南多摩新住宅市街地開発事業に伴う土地等の提供 者の生活再建等に関する要綱(南新連協、11) 多摩ニュータウン開発計画1965	
1966年 (昭和41年)	地権者413名が新住区域より除外要望を多摩町議会議長に提出(2) 住宅公団南多摩開発事務所開設 (5) 都と地元市町の間で既存集落地域を区画整理事業によって整備することを合意(11) 都市計画決定(12) 東京都南多摩新都市開発本部設置(12)		

(出所) 独立行政法人都市再生機構 (2006)「多摩ニュータウン事業史―通史編―」ならびに東京都南多摩新都市開発本部 (1987)「多摩ニュータウン開発の歩み」より筆者作成。

マなどを見てきて痛感したんだ．それで多摩ニュータウンの計画を決めた．あれは遅きに失しただろうけれどね．小室鉄雄（1962年当時，首都整備局総務部首都圏整備課第二係長：筆者注）あたりはあれをもっと前から密かにやりたかったんだってね．首都圏整備計画の担当が，そういうことを密かに考えて僕に内緒でいろんな調査をやっていたと言うんだ」と述べている（東京都新都市建設公社まちづくり支援センター　2001　67-68頁）．

　景気対策をほのめかす山田の証言の信憑性はおくとしても，これら傍証から多摩ニュータウン事業の構想への着手が東京都首都整備局の手の内で始まったことが推測される．

　さらに，1963年（昭和38年）7月に新住宅市街地開発法が公布されており，一団地経営方式ではなく大規模住宅地の開発の法的根拠を得たばかりの建設省・日本住宅整備公団もそのグループに含まれていたと推測される．

　一方この時期，多摩村では地元有志が土地売却の取りまとめに動いていた．後に町会議員になる横倉舜三は「昭和38年の2月始め頃だったと思うが，木崎氏の案内で，九段の住宅公団を訪れ，首都圏開発本部の長谷川課長に会い，永山，諏訪地区を買収する意向のあることを確認した」と記している（横倉　1988　96頁）．

　「建設省，東京都首都整備局，日本住宅公団首都圏開発本部，地元有志」といった当事者たちが有機的に動き始めたのは1963年（昭和38年）春のことであった．

②　新住宅市街地開発法をめぐる問題

　1963年（昭和38年）7月に新住宅市街地開発法（通称　新住法）が公布されたが，この法律に基づく新住宅市街地開発事業は「大都市等の既成市街地の近郊において，ベッドタウンとして機能すべき健全な住宅市街地を開発するといういわゆる街づくり事業であり，同時にその新市街地において直接大規模な住宅地の供給を行う住宅供給事業であるという二面性をもった事業として構成されている」と，当時建設省住宅局宅地開発課長補佐の升本達夫は記している（升本　1963）．

この新住法や千里ニュータウン・多摩ニュータウンを題材に日本の住宅政策を分析した（上崎　2002・2003）は，日本の「住宅建設」概念には，宅地開発，さらには道路，上下水道，学校などの基盤整備の枠組みが欠けており，新住法もその限界の中にあると指摘した．その中で上崎は千里ニュータウンが新住法の「公益的施設」により可能となったことを紹介している．公益的施設とは「教育施設，官公庁施設，購買施設その他の施設で，居住者の共同の福祉又は利便のため必要なもの」である．全面買収による宅地開発地の大半を住宅地と商業用地として売却し投下資金が回収できたために，千里ニュータウンはニュータウンの模範例と言われるようになった．千里の例が，多摩ニュータウン事業の後押しをしたことは十分考えられる．

　加えて多摩ニュータウンのマスタープランづくりを進めていた公団チームは，新住法を広域都市の事業法として，すなわち一団地経営方式では実現できない都市基盤整備の作用をもった制度として利用しようとした可能性がある[4]．また，1964年頃，東京都首都整備局では「首都圏整備構想を否定しながら南多摩丘陵にニュータウンを開発することの国土計画的位置づけや開発構想の概要（概ねの位置，規模，基盤施設など）を討論しながら検討していた」（北条　2002　63頁）としており，共に「都市をつくる」ことを指向していた点は注目に値する．

　この間の政治史を掘り起こした勝村（1998　18頁）は，新住法の作用を「もともと別の動きであった東京都の集団的宅地造成計画と新住法とが合体し，首都圏整備計画の枠を超えた，新住法がそもそも予定していなかった規模で，多摩ニュータウン開発が進められることがほぼ固まった」と表現している．

　かくして都は1964年（昭和39年）5月28日に都首脳部会議において「南多摩新都市建設に関する基本方針」を決定し，1966年（昭和41年）に首都整備局都市計画第一部内に南多摩新都市計画課が，住宅局には南多摩新都市開発本部がそれぞれ設置された．公団南多摩開発事務所も設置され，1967年（昭和42年）には東京都住宅供給公社に南多摩新都市開発事業推進本部が設置された．

ここにおいて，当初計画段階では小規模だったニュータウン計画を推進する組織は規模も権能も拡大し始め，同時にそのことによって種々の背景と目的を背負った当事者達の関係が複雑化し始める．その一例は，地元地権者からも新住法の除外要求が出，区画整理事業の都市計画決定がなされたことだろう．「計画区域用地の全面買収を前提としたはずの新住事業方式のみによる開発が断念され，新住事業と区画整理事業とを組み合わせた独特の事業施行方式」(今村　1995　294頁) も，この時期の地元地権者達や新住施行者との関係の変化の表れだろう．

(3) 多摩ニュータウン政策史上の諸問題②第Ⅱ期
① 開発マネジメント問題の浮上

第Ⅱ期とは開発地に関連する行財政を含めた経営問題が浮上し，その局面打開のために様々な制度上の試みがなされた時期でもあった．この時期の主な推移は，表3の通りである．

1967年 (昭和42年) 4月，美濃部亮吉革新都政がスタートした．以後，美濃部は三選を果たし1979年 (昭和49年) までの12年間，濃淡の差はありながらも多摩ニュータウン事業に関わり続けていく．その美濃部は当初多摩ニュータウン事業に冷淡であったが，都市問題にも冷淡であったわけではない．なぜなら美濃部は当選するとすぐに都留重人，遠藤湘吉，新澤嘉芽統，伊東光晴，井手嘉憲を委員とする「東京問題に関する専門委員会」(通称東京問題調査会) を発足させた．さらに，ロンドン大学名誉教授で行政学を専門としていたウィリアム・A. ロブソンを招聘し，東京問題についての診断を依頼した．どちらの報告でも「多摩ニュータウン」について独立した一章を割いており，「東京問題専門委員第二次助言―多摩ニュータウンについて―」が1968年 (昭和43年) 10月25日に提出され，ロブソンによる「東京都政に関する第二次報告書」が1969年 (昭和44年) 10月に提出されている．これは都市問題におけるニュータウンの機能の本質をつく内容であったことから多摩ニュータウンに対して冷淡な美濃部の姿勢を変化させるに十分であった．

表3　多摩ニュータウン開発史年表 ② 第Ⅱ期

	当事者の動き	法・計画・要綱等	報告書等
1967年（昭和42年）	東京都住宅供給公社に南多摩新都市開発事業推進本部設置(1) 京王相模線一部工事施工認可(2) 美濃部都知事当選(4) 東京問題調査会設置	多摩地区区画整理事業反対に関する請願書(4) 地域開発又は住宅建設に関連する利便施設の建設及び公共施設の整備の整備に関する了解事項（五省協定、6) 多摩地区土地区画整理事業実施に関する陳情（多摩町議会から都へ、8)	
1968年（昭和43年）	新住宅市街地開発事業会計の設置(12)		ロプソン「東京の都政に関する報告」第一次(7) 多摩ニュータウン（公団、9) 支の研究 東京問題調査会第二次助言「多摩ニュータウンについて」(10)
1969年（昭和44年）	南新連絡協が東京都南多摩新都市計画議会と改称(2) 2回で廃止 都知事と公団総裁の間で「南多摩における新都市の建設と経営について」覚書を交換		ロプソン「東京の都政に関する報告」第二次(10)
1970年（昭和45年）	東京都南多摩新都市開発会議設立(1) 新都市センター開発(株)設立(3)	多摩ごみ焼却場都市計画決定(1) 南多摩都市計画事業公園緑地基本計画(3) 多摩川流域下水道都市計画決定(5)	
1971年（昭和46年）	5、6住区入居(3) 美濃部都知事二選(4) 多摩町、稲城町市制開始(11) 行財政問題の顕在化（多摩市、11)	広場と青空の東京構想（都、3) 第二期住宅建設五カ年計画閣議決定(3)	
1972年（昭和47年）	17住区入居(3) 多摩連環都市基本計画(5)	大都市高速鉄道の整備に対する助成措置に関する覚え書き（大蔵、運輸、建設、三省覚書、ルール5) 多摩連関都市計画基本計画案（都、5)	
1973年（昭和48年）	多摩市議会は4住区を業務施設用地に転換する要望書提出(6) 用地買収価格差問題について「生活再建センター」を設置することで都と関係地権者が合意(6) 町田・多摩両市の行政区域変更(12)		
1974年（昭和49年）	国士竣足 小田急（新百合ヶ丘～永山）開通(6) 生活再建センターの設置運営に関する基本協定を新事業施行者と地権者、八王子・町田・多摩各市の間で締結(9) 多摩ニュータウンにおける住宅の建設と地元市の行財政に関する要綱：行財政要綱(10)		

（出所）独立行政法人都市再生機構（2006）「多摩ニュータウン事業史―通史編―」ならびに東京都南多摩新都市開発本部（1987）「多摩ニュータウン開発の歩み」より作成。

第 2 章　多摩ニュータウンにおける開発政策史研究の課題　31

　ところで，東京問題調査会報告書が提出される半年前の 1968 年 3 月に『多摩ニュータウン構想―その分析と問題点―』と題する報告書が東京都首都整備局都市計画第一部南多摩新都市計画課によりまとめられた．その中で，多摩ニュータウン開発事業の問題点が挙げられている．

　第一は「施行体制上の問題」に関してであり，「企業目論見の不確定要素」と「施行者の体制上の問題」という二点が挙げられている．前者に関しては「計画規模と事業規模が一致せず，計画面積の半分の見通しが立っていない」とし，「新住地区の死命を制する河川改修・街路整備が区整地区に含まれているため新住事業の自主的開発速度を明定できない」と記している．後者に関しては，都・日本住宅公団・都住宅供給公社という新住施行三者の行政上の立場や財務経理上の質的相違が事業実施上の協議困難をもたらしていると指摘している．質的相違とは「施行者内部の決定機関，決定方法・財源及び資金・経理方式やその前提となる考え方（特に公団は全国的一般ルールにより強く拘束される）」で，問題の処理は「例外ルールの積重ねによらなければならない事情におかれている」．その上で，「都は住宅開発に伴う宅地取得に従来から一般都費の一部負担を含む超過負担はある程度は止むを得ず行つてきたのに対して，公団は税収などの財源がない純企業体だから，原価主義を貫かねばならない立場にある．これに比べて，都は負担力主義を現実的に背負わされている相違が大きい」と指摘し，「ニュータウンを受入れる市町の弱体が問題を一層複雑にしている」とも述べている．

　さらに「東京都の体質上の特性とその担当範囲の複雑性」という項目では，「新住事業，関連公共事業及び区画整理事業（後日住宅建設事業も含まれる）等，関連はあるが全く異なった性格（主として財政上，会計上特殊な関係にあるもの）の三事業」を「新住事業のみを受け持つ公団の開発準備に比して約 2 年の準備の遅れを負ったまま，スタートしたことも立場を困難にしている」と述べている．そして，「現実には都はほとんどの事業資金を住宅金融公庫の融資に求めており，その融資条件の下で，住宅公団その他と共にこのような不動産投資や長期公共，公益事業費の建替に耐えてゆかねばならない」と比較劣

位な立場を訴えている．都は開発当初から開発に伴う財務負担の問題を抱え込みこれは事業修了迄続くことになる．

　この他にも「関係市町間の理解の不一致」「三多摩格差と市町財政上の問題」「在来住民との関係」「行政区画と学区問題」が挙げられ，後に第一次入居を控え顕在化する問題がほとんど網羅的に指摘されている点が注目される．このように既に1968年（昭和43年）度末には，開発マネジメントの問題が，都の首都圏整備局では十分認識されていた．これは，住宅局でも同様であった[5]．

　② 東京問題調査会とロブソン第二次レポートについて

　東京問題調査会報告，そしてとくにロブソン第二次レポートは，多摩ニュータウン計画の見直しを，職住近接を基本としたまちづくりや行財政の視点から提言している．30年以上が経過した現在これを読み返してみても，なぜこのレポートの実施が放置されたのか理解に苦しむほど筋の通った内容であり，イギリス流福祉行政に立脚したニュータウン論が展開されている．

　東京問題調査会報告も「新住市街地開発法を拠りどころにして，ここまできた以上，東京都としては中途で投げ出すわけにはいかない．だとすれば，東京都は，多摩ニュータウン開発の事業を，あらためてその気になってやりとげる必要がある」と事業継続の意思を示している．この報告書ではさらに「原則的には一般財源に頼ることなしに必要事業の完遂をはかる可能性を探究することが望ましい」「職住近接のニュータウン方式を実現するよう配慮すべきであること」「たとえば，大学，公立や民間の研究機関，病院，計算センター等の誘致を，かなりの程度まで考慮する必要がある」「平均して1ヘクタール当たり150人程度の計画収用人口が想定でき，合計，40万ないし45万人の人口定着を予想することが妥当と思われる」「府中カントリークラブも，本来はニュータウン計画の中に編入することが望ましい」といった提案が示された．

　その上で，「売買されるか否かにかんせず土地の価値の上昇分すなわち開発利益は，社会資本的施設創出に負っているのだから，その開発利益は同施

設創出の起業者に費用を償う意味で還元されることが望ましい」「新住宅市街地開発法第24条による原価主義の原則は，社会資本的施設創出の費用を総合原価的に含めるという意味に解して，調整費を十分に用意しておくべきものと思われ，現行法の解釈がそれをゆるさないとすれば，法律改正を要する．また，ここに示した考え方は，施行者が住宅公団である区域にかんしても適用されるべきで，同公団の慣行はこの場合再検討を要するから東京都はこの点についての公団の協力を養成すべきである」「企業会計を設置する」「現在の南多摩新都市開発本部を強化し，それを事業を行う企業局的部門と，自治体や公団等との調整にあたる企画調整的部門に分け，後者は都庁内の関連部局に対し，多摩ニュータウン事業についての統括・調整の権限を十分に発揮できるようにする」「単一の公共団体を創設することが望ましい」など開発マネジメントを効率的に行うにあたって望まれる制度変更を提案しているのである．

　これら提案について当事者からの反発は当然予想されるし，事実さまざまな批判が頻出した[6]．ただし，批判の内容も，半年前に首都圏計画局でまとめられたレポートと基調は同じであり，都として受け入れ不可能という内容では到底なかったことがうかがえる．

　さてこの2つの提言は，まさに第I期には表れなかった「開発マネジメント」の方向性をようやく示したものと言えよう．この2つのリポートの提言をベースに，美濃部は多摩ニュータウン事業に否応なく関わらざるを得なかった．しかし都が本格的に関与することで「開発利益の配分」を争点化する．それは，美濃部が執心した40万人ものベッドタウンという都市を具体化するための経営体験を，当時の当事者は誰ももっていなかったからだ．そのような状況の中で，知事部局が多摩ニュータウン事業にどのような手段を用いて修正を迫ろうとしたのかが大きな論点となるのだが，その詳細については未解明のままと言ってもよい．

　ただし，ロブソンレポートや東京問題調査会報告で提案された職住近接実現論を梃子に，新住施行地の中への業務施設立地を都が試みたことは明確で

ある．美濃部は，これら報告をもとに1969年（昭和44年）12月24日，日本住宅公団総裁との間で「新都市の建設と経営についての覚書」を結び，職住近接実現のために公団も努力することや，各事業・処分計画及び公共施設に対する費用の負担方法等の事前協議を約束させた．実質的には都によるコントロールを確立しようとした覚書であったと推測される[7]．

しかし，この業務施設立地については，新住地域においては「大学，研究所も原則として認められない（建設省計画局宅地部長）」と建設省の抵抗に遭い，1970年（昭和45年）10月には早くも職住近接の実現を断念している[8]．これらの課題の解決の動きの具体化は，1986年（昭和61年）の新住法改正にいたるまで業務施設立地は待たねばならないことになる．

③ 行財政問題

第一次入居を翌年3月に控えた1970年（昭和45年）7月，多摩町は公共施設用地の無償供与，小中学校施設費引き受けの3分の2補助を要求し，公団の建設にストップをかけた（多摩市 1999：856）．結局，1971年（昭和46年）2月，東京都南多摩開発計画会議において「小学校二校，中学校一校については，用地を多摩町側に貸与し，建物などについては日本住宅公団が建設し，建設費については公団，東京都，多摩町の三者で話し合う」暫定協定が結ばれた．

続いて，1971年（昭和46年）4月「地元自治体の財政負担，鉄道の早期開通，総合病院の開設，行政区画の変更の四問題が解決されない限り住宅建設の協議にはいっさい応じないという態度をとった」（多摩市 1999：888）．以後建築はストップし，1974年（昭和49年）10月に「多摩ニュータウンにおける住宅の建設と地元市の行財政に関する要綱」（通称行財政要綱）が制定され，建設が再開されることになった．

その内容は，①計画目標人口を41万人にしながら，居住人口は33万人とする，②緑とオープンスペースを住区面積の30％まで増やす，③賃貸住宅と分譲住宅の割合を，45：55とし，都営住宅の割合が20％を超えないようにする，④学校用地の無償譲与，校舎等の建設への補助金交付，施行区域内

における関連公共施設について立替施行することとし，その償還は，都および東京都住宅供給公社は3年間据置以後22年元利均等払いとし，住宅・都市整備公団については10年間無利子据置以降20年元利均等払いとする，⑤都は，初期投資の加重により，地元市の財政運営に支障が生ずる場合，地元市に対して無利子資金の貸付を行い，その返還時期は協議して決める，等の項目である．

　この行財政要綱の締結は，開発事業の速度を高めるための「多摩ニュータウンにとっての一大転換点」（多摩市　1999：890）であった．しかし，この要綱をきっかけとする制度移行がどのような当事者たちのどのような意思決定の結果であったのかについても未解明と言ってよい．ただし結論的には受け入れる地元としてのミニマムの要望を明文化したものと考えることができる．とすれば行財政要綱の締結は，第Ⅰ期の計画が，第Ⅱ期の開発マネジメントの枠組みの中で事業遂行の円滑化のために変更・調整された結果でもある．ただ，この決定が当事者の開発利益配分にどのような意味をもっていたのか，その後の経路を条件付ける制度としてどのような力を発揮したのかなど，行財政要綱という開発利益配分の変更行為の意味について今後も詳細な研究が必要となる．

3．政策史から見る多摩ニュータウン開発の研究課題

　以上開発初期を概観してきた．ここで浮かび上がってくるのは，種々の当事者間の合意を含んで円滑に将来を見通すことのできる「開発マネジメント」の手法とは何かという現代も十分明確にされていない課題である．この課題に解を提示することは現時点では容易ではない．後世代の本格的研究にまたねばならない大きな問題であることを指摘しておこう．ここではひとまず多摩ニュータウン開発初期の政策史構築においては，次の2点が極めて大きな意味をもつ課題であることを指摘するに止める．

(1) なぜ新住法の枠組みが持続したのか.

　先に指摘した新住法の公共施設規制の運用に関して言えば，立法当初は建設省・東京都首都整備局・日本都市公団で明確に意識されて運用していたかどうか疑問である．法文を読んでも，弾力的な運用が可能だったと思われる条文がなぜ強力な規制力を持って持続したのか不明である．この理由として，少なくとも四つの仮説が考えられる．第一は，建設省が当初より行政指導手段としてこの法律に基づく制度を用いたというもの．第二は，当初は弾力的運用を行うつもりだったが，革新都政の誕生により，都政への圧力手段として建設省が用いたというもの．第三は，この制度を運用している間に，都や住宅公団と関連を持った企業グループや行政グループが形成され，それらが自らの既得権益維持のためこの制度を持続させるグループとなっていったというもの．第四は，第三の仮説も含み，この制度自体が，状況が変化するたびに様々な当事者が裁量性を発揮できる規制手段として有効に活用できる便利な性質をもっていたというものだ．ノースのいう「適応効率性」をもった制度と言ってよい（ノース　1994：106）．筆者は開発初期の過程を見る限り，第四仮説の可能性を推測している．これにより「新住法」の改定が遅れたことも指摘しておく．各局面において新住法が各当事者に果たした影響や，この制度に期待される損益など，より詳細な調査研究が今後求められる．

(2) 「宅地・住宅建設」と「開発マネジメント」の両立条件

　多摩ニュータウン事業は，3,000 ha の広大な計画面積に人口30万～40万人の居住地を人工的につくりだそうとする近代日本でも類を見ない開発プロジェクトだった．特に開発マネジメントについては数十年単位で行われるものであるが，その手法が確立されたとは到底言えない状況である．

　そうした中で，1974年（昭和49年）の行財政要綱締結は，いかなる意味をもっていたのかを分析することは重要な政策課題である．開発行為者と地元という受け入れ側の間に成立した一種の制度均衡と見ることが妥当なのか，より大きな制度移行過程における小康状態を作りだすための方便として評価

すべきなのか．この課題についても，開発マネジメントの要件，開発の意味，制度のあり方が刻々と変わっていく中，多摩ニュータウンという開発マネジメントがどのように進化したのかを今後詳細に調査分析しなくてはならない．

おわりに——政策史調査手法としての
　　　　　オーラル・ヒストリー・アプローチ

　以上の研究課題を念頭に，3年間にわたり多摩ニュータウン開発史料の発掘を続けてきた．そこで資料解読とともにその有力な補完的な調査手法として欠かせないのが，多摩ニュータウン政策の意思決定に関わった方々に対するオーラル・ヒストリーを主要な調査分析手法とするアプローチである．

　「指導者というものは，人びとの先頭に立ち，圧力や，その種の"諸力"に抵抗し，選択肢の幅と，選択をすることの意味合いを，ほかの人たちよりももっとよく理解する人たちのはずである」（マクナマラ　2003：44）．マクナマラ自身の失敗歴をわれわれは知っているだけに，批判的オーラル・ヒストリーの重要性を説く彼の言葉には説得力がある．この「指導者」を，「開発当事者」それと「市民リーダー」に置き換えても同様である．地域の政治的意思決定における市民や開発現場の人達の役割が高まっているからこそ，書かれなかった過去の政策決定過程を掘り起こすことが重要なのである．

　　　　　※初出『中央大学政策文化総合研究所年報』No. 10, 2007, 53-70頁を
　　　　　　大幅に改定した

1)　多摩ニュータウンの交際学，図象学，人口学，教育学，政策学を「多摩ニュータウンの育て方」とした論考は，開発地を多様な資源と見なす筆者の開発マネジメント概念を示唆している．細野（1997）41頁．
2)　日本住宅公団で当初のマスタープラン制作に関わった川手昭二による「多摩ニュータウンの開発事業史的意義」は，ニュータウン開発の目的を原点に第Ⅰ期を中心に各計画の意味を振り返った内容である．川手（1997）11頁．

3) 通底する指摘を，元東京都南多摩新都市開発本部理事の北条晃敬は美濃部都政を否定的に振り返る中で，多摩ニュータウンの課題について次のように述べている．「一言で言ってしまえば，多摩ニュータウンの課題は都市問題，とくに都市計画問題だったのですが，問題解決の手段としては住宅政策サイドのものしかもっていなかったという点に，われわれ都市計画に携わるものからみた多摩ニュータウンの矛盾点があった」．北条（1992）25頁．
4) 日本住宅公団でマスタープラン政策にあたった川手昭二は新住法の果たした役割として「①この法律を使用する都が，はっきりと広域都市のため事業法という感覚で当たつたこと，②大開発を集中して行いうる資金を用地資金を国が用意したこと，③法律の先買権と収用権によって，ブローカーの介入を排除し得たため，用地買上のトラブルを少なくすることができたこと」等を挙げている．川手（1970）66-79頁．
5) 同様の指摘は，初代東京都南多摩新都市開発本部長を務めた大河原春雄も指摘している．造成には河川改修や下水管の敷設が必要となるが「これら公共事業は国庫の補助金がある関係上日本住宅公団や住宅供給公社がその施行主体になることができないことになっているので，已むを得ず地方公共団体である東京都が事業主体とならざるを得ないこととなった」とし，「ここの事業を全部地方公共団体に押しつけ，単なる用地買収と造成のみに専念する公団，公社の態度には反省すべき点が多い」と記している．大河原（1969）266頁．
6) 1972年，当時多摩市長の富沢政鑒は「美濃部さんになって，ニュータウンは，さらに足踏みしましたね．彼は，経済学者ではあるが，都市計画はズブのしろうとですね」と述べている．（朝日新聞1972年2月20日）
7) しかし，「試みようとしたコントロール力」と「美濃部が保有した当事者間における実質的指導力」は別の問題である．例えば，1970年6月17日の多摩ニュータウン視察にて，二種住宅がゼロと聞いて「多くしろ」と厳命を下した．しかし，「納税面ではほとんど期待できず負担を多くかけるような二種住宅を入れるわけにはいかない」という富沢市長の発言を紹介し，命令不履行が行われている例が掲載されている．（朝日新聞　昭和47年2月22日）
8) 日本経済新聞（1970年10月30日）．また，もと東京新聞論説委員の塚田博は，美濃部都政の折衝方法のまずさを原因として，次のように述べている．「多摩ニュータウン建設でも，新住宅市街地建設法では住宅しか建てられないのを，イギリスのロブソン先生の『職住近接』論に基づいて計画変更を考え，建設省と論議する．国は行政指導によって自治体を抑えてきたのですが，都が新政策を打ち出して言うことを聞かなくなる．だから国と自治体双方が理論武装をしておおっぴらに論議するようになります．これは国と自治体が事前に調整して政策を行う従来の行政のあり方から言えば『掟破り』です．国の役人は批判されることに慣れていませんから，かなりイライラするわけです．この対立はずっと持ち越して，都はあとで仇をとられることになります」．塚田（1992）29頁．

第3章

多摩ニュータウンに見る
東京都住宅政策の変容過程

中 庭 光 彦

はじめに

　政策の意思決定過程を歴史的に構成しようとする研究者にとって，往時の証言はアクターによる状況認識のコンテクストを垣間見せてくれる貴重なデータである．アクターがもっていた意図や期待，背景の政策思想，考慮した規範など，広い意味でアクターが影響を受け，あるいは影響を及ぼすために制定した制度を推測する上で，コンテクストの理解は欠かせない．このような動機をもって多摩ニュータウン事業をめぐる証言に臨むと，東京都，多摩市，日本住宅公団が残した膨大な文書と，その背景にありベールに包まれた意思決定過程との間でとまどうことになる．職住近接を実現する手段として続けられてきた多摩ニュータウン事業に，アクター達はどのような状況認識で対応したのか．後世の歴史利用者は，アクター達の認識のコンテクストを，公開情報と証言で構成せざるを得ない．

　本章で構成しようとするのは多摩ニュータウンにおける職住近接を解釈する上で欠かせないコンテクストの一つである東京都の住宅政策である．職住近接は多摩ニュータウン事業の当初からその目的に挙げられていた．そして，現在でも多摩ニュータウンの理念を示す言葉として，ベッドタウンの反語として用いられている．しかし，膨大な住民の職住近接を実際に成し遂げるた

めには，「住宅」の供給と同時に「職場」の誘導が問題にならざるを得ない．さらに，現代における多摩ニュータウンのまちづくりにおいても，この二つのテーマがなかなか総合して語られないのは，開発初期の経路依存性によるものではないかとも想像する．そこで，本章では多摩ニュータウンにおける職住近接に直接影響を与えた開発初期（1960年・昭和35年～1974年・昭和49年）の東京都の住宅政策の推移を記述する．これは証言編を解釈するためのコンテクストを提供する試みでもある．

　この時期は，東京都，日本住宅公団，多摩市間の事業実施レベルにおいては，マスタープランの都市計画決定から，行財政要綱締結の期間に該当する．一方，国土計画レベルでは全国総合開発計画の新産業都市・工業整備特別地域の指定（1964年・昭和39年）から新全国総合開発計画（1969年・昭和44年），日本列島改造論（1972年・昭和47年），国土庁発足（1974年・昭和49年）という大きな変動期にあたっていた．住宅総数は世帯数を上回り「住宅の量から質への転換」が模索され，所得倍増による成長の極づくりから地方への分散的な開発が本格化していく．

　これらの変化が東京都の住宅政策にも影響を及ぼしたと考えられる．当初は都営住宅を中心とした住宅供給に邁進していた東京都住宅局だが，宅地価格の騰貴による建設戸数の落ち込みに直面する．都営住宅受け入れ市区には相応の支援を行わざるをえなくなるのが1973年（昭和48年）である．これは住宅政策に，受け入れ市区の関連公共施設整備という「まちづくり支援」の要素が付加されることを意味していた．そして，東京都はこの過程を，多摩ニュータウンにおいても同様に適用していくことになる．

1. 高度成長期の住宅政策

(1) 国レベルにおける戦後住宅政策の確立

　日本の住宅政策の端緒は1918年（大正7年）内務省社会局により小住宅改良要綱がまとめられ公営住宅制度が生まれた時に遡る．その後，内務省から厚生省が独立し，1939年（昭和14年）に厚生省社会局に住宅課が設けられた．戦前において住宅政策は，低所得者への住宅供給という社会福祉政策と見なされていた．

　戦後においても，住宅の絶対的な不足に対応するために，住宅供給は進められてきた．1950年（昭和25年）に住宅金融公庫法が成立し，1951年（昭和26年）に成立した公営住宅法により翌1952年（昭和27年）を初年度とする第一期公営住宅建設三箇年計画が定められた．さらに1955年（昭和30年）に成立した鳩山内閣の「住宅対策の拡充」という重点目標にしたがって，1955年（昭和30年）から10年間で42万戸を建設する「住宅建設十箇年計画」が策定され，同年，日本住宅公団が設立された．日本住宅公団の設立目的は，① 住宅不足の著しい地域における勤労者のための住宅建設，② 耐火性能を有する集合住宅の建設，③ 行政区域にとらわれない広域圏の住宅建設，④ 大規模かつ計画的な宅地開発，にあった[1]．ここに，住宅金融公庫，公営住宅，日本住宅公団という住宅政策における三つの住宅供給機関が揃うこととなった．戦後住宅政策とは，これら公的資金により実施された住宅供給と管理を意味するといっても良いだろう[2]．

　これら機関による迅速かつ計画的な住宅供給を推進するために，建設省では住宅建設計画法を1966年（昭和41年）に成立させ，同年から始まる「第一期住宅建設五箇年計画」を制定した．以後，8期40年間にわたる住宅建設五箇年計画として，建設戸数が計画化された．

　公営住宅，公庫住宅，公団住宅は公的資金の投入方法が異なる．公営住宅

の建設主体は地方公共団体である．建設費の地方公共団体負担は50％で，残りの50％は財政投融資資金と一般会計から補助される[3]．入居対象者は住宅困窮者で，賃貸が原則である．公庫住宅の建設主体は企業で，地方公共団体が物件審査を行い，購入資金や建設資金を，公庫が取得予定者に融資する．取得予定者は中・高所得者である．住宅金融公庫は財政投融資資金と一般会計から資金を調達・償還する．公団住宅は公営住宅と公庫住宅の中間に位置付けられる．公団が分譲・賃貸の集合住宅の建設主体となり，都市部の中堅勤労者が購入あるいは賃貸料を支払う．建設資金は国の財政投融資資金や市中銀行から調達・償還し，国の一般会計と地方公共団体からも補給を受ける．このような体制の中で，住宅建設五箇年住宅の第1期実績値を見ても，公営住宅は全体の18.7％にすぎず，公団住宅も9.1％にとどまっている．以後，日本の住宅政策の多く，とりわけ持家政策を一貫して公庫住宅が担ってきたと言える（図1）．

量の不足を解消するために多数の住宅が建設されてきたが，1968年（昭

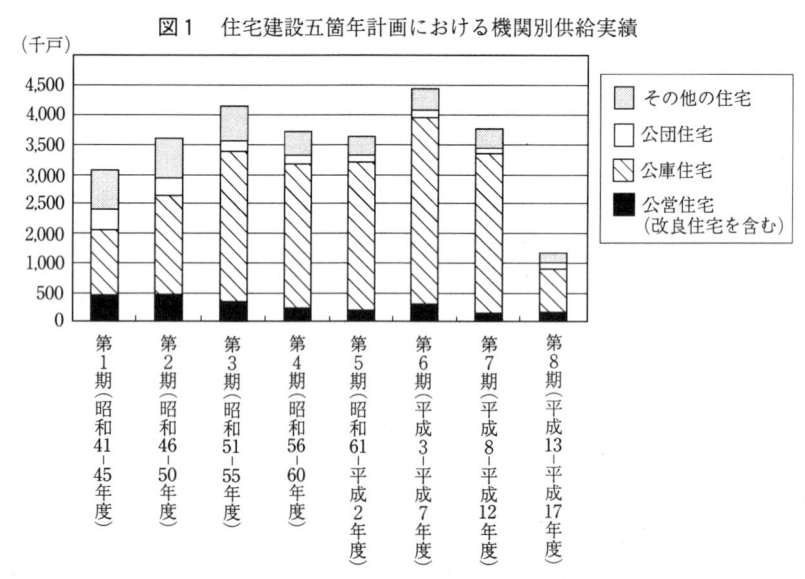

図1　住宅建設五箇年計画における機関別供給実績

(出所) 国土交通省住宅局住宅政策課監修『住宅経済データ集』住宅産業新聞社のデータを加工．

和43年)には全国の総世帯数2,532万世帯に対し住宅総数が2,559万1,000戸と上回り,1世帯当たり住宅総数も1.01となった.また,東京都だけをとっても,1973年(昭和48年)には普通世帯数356万6,000世帯に対し住宅数379万6,000戸と,約23万戸上回った.住宅政策の目標が,量から質に移り変わる転機がこの時期であった.

(2) 東京都の戦後住宅政策

戦後,東京都は住宅不足に悩まされてきた.1960年(昭和35年),東京都は住宅局を設置する.東京都の住宅対策は都営住宅を中心に展開され,東京都住宅局は建設省住宅局の影響下で,住宅の絶対量不足に対していった.

都営住宅建設戸数の実績を表したのが,図2である.1960年(昭和35年)当初は2種住宅が上回っているが,1966年(昭和41年)から1種住宅が増え始め,合計建設戸数も1971年(昭和46年)には1万6,000戸とピークを迎えた.しかし,1972年(昭和47年)には2,700戸と大幅に落ち込み,以

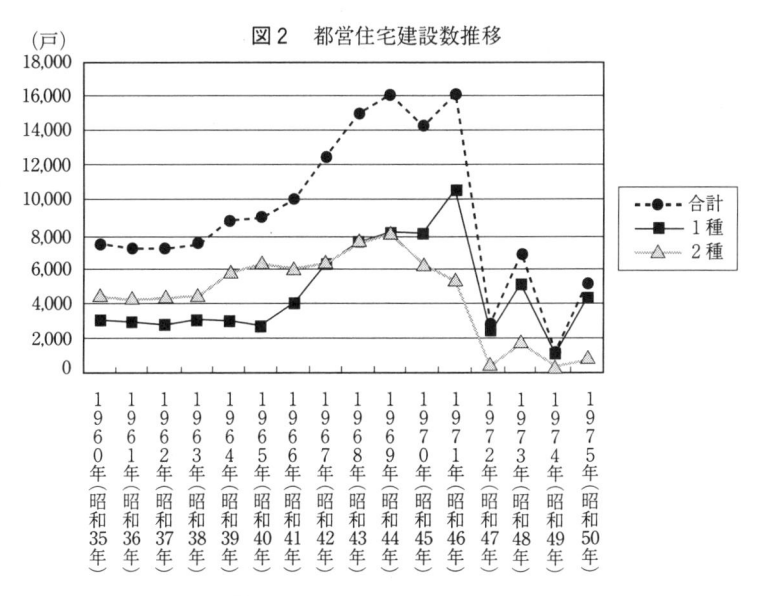

図2 都営住宅建設数推移

(出所)東京都住宅局『住宅30年史』1978のデータを加工.

後も低調に推移した．この原因として東京都住宅局は，「①昭和47, 48年の地価狂騰による用地取得難（2年間で2倍）及び建設資材の高騰，②関連公共施設についての地元区市町村との調整の難航，③住宅建設地周辺居住者との調整の難航，④建設対象団地居住者の建替反対」を挙げている[4]．単に都営住宅の建設戸数を増やせばよい時代から，都営住宅を建設することで生じる地元市区町村の負担（小中学校の増設等）への対応を求められる状況が現れたのである．後に述べる多摩ニュータウンの行財政問題と同様の問題が東京都の住宅政策レベルでも発生するのである．

2．「多摩ニュータウン開発計画1965」の意味

(1) 新住宅市街地開発法の意図

昭和30年代〜40年代の国と東京都の住宅政策を概観したが，30年代に課題として浮上するのが大量の住宅を建設するための宅地供給問題である．土地騰貴が激しく，スプロールを抑止する課題に迫られた．これに対応するために建設省計画局が中心となって新住宅市街地開発法が制定される．

新住法は，1962年（昭和37年）5月の「宅地開発の積極的推進を図るための措置に関する住宅対策審議会答申」を受けて立法化された．この答申の問題関心は，「大都市において宅地入手が困難の中，都市への産業，人口の過度集中により膨大な宅地需要が生まれている」ことにあった．従来の宅地供給手法としては，一団地住宅経営事業，土地区画整理事業，全面買収方式があったが，どれも低廉な宅地供給には問題があった．そこで収用権と先買権を付与したのが新住法で，目的は宅地供給であった[5]．宅地としての収用地を宅地以外の目的に転用することは考えてはいなかった．当時の大都市への人口集中と過密から発生する住宅不足と土地騰貴を防ぐために大規模住宅を造るという認識であって，それは建設省・東京都とも同様であったと思われる．

(2) 全総における拠点開発方式の影響

多摩ニュータウン事業のマスタープランである『多摩ニュータウン開発計画1965』が,多摩ニュータウン事業の出発点である.1965年(昭和40年)に都市計画決定されたこのマスタープランの特徴は,住宅供給というよりは,当時としては先鋭的な都市建設のマスタープランになっている点にある.

このマスタープランではまず「多摩新都心を東京都心に対する独立自給都市にすることは不可能であって,ベッドタウンとして考えるほかない.ベッドタウン化するとしても,なおかつ,この地域を大規模開発する意味は,現状の住宅不足と,それによる近郊地帯のスプロール化に対して計画開発を行うことである」と明確に規定している.大ロンドン計画を検討し,これを東京に適用することが不可能であり,東京区部を中心とする大都市問題を緩和するために郊外ベッドタウンを造り住宅不足に対処すると規定したのである.その上で,計画人口を31万人とし,多摩周辺五都市(八王子,相模原,町田,府中,日野)と連合都市化する旨を謳っている.

これについて,幹事としてマスタープラン制作を実質的に牽引した川手昭二は,このプランを「拠点開発論で新住法を使っていこうというのが,僕たちの公団側の多摩開発論なんです」と注目すべき発言を行っている(第8章).

1962年(昭和37年)の全国総合開発計画で打ち出された拠点開発論は,「東京,大阪,名古屋及びそれらの周辺地域以外の地域を,それぞれの発展段階に応じて区分し,それらの地域に既成大集積と関連させながら,大規模な開発拠点を設定するとともに,中規模,小規模の開発拠点を置き,優れた交通通信施設によってこれらを数珠状に有機的に連携させ,相互に影響させると同時に,周辺の農林業にも好影響を及ぼしながら連鎖反応的に発展させる方式」であった[6].拠点開発論における「拠点」とはあくまでも工業地域であり,地方分散された拠点が意図されていた.まず工場立地,次にそのための住宅建設という順序を逆にして,大規模住宅開発による居住人口の集積により産業立地を誘導するという発想は,1965年(昭和40年)時点でも先鋭的であったと言えるだろう.

戦後の産業立地政策のエポックに1958年（昭和33年）に実施された「産業立地専門視察団」がある[7]．この視察団調査は通産省の立地政策立案に大きく貢献し，同年には通産省産業施設課内に工業立地指導室が設置された．当時の通産省がアクターとなった産業立地政策は，主に工場の立地集積による成長の極の形成を意図するものだった．その反対に，拠点開発論は地方への産業分散政策であり，新産業都市は地方の拠点開発と意識されていた．日本住宅公団は，この図式を援用し，住宅による人口貼り付けで実現する拠点開発と認識していた．但しマスタープランにおいて，工業用水や道路整備など産業立地への明確な誘導策があったわけではない．あくまでも多摩ニュータウン開発はベッドタウン建設を目的として新住宅市街地開発法に拠っており，建設省住宅局はあくまでも住宅供給事業として多摩ニュータウンを位置付けていた．

　では，拠点開発論と職住近接論をどのように結びつけるのか．この質問に対して，川手は，交通整備すると労働者が集まり企業が立地するという一種の三段論法で説明している．この日本住宅公団が依拠した労働力立地論は，大量住宅建設の波及効果であって，産業立地手法を伴ったものではなかった．当時の構想の背景には，角本良平による「通勤新幹線建設の構想」等があったと思われる．いずれにせよ，『多摩ニュータウン開発計画1965』は，大規模住宅開発計画でありながら，波及効果として企業立地を志向した点で，住宅政策のみならず産業立地を組み込んだ都市政策のプランとしても解釈できるものだったと言えるだろう．前節で述べた公的資金による住宅供給量にもっぱら関心を集中させてきた従来の住宅政策の考え方とは乖離があったといえる[8]．なぜなら，このマスタープランを実現するための住宅政策の手段が整っていなかったからである．マスタープラン策定当時，建設省計画局と東京都首都整備局は密接な連携をとっており，この乖離については仮に意識していても後の調整で実現可能と思われたのかもしれない．しかし，計画と手段の乖離は後に調整の争点となると同時に，住宅と都市の一体的整備の必要性をアクター達に認識させていくことになる．

3．美濃部都政における住宅政策の争点

(1) シビルミニマム論による住宅政策論

　職住近接を実現する手段を建設省住宅局，東京都住宅局，日本住宅公団がもたないという小さなほころびが，政治的争点になって表れる契機が1967年（昭和42年）の美濃部亮吉東京都知事就任である．当時，社会党・共産党のみの少数与党で出発した革新知事として，都民からの支持を勝ち取り続けることはどうしても必要な政治課題だった．水面下の折衝は都政調査会学務理事の小森武が担当した．

　就任早々，美濃部は東京問題調査会を設置し，その報告書は1968年（昭和43年）に明らかにされる．第一次助言「住宅対策について」，第二次助言「多摩ニュータウンについて」，第五次助言「土地対策について」は新沢嘉芽統と華山謙が原案を書いた．新沢と華山の考え方は地価抑制のために「①持家政策から貸家政策への転換，②土地保有税の強化，③法律による土地の利用制限または利用促進」を進めるというもので，その関心はもっぱら地価上昇率を利子水準以下に抑えるという政策目標にあった[9]．東京問題調査会で住宅問題について，当時調査委員として関わり，1971年（昭和46年）から1980年（昭和55年）まで東京都住宅対策審議会委員をつとめた石田頼房は，「あとどれだけ都営住宅を建てればシビルミニマムとして十分なのか，教えてほしい」と美濃部から求められたと述べている[10]．都知事第1期（1967-1971）における美濃部は，住宅不足という問題認識の下，シビルミニマムを達成するまで，公営住宅の供給で対応しようとしていたことが分かる．

　この美濃部のシビルミニマム論による住宅問題把握では対処できない問題が現れる．それが開発利益の帰属問題である．

(2) 開発利益の帰属問題

開発利益については，既に東京問題調査会の第二次助言「多摩ニュータウンについて」でも次のように指摘されている．

「多摩ニュータウンほどの規模の町造りには，いくつかの種類の社会資本的施設がかなりの規模で創出されることを不可欠とする．それらの施設創出には，一方では費用を要するが，他方では，それが出来たおかげで関連地域の土地の価値は高まり，したがつて売買されるときには地価が上昇する．売買されるか否かにかんせず土地の価値の上昇分すなわち開発利益は，社会資本的施設創出に負つているのだから，その開発利益は同施設創出の起業者に費用を償う意味で還元することが望ましい．」

開発利益が生じ，その帰属の配分についての問題が生じたのは昭和40年代からであった[11]．その多摩ニュータウンでの象徴が，多摩センターにおける新都市センター開発㈱問題であった．1969年（昭和44年）多摩センターの運営を新都市センター開発㈱に任せることを日本住宅公団から事前告知を受けなかった美濃部は，「民間デベロッパーの導入自体に反対しているのではない．ただ，ニュータウンの場合，日本で一番大きい衛星都市を作り，膨大な税金を使う．この心臓部を民間会社にまかせるのは反対だ．ここの開発利益は都，地元市町村に還元されなければならないが，同センターは全国組織であり，ほかへ流れる危険性がある」と議会に説明した[12]．住宅開発が開発利益と負担を生み，その帰属先をどのように整理するかは，従来の住宅政策の枠組を超え，シビルミニマム論では判断できないものだった．新住事業が，実は開発利益と負担が生じる都市開発事業であることがアクターの間でも明らかになりつつあった．

(3) 広域計画の発見

大規模住宅事業については，従来のシビルミニマム確保と共に，都市開発事業としての視点が必要という動きが，東京都でも生まれ始めたと思われる．後者の視点から三多摩を誘導するためには，多摩ニュータウンを23区のベ

第3章　多摩ニュータウンに見る東京都住宅政策の変容過程

ッドタウンではなく，自立的な都市として位置付ける広域計画が必要となる．それが東京都首都整備局が中心になり打ち出した「多摩連環都市計画」であると言えるのではないだろうか．

　前述した「多摩ニュータウン開発計画1965」では，既に連合都市論を打ち出している．この二つの計画について，鈴木都政時代の東京都南多摩新都市開発本部が発行した『多摩ニュータウン開発の歩み』(昭和62年)は，「このような考え方（多摩連環都市構想：筆者注）は特に新しいものではなく多摩ニュータウンのマスタープランの段階から検討されていたことであった．例えば，マスタープランでは，多摩ニュータウン周辺部に不足する高度の都心的サービスを供給する役割を与えることによって周辺都市との新しい機能分担を担わせる『連合都市構想』が提案されていた．また，大学，研究所，社会福祉施設，医療施設，レクリエーション施設を積極的に誘致することが重要な課題であるとされていた」と記している．マスタープランと多摩連環都市構想の連続論と言える．また，後に多摩ニュータウンにおける連合都市圏の歴史を詳述した高橋（1998）は，並列的な内容紹介にとどめており，その評価は行っていない．

　しかし，マスタープランが大都市のベッドタウンとして多摩ニュータウンを造った結果，連合都市が生まれるだろうというプランであり，連合都市化への実現手段に言及していないのに比べ，「多摩連環都市構想」は業務機能の連携を明確に打ち出した計画だった．この構想を最初に唱えたのは丹下健三の弟子であった浅田孝であったという[13]．この経緯について，浅田の下で働いていた二宮公雄は田村明との対談の中で次のように述べている．

　「東京都の場合は美濃部知事が誕生し，公害防衛とシビルミニマムを通じて大都市の環境問題に取り組んでいたのですが，第1期の半ばを過ぎて公害対策が軌道に乗った頃，シビルミニマムの発展として東京都の都市改造が必要だと言うことになり，浅田さんが東京都の都市改造担当参与として迎えられた訳です．都市改造の基本路線を作るものとして取りまとめられたのが，昭和46年に公表された『広場と青空の東京構想試案』です．広場は，市民

参加を，また青空はクリーンな都市環境を意味します．ここでは東京圏の広域構造を再編成しながら一方で地区レベルの特性を生かしながら市民参加によって街づくりを進める方針を具体的に打ち出しており，4つの戦略計画と5つの先駆的な事業が提案されています」[14]．

このような広域計画のエピソードも，住宅政策の背景に起きていた開発への考え方の変化を知る手がかりと言えるだろう．

(4) 住宅政策における行財政問題の意味

1971年（昭和46年）11月以降，多摩ニュータウンの住宅建設はストップする．多摩市が①多摩ニュータウン建設に伴う地元自治体の財政負担問題②鉄道の延伸③医療施設整備④行政区域の変更・再編成を，提起したためであった．中でも，地元自治体の財政負担問題は深刻で，東京都では，多摩市が毎年9億円の収入不足，30年目には214億円の累積赤字，また八王子市が同じく毎年約1億円の収入不足，30年目には約26億円の累積赤字と試算した．

これは指摘してきた通り，新住法の手法で都市開発を行おうとする所から生じる問題であった．この頃実際に事業の現場で調整に関与した都や公団の一部の開発官僚達は，自治体財政問題がニュータウン開発を進める上での大きな障害であると早くから警鐘を鳴らしていた．例えば，東京都首都整備局の北条・千歳（1968 43-46頁）は広域行政区域，費用負担問題，施行体制の一元化を早くも問題として指摘していた．これを現場官僚は「新市街地造成と関公施設等整備プログラムのギャップ」と呼び，ニュータウン整備の法制度上の一大問題として考えていた[15]．

この問題解決には3年の期間を要し，1974年（昭和49年）に「多摩ニュータウンにおける住宅の建設と地元市の行財政に関する要綱」（通称行財政要綱）が東京都・地元市・日本住宅公団の間で了承され，工事が再開する．行財政要綱の改善点は表1の通りである．この行財政要綱が，多摩ニュータウン事業の画期を示すものであることは多くの関係者の一致するところである[16]．

なぜなら,マスタープラン策定時に明確には予想されていなかったニュータウン受け入れ側自治体に発生する行財政問題が,議会決定の不要な要綱という形式で合意されたからである.

この大規模住宅受け入れ自治体の行財政問題は,昭和40年代,大都市郊外で頻発していた問題であった.当時,行政法の立場からは,この行財政問題を「開発における国の機関委任事務と,自治体の自治権確立の対立」と捉える観点が存在し,大規模住宅を受け入れた自治体は,開発者に相応の負担を求めた「宅地開発要綱」を定めつつあった.その第一号は川崎市が策定したものと言われるが,嚆矢は1967年(昭和42年)に兵庫県川西市で定められたものである.議会での議決を必要とする条例ではなく,議決を必要としない「要綱」で開発に関わる費用負担問題を示したもので,このような手法

表1 行財政要綱による改善概要

区 分	従来の措置	地元市の行財政に関する要綱
児童館,給食センター,住区公民館用地の譲渡	減額制度なし	30％減額
(1)学校用地の譲渡	都,公社,公団とも50％減額	都,公社—無償譲渡 公団—50％減額
(2)施行者立替建設の制度(学校その他)における償還方法	都,公社—3年据置き17年元利均等償還 公団—3年据置き22年元利均等償還	都,公社—3年据置き22年元利均等償還 公団—10年無利子据置き20年元利均等償還
(3)特別補助金制度(学校校舎,屋内体育館)	(都補助基本額－国庫補助基本額)×1/2	都,公社についてはさらに1/2を加え,結果としては2/2補助することができるものとした.
(4)制度の創設		(イ)地元市が行う起債並びに施行者立替資金の償還にあたって,都が毎年度その相当額を補助する. (ロ)初期投資による地元市の一般財源確保を図るため,都が無利子資金の貸付を行う.

(出所)東京都南多摩新都市開発本部(1987 105頁).

は「要綱行政」という言葉で定着し,中央に対する地方自治体の自立性を示すものとして見なされていた[17].

しかし,東京都と市との関係で考えると,市の自立性発揮は都営住宅建設

表2 都営住宅建設に関連する地域開発要綱

項 目			整 備 内 容 等
公共施設	1.道路 2.公園 3.給排水管 4.河川・水路 5.その他		取付道路,団地関連道路,交通安全施設を整備する. 地域住民の利用に供し得るよう位置・規模等を定める. 地域住民の利用に供し得るよう管径を定める 改修は,直接必要と認められる整備範囲を定める. ごみ・し尿・下水処理施設,浄水場等は,受益の限度において負担割合を定める.
公益的施設	区市町村	1.小中学校	＜新設＞ 1,000戸を標準として小学校1校 用地譲与 16,500 m² 2,000戸を標準として中学校1校 用地譲与 20,000 m²以内 校舎等建設費は一定基準に基づき算定した額を負担 ＜増設＞ 用 地 一定基準に基づき算定した額を譲与 建設費 一定基準に基づき算定した額を負担
		2.地域施設	1,000戸を標準として,必要な施設を延面積2,000 m²を限度として,住宅の下層に設置し,無償使用を認める(公民館,図書館,老人福祉施設等).
		3.保育・教育施設	1,000戸(保育所は500戸)を標準として,必要な施設を住宅の下層に設置し,無償使用を認める(保育所・児童館・幼稚園).
		4.その他	消防署・公設小売市場・警察官派出所等一定基準に基づいて必要な施設を設置する.
	関係諸団体	1.私立保育教育施設	保育所 500戸を標準として,用地を無償使用許可する. 幼稚園 1,000戸を標準として,用地を有償で貸付ける.
		2.医療施設及び店舗	用地を貸付けまたは使用許可する.
		3.郵便・電話施設	用地を貸付けまたは使用許可する.
		4.交通関連施設	交通事業者と協議して決める.

(出所) 東京都住宅局(1978 76頁).

の障害になるものだった．東京都が今後も都営住宅を建設するためには，行財政要綱のような手厚い補助を多摩市や八王子市に行うことは不可欠であった．そして，この考え方に基づく措置は前年に実施済みであった．

　1973年（昭和48年）11月，東京都住宅局は「都営住宅に関する地域開発要綱」を制定し，従来の住宅建設に関連する公共施設の整備にとどまらず，地元区市町村の基本構想や開発計画に沿って，必要な整備を行うことを定めたのである．

　行財政要綱は，この都営住宅建設に関連する地域開発要綱と同じ考え方に拠っていると思われる．すなわち，大規模住宅建設による開発利益・負担が生じる地域においては，大規模住宅供給の結果生じる行財政問題を東京都が手厚く支援することが，住宅建設には必要となってきたのである．このような制度追加による「住宅供給のためのまちづくりの拡大」が，東京都住宅政策の帰結だったのである．

おわりに

　ここまで，職住近接の「住」について，東京都住宅政策の変化を縦糸に，多摩ニュータウン事業のエピソードを記述した．多摩ニュータウン開発初期にあたる1960年（昭和35年）～1974年（昭和49年）の時期は，東京都の住宅供給戸数増加に，まちづくりという関連施設整備プログラムが付加される過程であった．このプログラムをもって，負担が大幅に増える可能性があっても，住宅供給を続ける制度が担保されたことになる．多摩ニュータウンの行財政要綱も，基本的には東京都と多摩市，八王子市との間の同様の制度設定であったと言える．

　では，職住近接の「職」の整備はどうなったのだろうか．国レベルでは1974年（昭和49年）に国土庁が設立され，通産省が要望を述べる経路でもあった首都圏整備委員会は吸収された．日本住宅公団がもっていなかった都

市整備機能を補完するために，1975年（昭和50年）宅地開発公団法が成立し，同公団が発足する．宅地開発公団は公共施設の直接施行や鉄道業を行う機能をもち，竜ヶ崎ニュータウンや千葉ニュータウンを手がけた．しかし，その期間は短く，わずか4年後の1979年（昭和54年）12月に日本住宅公団と宅地開発公団を統合することが閣議決定され，1981年（昭和56年）住宅・都市整備公団法が成立，同公団が設立された．ここに，住宅・宅地供給と都市整備を一体として行う機関が誕生したことになる．そして，1986年（昭和61年）には新住法が改正された．改正点は，①特定業務施設を事業地内に立地できることとし，準工業地域を含む地域についても新住宅市街地開発事業を施行できるようにした．②住区規模要件（人口密度の下限）を緩和することとした．③宅地譲受人の建築義務期間を延長することとした，の3点である．

多摩ニュータウン初期の過程を政策の総合調整という観点から捉えるならば，ここに，大規模住宅都市をつくるための調整が，総合機能をもった公団の設立という形で実現したことになる[18]．しかし，合併した公団が企業誘致などの政策手段をもっていたわけではなく，あくまでも住宅都市をつくるための機能であった．また，本来の住宅都市整備機能が合併の政治算術の結果，有効に働いたのかどうかは，別途検討が必要であろう[19]．住宅都市が整備されても，その後通産省によるテクノポリス構想のような高度な人的資本を必要とする産業立地メニューと連携するには至っておらず，産業立地と住宅都市は棲み分けを行ったと言えるのかもしれない．

2009年現在，多摩ニュータウンにおける職住近接は未完のプロジェクトとして残されていると言えるだろう．

1) 日本住宅公団20年史刊行委員会（1981）．
2) この住宅政策の定義は，本間（2004　3頁）を踏襲している．
3) ただし，補助単価は固定的で，土地取得・建設価格が大幅に上がると，自治体側の超過負担が生じることになる．後に，東京都はこの問題に直面することとなる．
4) 東京都住宅局（1978）76頁．

5) 新住法が施行された当時の建設省住宅局に在籍した升本達夫（1980・昭和55年に都市局長）は次のように記している．「この法律に基づく新住宅市街地開発事業は，大都市等の既成市街地の近郊において，ベッドタウンとして機能すべき健全な住宅市街地を開発するいわゆる街づくり事業であり，同時にその新市街地において直接大規模な住宅地の供給を行う住宅地供給事業であるという二面性をもった事業として構成されている．」升本（1963）．
6) 国土庁（2000）153頁．
7) 日本生産性本部（1958）．この報告書によると，視察団メンバーは佐藤弘（一橋大学），足立英夫（工業経済研究社），三輪次武（山陽パルプ），宮崎仁（大蔵省），中山孝市（昭和電工），奥田亨（経済企画庁），大島竹治（日本化学工業協会），土屋清（朝日新聞東京本社），上野長三郎（川崎製鉄），上島定雄（日本電力調査委員会），平松守彦（通商産業省企業局産業施設課）の11名．ここで平松は，立地政策の意味を「① 産業を適地に誘導するために，企業の立地にあたり，国が直接的，または，間接的に講じている法律的・財政的措置 ② 地域経済の工業化のため，地方公共団体が行う立地条件整備および企業導入措置，③ 企業の立地の合理化のため民間機関が行っているサーヴィス業務」と整理している．
8) マスタープランを策定した関係者が，高山英華門下として下河辺淳や資源調査会，首都圏整備委員会にいた山東良文氏等とも交流があり，国土計画の視点からニュータウンを設計できる環境があったとことは指摘しておきたい．
9) 新沢嘉芽統・華山謙（1970）298-305頁．
10) 石田（1994）200頁．
11) 田中（1988）16頁．
12) 『都政新報』1969.10.17．
13) 美濃部（1979）158頁．
14) 田村明・二宮公雄（1997）7頁．
15) 例えば日本住宅公団職員として川手等と共に1965年プランに名前を連ねている野々村宗逸は，1983年の論文でニュータウン開発における事業手法と法制度のギャップについて詳細な説明を行っている．野々村（1983）72-81頁．
16) 元多摩市職員の佐伯進は，2007年6月30日に開催された「多摩ニュータウンアーカイブ明星大学2007第二回公開研究会」で，「私は，この要綱が多摩ニュータウンの推進された非常に大きなファクターの一つであろう，最大のファクターではないかというふうにも思っているくらいです．そして，多摩ニュータウンではこういう措置をしていただいたことは，その後の多摩市の命綱的な，この要綱は存在だというふうにいまだに思っております」と述懐している．佐伯は，行財政要綱当時，南多摩計画開発会議幹事会で多摩を代表していた企画部長の長谷川氏の下で働いていた．
17) 竹下（1987 37-49頁）は宅地開発指導要綱を定めた自治体と建設省の関係を，「開発業者という特定の利益集団」と「特定の機能を有しない一般集団」の

対抗図式として捉えた上で，一般集団の要請が要綱行政の条件であると述べている．しかし，要綱で負担を設定することが適法か否かについては，現在でも行政法上の論点になっている．大田（2004）46-47頁．
18) このような政策総合調整の問題は，『公共政策研究』第6号（2006）の御厨貴氏の特集解説で述べられているように，政策研究において重要なテーマであり続けている．
19) 合併の政治算術については細野（2001）を参照．

第4章

まちづくりはソーシャル・キャピタルの形成からはじまる
――学びから出発した2つのNPO法人――

廣岡守穂

はじめに

　多摩地域は昭和40年代から，開発によりどんどん新住民が流れ込んできた地域である．日本最大の大規模団地である多摩ニュータウンが都市計画決定したのは1965年（昭和40年），入居が始まったのは1971年（昭和46年）のことだった．その結果，多摩ニュータウンには約30万人の人が住むようになった．外から大量の人びとが流入し人口が急激にふくらんだために，行政と市民の協働によるまちづくりにはしばしば特有の困難な問題が伴った．

　しかし住民組織の発展がむつかしかった反面，様々な分野でのNPO活動は比較的さかんになった．これらのほとんどすべては福祉，環境，国際交流など特定の分野での活動であり，コミュニティの自治に関する活動ではない．生活クラブ運動グループやフュージョン長池のような活動もあるが，全体からみるとそういう活動はけっして多くない．新たに流入した新住民は比較的高学歴層が多く，その層がNPO活動の人材の供給源になった．それ故，といっていいかどうか，市民活動は行政に対して独立性が高く批判的な性格が強いようにも思われる．その点印象的なのは，多摩地域のNPOセンターのほとんどが公設公営であることである[1]．NPO活動はさかんなのに，自治

体が設置したNPOセンターの管理運営はNPOに委ねられていない．行政とNPOとの連携がむつかしいともいえるが，NPOの自立性が高いというみかたも可能である．

こういう状況をどのようにとらえればいいのだろうか．

わたしはソーシャル・キャピタル[2]という概念を手がかりに，次のような小さな仮説を立ててみた．行政主導の大規模な開発によって外部から大量の新住民が流入してきたために，その人びとは地域社会の中でソーシャル・キャピタルを形成することが困難だった．特にサラリーマンの夫を持つ妻達は，子育て期によく見られる社会的孤立の中で，いっそうソーシャル・キャピタルの形成が困難だった．他方，活動的な人びとは行政や地域との関わりの外にソーシャル・キャピタルを蓄積し，それ故に行政と距離が大きくなった．

このような状況は功罪相半ばするものであり，けっして否定的にのみ見られるべきではない．しかし本来，まちづくりはそこに住む人びとのソーシャル・キャピタル形成を促進するようにすすめなければならないものである．とくにそれが困難な状態に置かれている人びと（例えば子育てに専念している専業主婦）に対して，ソーシャル・キャピタル形成の機会を十分に提供しなければならない．

そういう観点から見て，実は生涯学習はそのための重要な手段である．学びはたんに学習者の文化資本を増大するだけでなく，ソーシャル・キャピタルを増大する．しかも学びの機会はだれにでも開かれていて近づきやすいから，ソーシャル・キャピタルを形成することの困難な人びとにとって非常に重要な機会である．

以下では，生涯学習から事業活動にのりだした二つの事例を紹介しながら，このことについて簡単な考察をこころみたい．

1．まちづくりとソーシャル・キャピタル

　ソーシャル・キャピタルの形成なしにまちづくりはあり得ない．まちづくりのかなめは地域におけるソーシャル・キャピタルの蓄積をすすめることである．言い換えれば，まちづくりは，ソーシャル・キャピタルを形成する機会が，より多くの人びとに提供されるようなかたちですすめられなければならない．まちづくりが一部の人へのソーシャル・キャピタルの集中をひきおこしたり，多くの人のソーシャル・キャピタル形成を阻害したりするようなかたちですすめられてはならない．

　わかりにくい表現になってしまったので，ここでソーシャル・キャピタルの概念を説明しながら，わたしの問題意識をかんたんに示しておこう．

　人が社会の主人公として生きていくためには，選挙で投票する権利を持っているだけでは十分ではない．社会の主人公であるということは，自分の力で社会システムをつくったり担ったりするということである．「参加」ではなく「参画」，即ち社会の重要な意思決定の場に身を置くということである．そういう存在であるためには参政権だけでは不十分である．いろいろな「力」が必要である．

　どんな「力」が必要か？　事業をおこす時何が必要か考えてみるとわかりやすい．まずなにより，その事業を行うのに必要なノウハウがなければならない．当たり前のことだが，寿司屋を開業するなら寿司を握る技能が必要である．それに元手になる金銭が必要である．これも当たり前だが，元手がなければ，商品を仕入れることも事務所を借りることもできない．さらに，いっしょに仕事をしたり，宣伝してくれたり，力になってくれたりする人が必要である．どんな事業をおこすにせよ，その業界で働いた経験が非常に重要な理由の一つは，事業を行うのに役立つ人間関係をつくることができるということである．

これらの「力」のうち金銭的なものは「資本」と呼ばれるが，それにならって「資本」ということばを使うとすれば，ノウハウや技能は「文化資本」ということができるだろうし，いっしょに仕事をする人や力になってくれる人がいるということは「ソーシャル・キャピタル」ということができる．（日本語を使えば「社会資本」ということになるが，「社会資本」ということばには別の意味があるので，ここでは「ソーシャル・キャピタル」という英語をそのまま使うことにする）．こうして資本の概念を拡張したので，元に戻って，金銭的な資本を「経済資本」と呼ぶことにしよう．

ここで三つの「資本」についてみてみると，「経済資本」には元手になる金銭の蓄えばかりでなく所得も含まれるし，土地建物のような不動産も含まれる．「文化資本」でもっとも包括的かつ代表的なものは学歴と言っていい．そして「ソーシャル・キャピタル」の実質はネットワークということばで言い表すことができるだろう．

さて「経済資本」も「文化資本」も「ソーシャル・キャピタル」も，社会の中で不平等に分配されている．裕福な人もいれば貧しい人もいる．高学歴の人もいればそうでない人もいる．職業経験が豊かで業界事情につうじている人もいればそうでない人もいる．また注意しておかなければならないのは，三つの資本の分配は「構造化」していないということである．すなわち高い学歴をもっていても裕福とはかぎらないし，しっかりしたネットワークをもっていても高学歴とはかぎらないのである．

以上，ソーシャル・キャピタルについて，個人の視点からかいつまんで説明してみた．それではまちづくりの視点からみると，ソーシャル・キャピタルはどのようなかたちでまちづくりと関連しているのだろうか？

第一に，ソーシャル・キャピタルの形成はまちづくりの重要な基盤である．ソーシャル・キャピタルは，地域の人達が自分の力で問題を解決したり課題を達成したりする能力そのものである．ソーシャル・キャピタルの形成によって地域の活動は活発になり地域コミュニティは発達する．お年寄りの介護や子どもの保育でも，地域の防犯や交通安全でも，地域のニーズに対応する

第4章 まちづくりはソーシャル・キャピタルの形成からはじまる　61

時には行政だけでなく市民の力が必要である．ソーシャル・キャピタルは市民の力の根本である．

　第二に，だから，まちづくりはそこに住む人びとにソーシャル・キャピタル形成の機会を広く提供するかたちですすめられなければならない．地域社会には，子育てに専念している母親や，退職した中高年層のように，ソーシャル・キャピタル形成の機会に接することの困難な人が多く生活している．特にニュータウンのような大規模な団地の入居者には，かねてサラリーマンの夫と専業主婦の妻という組み合わせの夫婦が多く，ゼロから地域社会をつくる中で，ソーシャル・キャピタル形成の機会が乏しかった．高学歴サラリーマンは自分の仕事の関係でこそ豊かなソーシャル・キャピタルを持っているが，それはただちにまちづくりに活用できる資源ではない．忙しく働いていれば，地域で自己のソーシャル・キャピタルをつくる機会はない．専業主婦の妻は高学歴であっても，ソーシャル・キャピタルを形成する道をたたれている．完全に孤絶しているわけではないが，接近しやすい機会が数多くあるわけではない．まちづくりをすすめる時には，そういう人びとにソーシャル・キャピタル形成の機会を広く提供するようにしなければならない．

　自治体にとって市民のソーシャル・キャピタル形成をうながす手段はかぎられているが，例えば子育てサークルの支援や生涯学習の講座はそのための手段として位置付けることができる．

　第三に，それではソーシャル・キャピタルはどのようにして形成されるだろうか？　ソーシャル・キャピタルは，地域に住む一人ひとりの市民が力をつけること，すなわちエンパワーメントによって形成される．ソーシャル・キャピタルが蓄積されるプロセスはそれだけではないが，ソーシャル・キャピタルが一部の人びとに集中するのではなく，多くの人びとに幅広く分散するためには，一人ひとりのエンパワーメントというプロセスが必要である．

　第四に，エンパワーメントの方法は多様である．例えば，エンパワーメントは社会活動の実践から生まれる．お年寄りの介護や子どもの保育など，地域の問題を解決するために人びとがボランティア活動をおこしたりNPOを

つくったりすれば，その時人びとはエンパワーメントしているわけである．防犯や交通安全のために行政と協力して活動すれば，その時もやはり人びとはエンパワーメントしている．そのほかにも，PTA役員になるとか，地方議員に仲間を送り出すとか，地域の行事を実施するとか，エンパワーメントの方法は様々である．

　地域で人びとが上のような活動を実践しているとき，そこにネットワークが形成されることは見やすい道理だろう．このようにして，活動をつうじて形成されるネットワークこそが，ソーシャル・キャピタルにほかならない．自治会の祭りに関わった人達の人脈から，しばらくして在宅給食サービスの活動がはじまったり，生活協同組合やPTAの役員から地方議員が誕生したり，そういうことがよく起こっている．最初の活動によってできたネットワークが，次の局面では事業をおこすために必要な「資本」，即ちソーシャル・キャピタルとして作用しているわけである．

　以下においてわたしは，生涯学習の講座を受講することから，社会活動へと一歩踏み出し，NPO法人をつくって事業活動を展開するようになった女性達の事例を紹介しながら，まちづくりにおける生涯学習の重要性にちいさな光を当ててみようと思う．

2．NPO法人シーズネットワークとNPO法人エンツリー

　多摩地域で，学びから活動に踏み出した二つのグループを取り上げて，そのプロフィールを紹介しながら，生涯学習がまちづくりに果たす役割について考えてみたい．

　一つはNPO法人シーズネットワークである[3]．NPO法人シーズネットワークは，子育て支援，女性の社会参画支援，まちづくりの三つをテーマに，多摩地域で事業活動を展開している．具体的には，子育てひろばの管理運営，就労をめざす女性への情報提供，多摩センター地区におけるフェスタの事務

局などの仕事を行っている．メンバーは30代40代の女性たちで，それぞれ自分のライフスタイルに合った働き方をしている．2006年1月に法人格を取得した．

もうひとつはNPO法人エンツリーである[4]．NPO法人エンツリーは㈳学術文化産業ネットワーク多摩（以下ネットワーク多摩と略す）が実施した講座の受講者がつくった団体である．NPO法人エンツリーは学習プログラムの企画運営から出発して，今までは八王子市が設置したつどいの広場の管理運営も手がけている．地域情報のガイドブックをつくったこともある．

両方とも女性センターや公民館の講座から生まれたグループで，学びから一歩踏み出して活動をはじめた点が共通している．そして両方とも，男女共同参画の実践という問題意識を持っている．

なにより重要な共通点は，行政の情報を上手に活用しながら活動に踏み出し，行政や企業と連携しながら活動していることである．NPO法人シーズネットワークのばあいには企業との連携が，NPO法人エンツリーのばあいには行政との連携が，大きな比重を占めている．

また両方とも，事業として経営的に成り立つ活動をめざしている．生涯学習から立ち上がった自主グループは経済的なことは度外視して活動することが多いが，NPO法人シーズネットワークは企業との連携の中でビジネスベースで仕事を行っているし，NPO法人エンツリーも「下請け的」「ボランティア的」な立場にとどまらず事業として活動を発展させることをめざしている．

(1) 学習から事業へ　NPO法人シーズネットワークのばあい

NPO法人シーズネットワークもNPO法人エンツリーも，男女共同参画の推進を意識したグループである．但し，その手段は，主張を述べて人びとの共感をえようという方法ではない．そういうアドボカシー活動ではなく，もっと具体的日常的な事業活動に軸足を置いている．

NPO法人シーズネットワークをはじめた岡本光子さんは，子育てに追い

まくられる日々の中で，これではいけない，と思った．岡本さんは多摩市役所の広報を念入りにみるようになり，講座やイベントの情報を追いかけた．そして託児のある講座やイベントに出かけた．ある時乳児の母親向けのイベントに参加した．そこで出会った母親と意気投合して子育てサークルをたちあげた．子どもが生後9カ月の時だった．それがはじめの第一歩だった．

サークルはいろいろな意味で出会いの場である．メンバーのひとりが歌手だったので，わらべうたの会を開催した．やがて一年もたつと，岡本さんは「子どもが主役のあつまり」では物足りなくなった．「自分が主役」の場をつくりたい，そういう思いがつのった．その頃多摩市が「子育て便利帳」の編集メンバーを募集していることを知って参加した．岡本さんのネットワークはそれでまた一回り大きくなった．こうして岡本さんは知り合った女性たちといっしょに任意団体Seeds（シーズ）をつくった．2000年（平成12年）のことだった．

Seeds（シーズ）では助産師による親子体操など母子参加型のイベントのほかに，フリーアナウンサーや起業した女性など多様な働き方をしている女性を講師に招いて連続講座を開いたりした．自分達が学びたいことを，みんなで学んだ．これは多摩市の助成金をもらうことで実現した．

講座を開くときはいつも託児をつけていたが，やがてほかのNPO法人や行政の講座の託児を頼まれるようになった．行政の仕事を受託するとなると法人格が必要である．こうして既に述べたように2006年（平成18年）にNPO法人の法人格を取得した．

(2) 学習から事業へ　NPO法人エンツリーのばあい

NPO法人エンツリーも，事業収入を得て経済的基盤を確立することを重要な目標にしている．

エンツリーの12人のメンバーの中にはスキルや資格を持つメンバーが何人もいる．キャリアカウンセラー，キャリアアドバイザー，産業アドバイザー，ファイナンシャルプランナー，在宅福祉コーディネーター，レクリエー

ションインストラクター、カラーコーディネーター、保育士、ニットデザイナー、生涯学習コーディネーターなどである。メンバーの多くはフルタイムの仕事についていないが、資格を取ったりかつて就業していた経験がある。そのスキルや資格を事業活動の中でできるだけ生かそうとしている。

エンツリーは、2005年に、ネットワーク多摩の講座をいっしょに受講した女性がつくった。それを受けて、ネットワーク多摩は2007年（平成19年）度の講座の企画運営をこのメンバーに依頼した。この時ネットワーク多摩は、エンツリーとの関係について、単なる下請けとしない、対等なパートナーとする、きちんとした仕事の対価を支払う、ということにした。

エンツリーは、子育て中の女性を対象にした連続講座など、いくつかの講座の企画運営を担当した。その時、ただ学習プログラムを企画運営するだけではなく、メンバーから講師を出したり、司会やファシリテーターを出したりした。そういう機会を経験すれば、じょじょに力がついていくからである。企画運営だけだと、なかなか収入をふやせない。

そしてネットワーク多摩も、エンパワーメントのためには場数を踏むことがなによりという考えからバックアップした。ネットワーク多摩では学習から事業へ、一歩踏み出す人をどう支援するかということが課題になっていた。学んで力をつけ、意欲があっても、実際に事業をはじめるにはハードルがあるからである。実績を積むために業務を委託するのがいいのではないか。そういう考えでサポートした。

さらにエンツリーは八王子市の市民企画事業に応募して市民活動相談コーナーを開設したり、市民活動ハンドブックを編集したりした。また羽村市の講座の企画運営も担当した。こうしてエンツリーは自治体の事業に関わるようになった。こういう実績が評価されて、2008年（平成20年）には、八王子市の親子つどいの広場の運営を受託した。この事業の受託をひかえて、それまで任意団体だったエンツリーはNPO法人の法人格を取得した。

3．学びがネットワークをつくる

　NPO法人エンツリーは今でこそ事業活動によるしっかりした経営をめざしているが，当初はそういうふうではなかった．そもそも最初は，おなじ講座に参加していてもみんなよそよそしく，講座が終わるとそそくさと家路を急いでいた．2，3回目の講座が終わったあと，今エンツリーの副代表をしている広木佑実さんが講座の担当者から受講者の連絡網をつくってほしいと頼まれ，また講座のあとにみんなでお茶でも飲んで親しくなったらどうかとアドバイスされた．エンツリーはそんなことからできたグループだった．講座修了後も，何かするあてがあったわけではなかった．しかし月に2回くらい定期的にあつまっていた．

　広木佑実さんは専業主婦だった．講座を受講したのは，漠然と何かしたいという気持ちからだった．資格を持っていたが，わたしの資格なんかで世の中に通用するのかしらと思っていた．ふり返ってみると，その頃は自分に対する評価が低かった．

　今代表をしている吉田恭子さんは，その頃ネットショップを立ち上げたばかりだった．吉田さんは講座に参加すれば何か出会いがあるのではないかと漠然と期待していた．

　ほかの仲間はというと，主婦をしながら自治体の広報誌の編集に関わっている人，やはり主婦でずっと女性問題に取り組んできた人，双子を育てながらキャリアカウンセラーの資格に挑戦している人，ケアマネージャーとして働いている人など，活動歴は様々だった．講座歴もいろいろだった．共通していたのは，何かしたいけれどどうすればいいのか分からない，との思いをもっていることだった．

　吉田さんは講座で学んだ中身よりも講座で出会った人のほうが，もしかしたら大きな収穫だったのではないかと考えている．講座が提供したのは出会

いの場だった．

　エンツリーの仲間たちの最初の活動は公開で自主学習講座を開催したことだった．せっかく集まっているのだから，せめて学習会を開いてみんなで学ぼうと思った．女性センターの講座企画公募に応募して落選したこともあった．その頃はまだ本格的な事業を行うつもりはなかった．

　講座を受講し，仲間ができた，何かしたいと思うけれど，何をすればいいか，何ができるか，最初はよく分からなかった．グループはできた．しかし具体的な活動はまだ見えないという状態がしばらくつづいた．

　さて以上エンツリーが活動をはじめる前の状態をみた．その様子から分かるのは，学びの効用はたんに知識教養を高めたり実践的な情報を手に入れたりすることだけではないということである．いや知識教養をたかめたり情報を得たりすることはむしろ二義的なことかもしれない．学びは出会いの場である．学びはネットワークをつくる．学びの機会に接しなければ得られなかったであろうネットワークの形成をうながすのである．言いかえれば学びは文化資本を蓄積する手段であるだけでなく，ソーシャル・キャピタルを蓄積する機会でもあるのだ．

　岡本さんは，生後数カ月の子どもを育てている時に，外に出たいと切実に思った．そのとき岡本さんの渇きをなにがしか満たしてくれたのが，公民館など自治体の講座だった．岡本さんは「講座ジプシー」と言えるくらい，様々な講座に出向いた．そしてそこで多くの人と知り合うことができた．それは，はじめの一歩のきっかけをつくる，またとない場だった．

　岡本光子さんの経験を思い浮かべればわかるだろうが，子育てに専念している母親にとって，ネットワークをつくることは決して容易ではない．子育て中，多くの女性が社会からの孤絶感に悩み悶々とするのは，ソーシャル・キャピタルを形成することができないからだと言ってもいいであろう．子育て中の母親にとって，生涯学習の講座など学びの場は，ネットワークをつくる得難い機会なのである．

　以上見てきたように学習者の立場から見ると，学びは文化資本とソーシャ

ル・キャピタルを形成することである．これは社会全体からみると，文化資本とソーシャル・キャピタルの分配の不公平を是正すること，とくにソーシャル・キャピタルの不公平を是正することを意味する．

　社会には貧富の差があるように，資本は一部の人びとに集中している．同じように文化資本もソーシャル・キャピタルも，一部の人びとに集中する傾向がある．女性は子育てや家事などのために社会とのつながりが希薄になる時，ソーシャル・キャピタルが乏しくなる．そういう女性がソーシャル・キャピタルを形成すれば，社会全体から見れば，その分，不平等は是正されることになる．

　最近，学者の間では「新しい市民社会」ということがよく論じられる．ソーシャル・キャピタルという言葉はその時によく使われる．市民の様々な活動がさかんにおこる社会，市民のヨコのつながりがしっかりしていて相互の信頼が高い社会，市民の社会公共に対する意識が高い社会，そういう社会の特徴を表すために「ソーシャル・キャピタル」という言葉が用いられている．新しい市民社会の形成にソーシャル・キャピタルの増加は不可欠だと考えられるようになっている．

4．NPOと企業の協働

　既に述べたように，NPO法人シーズネットワークは，子育て支援，女性の社会参画支援，まちづくりの3つをテーマに，多摩地域で事業活動を展開している．

　子育て支援の分野では，多摩市内にある4カ所の子育て広場の管理運営を行っている．多摩センター三越7階の「多摩センター子育てファミリーステーションcoucou」，多摩市子ども家庭支援センターの「Seedsひろば」，「若葉台バオバブ保育園　子育てひろば」，多摩市総合福祉センター集会室での「スペースたま」の4カ所である．

第4章 まちづくりはソーシャル・キャピタルの形成からはじまる 69

　女性の社会参画支援の分野では，講演会やワークショップや交流会の企画運営を行っている．メンバーが趣味や特技をいかして講師をつとめる「ミニミニ企画講座」が好評で，年に数回開催している．

　まちづくりの分野では，「もうすぐクリスマス　ママ＆キッズあつまれ！」「多摩センターイルミネーション」「ガーデンシティ多摩センターこどもまつり」「ハロウィン　in 多摩センター」など，地域で開催される各種イベントの企画運営に参加している．また多摩センター地区の商業施設や大学や自治会などが構成する「多摩センター地区連絡協議会」の事務局業務を受託している．

　さて特徴的なのは，メンバーの仕事への関わり方である．NPO法人シーズネットワークには，いろいろなメンバーがいる．経歴も様々だし，関わりかたも様々だし，モチベーションも様々である．子育て中の女性たちは，自由になる時間，家庭生活と社会活動にかける労力の割合などなど，一人ひとりみんな違っている．例えば仕事を分担する時も，週に2日だけ働きたい人，自分の技能を生かした仕事をしたい人など，各人各様である．そのためそういった事情を配慮して仕事の分担を決めている．一人ひとりの事情や希望にそって組織を運営している．そこがNPO法人シーズネットワークの重要な特徴であり，同じく事業活動を行っていても，企業とは根本的に違うところである．

　今でこそ出産後も働きつづける女性はふえている．管理職になる女性もふえている．深夜まで残業することもある．そういう女性達は子どもを保育園に預け，親に助けを頼むなど，いろいろな支援をうけながら仕事を続けている．このように，子どものいる女性が正規雇用で働こうとすれば，相当な負担がかかる．

　そこでシーズネットワークでは，在宅ワーク，ジョブシェアリング，短時間労働など，可能なかぎり多様で柔軟な形態の働き方を組み合わせて仕事を分担している．それぞれのメンバーがどのくらい働きたいか，どのように関わりたいのか，それぞれのニーズに合わせて仕事を組み立てている．原則と

して本人の負担になることは要求しない．

　NPO法人のいいところは営利を目的としていないということである．お金で人を雇い，お金で時間を買って働いてもらうという拘束力なしに，メンバー一人ひとりが自分の事情に合わせた社会参画ができる環境をつくりたい．岡本さんたちが法人化に当たってNPO法人の法人格を取得したのは，そういう考えからだった．法人化する以前の任意団体の名前は「Seeds（シーズ）」だった．Seed（種）がたくさん集まることでSeeds（シーズ）になり，そのSeedsが協力しあって社会参画の芽を出したい，というところから，「シーズネットワーク」と名づけた．

　1998年（平成10年）にNPO法（特定非営利活動促進法）が制定されて10年以上たった．NPO法人の数は3万5,000を超えるまでになっている[5]．しかししっかりした経営基盤をもって事業活動を展開しているNPO法人は少ない．NPOに働く人の数も少ないし，その平均の所得も決して高くない．

　NPOの発展のためには，行政や企業との連携が不可欠である．しかし行政や企業とNPOとの連携は，いまだにそれほど多いわけではない．特に企業との連携は少ない．企業が社会貢献事業としてNPOを支援する事例はふえているが，NPOと企業がいっしょに事業を行うパートナーとして連携する事例となると，いっそう限られている．

　NPOが企業といっしょに仕事をすることにはむずかしいところがある．ビジネスの世界では当たり前のことがNPOの世界では当たり前でない．例えば企業だったら，休日出勤を命じれば，社員は家庭のことはおいて朝から晩まで仕事をして当然というような雰囲気がある．しかしNPOはそうはいかない．とくにNPO法人シーズネットワークのように子育て中の女性が中心になっているばあいは，留守番をしている子どもの昼食だの，介護している義母のことだの，くらしの事情とのかねあいを優先しなければならない．

　考えてみると，ここに述べているような企業とNPOとの連携はもっともっと広がっていかなければならないはずだ．このような連携が広がれば，社

会からの孤立感に悩んでいる子育て中の女性達もエンパワーメントの機会を得やすくなるし，活動をつうじてソーシャル・キャピタルを蓄積することができる．これからのまちづくりはそういう方向ですすめられなければならないのではないか．NPO法人シーズネットワークの岡本光子さんは，このような展望の下で，NPO事情に対する理解を求めながら企業との連携をすすめている．

おわりに

　学習者のソーシャル・キャピタルの形成は社会全体のソーシャル・キャピタルを増加し，またその分配を平等化するということである．そしてそれは生涯学習が新しい市民社会の形成を促進するということである．さらにまた，それが地域の底力をかたちづくることになる．

　NPO法人シーズネットワークもNPO法人エンツリーも学びから生まれたグループで，事業活動を行っている．従来，生涯学習の主眼は知識教養を高めることで，学びの先に事業や活動をみすえるということは比較的少なかった．しかし学びをつうじて獲得されるソーシャル・キャピタルは，しばしば事業や活動を生み出すのである．

　このように生涯学習は新しいグループを送り出すことによって，新しい市民社会の形成に寄与するものである．学びから巣立つ人びとはもともとソーシャル・キャピタル弱者だった．学びのプロセスがなければ，依然としてソーシャル・キャピタル弱者でありつづけた可能性の高い人びとである．

　経営者，政治家，市民活動のリーダー，キャリアを積んだ公務員，専門家などは，ソーシャル・キャピタルに富む人びとである．青年会議所にあつまる若手経営者はそこで新しい人びとと交わり新しい情報を交換することによってソーシャル・キャピタルをふやしている．一方，専業主婦は事業や活動を担う人達との交わりの機会を断たれており，なかなかソーシャル・キャピ

タルをふやすことができない.

そういう人達にとって学びは,思いもよらなかった世界を開くカギになる. 学びはソーシャル・キャピタルを持たない人びとがソーシャル・キャピタルを形成することを可能にする. つまり学びはソーシャル・キャピタルを形成するための重要な手段なのである. 個人がソーシャル・キャピタルを形成する手段は学びだけではない. しかし学びはもっともソーシャル・キャピタルを持たない人びとにとって, もっとも接近しやすい手段である. つまり学びはまちづくりを担う人びとを生み出す身近な場所なのである.

このようにして得られたソーシャル・キャピタルが, やがて次のステップへ人びとを誘う. それは事業や活動というステップである. そしてそれが, まちづくりの一環をなすのである[6].

1) 調布市市民プラザアクロスは, その数少ない公設民営のセンターである. 管理運営を受託しているのは調布市社会福祉協議会で, コンペ方式で選ばれた.

センターはフロアが広く, 施設も充実している. IT系のNPOが強いことから, 無線ランなども通っていて, これは他にはなかなか見られない.

スタッフにどういう団体が利用しているか聞いた. やはり環境や国際交流関係の団体が多いということである. 府中市の行政がゴミやリサイクルに関して熱心に取り組んでいることもあり, 割り箸リサイクルの団体がセンター設立前から行政と連携して活動をしている.

利用者の層をみると, 地域に古くから住んでいる人たちは, 消防団や青年会や商工会議所などを通じて祭りなどの地域活動に参加している. だからNPOセンターを利用するケースはそれほど多くない. NPOセンターにやってくるのは新住民が多く, 彼らは所属するNPOの活動のためにやってくる.

アクロスの事業でユニークなのは企業との連携によるチャリティウオークである. 担当しているスタッフによれば, 前々からこういったイベントをやりたいと思っていたがチャンスがなかった. ちょうど企業の社会的責任の話が盛り上がった時期に, 企業側からCSR研修や, チャリティーパーティーといった活動をしたいとの声があり, それならば一緒にやりましょうと2007年（平成19年）冬に準備を始め, 2008年（平成20年）10月26日に第1回を開催した. 2009年（平成21年）も第2回が開催された.

国立市のくにたちNPO活動支援室も公設民営である. ここは国立市の呼びかけによってNPO連絡協議会に参加していた12団体から運営委員を組織し, そ

の運営委員会が管理運営している．NPO連絡協議会で，拠点となるセンターづくりの話がでた時，運営を民間委託するか市の直営にするか協議している中で，市からボランティアセンター（社会福祉協議会運営）内に設置してはどうかとの提案がなされた．それなら自分達がやると手を挙げ，今ある店舗に場所を借りることになった．家賃は市が負担している．

　くにたちNPO活動支援室にやってくるNPOの中でユニークなのは，一橋大学と連携してカフェ，地元野菜販売，貸しホールなど多くの事業をしている「くにたち富士見台人間環境キーステーション」（以下，KFと略す）である．この団体は一橋大学生が運営している．

2）　社会資本あるいはソーシャル・キャピタルという概念は1990年代から注目をあつめている．ソーシャル・キャピタルの概念にはフランスの社会学者ピエール・ブルデューの用語のように個人に着目する定義と，アメリカの政治学者ロバート・パットナムのように社会に着目する定義があるが，最近では後者のとらえかたが比較的広く受け容れられている．パットナムは社会における人びとの連携や協働の効率性の高さを表すための概念としてソーシャルキャピタルを構成している．それによればソーシャル・キャピタルは「人びとの協調行動を活発にすることによって，社会の効率性を高めることのできる，『信頼』『規範』『ネットワーク』といった社会的しくみの特徴」と定義されている．（ロバート・パットナム『哲学する民主主義』河田潤一訳，2001年，NTT出版，Robert Putnam "Making Democracy Work", 1994, Princeton University Press）．またOECDも「グループ内部またはグループ間での協力を容易にする共通の規範や価値観，理解を伴ったネットワーク」と定義している．

　しかしわたしは個人が所有する無形の資産という意味でこの語を用いることにする．これはブルデューの用語法に近い定義で，ソーシャル・キャピタルはその人がどんな階級や集団に属しているかによって大きく左右される．事業経営であれ，NPO活動であれ，政治運動であれ，個人が社会的活動を行う時には，ソーシャル・キャピタルを多く持っている方が有利になる．わたしの用語法に従えば，エンパワーメントの主要な要素のひとつは個人のソーシャル・キャピタルを増大することを意味するわけである．

　ソーシャル・キャピタルの概念は，十数年前から，新しい市民社会論に関連して注目されるようになってきた．「新しい市民社会」の中核をなすべき重要な概念として扱われてきた．そしてしばしばソーシャル・キャピタルは民主主義の発展をうながす重要な要素と見られてきた．しかしパットナムのような概念構成では，ソーシャル・キャピタルがどれほど幅広く均等に分布しているかをとらえることはできない．この点に留意しておく必要がある．

3）　NPO法人シーズネットワークについては，村田麻友子「子育てと女性の社会参画とまちづくり」(2009) 広岡守穂編『NPOの役割と課題4　仕事おこしとまちづくり』東京：中央大学研究開発機構，所収を参照．以下NPO法人シーズネ

ットワークに関する記述はこれによる．
4) NPO法人エンツリーについては，エンツリー・ハンドブック・グループ（2008）『まるごと八王子の歩き方』エンツリー，および広岡守穂「学びから一歩踏み出す〜生涯学習とソーシャル・キャピタル」(2009) 広岡守穂編『NPOの役割と課題1　学びとエンパワーメント』東京：中央大学研究開発機構，所収を参照．
5) 高比良正司「日本におけるNPOの現状と課題」広岡守穂編『NPOの役割と課題2　NPOによる地域活性化』東京：中央大学研究開発機構，所収．
6) どんな生涯学習の講座でも学習者のソーシャル・キャピタルの形成にとって有効であるとはいえない．どのような学習プログラムがソーシャル・キャピタル形成に有効であるかについては，やっとその開発がはじまったばかりである．これについては，広岡守穂「生涯学習と現代民主主義に関する一考察」『法学新報』第114巻1・2号．

第5章

座談会:地域政策史における
オーラル・ヒストリーの可能性

御厨　貴　東京大学先端科学技術研究センター教授
飯尾　潤　政策研究大学院大学教授
細野助博　中央大学総合政策学部教授・多摩ニュータウン学会会長

細野　多摩ニュータウン学会は市民と行政,大学などの研究機関が一緒になって多摩ニュータウンを創っていこうと,提言と実践を行う学会です.東京都や旧公団による開発事業が終わろうとも,まちづくりはこれからも続きます.まちの将来を考えるためには,散逸の可能性にさらされている多摩ニュータウン資料を発掘し,残し,この地をつくってきた人たちの知を活用することは大事なことです.こうした資料収集・所蔵活動を「アーカイブ・プロジェクト」と称し,2006年度から活動を始めました.

中でも,人々の記憶を聞き取りによって資料化する「オーラル・ヒストリー」は,多摩ニュータウン事業草創期の方々の知を記録に残す有力な手法です.そこで,今回はオーラル・ヒストリーを利用し日本近現代史の政策過程を明らかにされている御厨貴さんと飯尾潤さんをお招きしました.

ニュータウン開発に関わった人々の話を聞き取り,資料化する時の留意点.オーラル・ヒストリーを蓄積することは,どのような意味をもつのか.いろいろお知恵をいただきたいと思います.

オーラル・ヒストリーとは何か

御厨 1992年にオーラル・ヒストリーに着手し，今年で15年がたちます．あえて「オーラル・ヒストリー」という名前をつけたのは，「聞き書き」「座談」と区別したかったからです．聞き書きと言うと，芸人の談義のように聞こえてしまうのですが，それとは違うテーマ設定をしたかったわけです．

オーラル・ヒストリーは，アメリカではたいへんポピュラーです．例えばハーバード大学のインスティテュート・オブ・ポリティクスでは，「州知事選に落選したが次に上院議員選挙を狙う」という人が来て，自分が関わった政策の回顧をし，資料化し，まとめたものをもとに次に転職するという実用的な使われ方がされています．コロンビア大学では，国務省の長官・次官経験者や，大学OBの政府高官経験者がインタビューを受け，記録を残す．つまり，記録を残して，官僚・政治家は一つの仕事を成し遂げたことになる．そこで，自らが「歴史に耐えることをした」ということを検証する．

イギリスやドイツ，そしてアジアの国々でも同様のことが行われています．台湾は国家プロジェクトとしてオーラル・ヒストリーが行われています．というのも，台湾は支配者が次から次へと交代しましたが，日本統治の後，蒋介石が乗り込んできた時に焚書坑儒のように台湾の史料を焼いたそうです．ですから，台湾は基本的な歴史を書くためにも，人々に語ってもらわないとならないわけです．

タイ，シンガポールなどは多民族国家ですので，それぞれが話して史料を残すことをしていますし，オーストラリアでは，先住民族であるアボリジニたちの歴史を残すということで使われています．

チームで臨む

御厨 これまでわれわれが手がけてきたオーラル・ヒストリーは，主に国

の政策の中心にいた方々を対象にしてきました．戦後の政策過程は明らかにされていない部分が多い．そこで現実に担当された方に話していただき，資料として残すことを始めました．元内閣官房副長官の石原信雄さん，副総理にまでなった後藤田正晴さん，主に外交官や旧内務官僚，内閣法制局，内閣に関係する方，最高裁判所長官経験者など，いままでほとんど口を開いてくださらなかった方々にお願いしました．

　だいたい1回について2時間を月1回で，年12回を目途にし，次から次へと思いだしていくような方の場合には，さらに補充をしました．

　聞き手側は，2～3人のチームを組みました．元首相の宮沢喜一さんにインタビューした時は「老，壮，青」という組み合わせで臨みました．私が「壮」で，「青」は若い研究者．「老」は中村隆英先生という，宮沢さんが経済企画庁長官の時に経済研究所の所長を務めていた方です．われわれが相槌をうてないような宮沢さんの幼少の話が出た時に，中村先生がいらしたので時代を共有して話ができました．

　ほかにも，あるキーパーソンに「人生の蹉跌」というような場面について，どう聞くか迷うことがあった．こういう時に，若い方は物怖じしませんからね．いきなり「先生，あの時は選挙違反をなさいましたね」と尋ねる．われわれとしては「武士の情け」とそっとしておきたい所ですが，若い方が聞いた所から一挙に壁が溶けて，しゃべり始めたことがありました．老壮青というのは一つのセットになるんですね．

　では，セゾングループの経営者で詩人でもあった堤清二さん（辻井喬）の場合はどうか．彼のオーラルの時，私が政治を担当し，経営は橋本寿朗先生（法政大学），哲学は鷲田清一先生（大阪大学）の3人で当たりました．相手がいろいろな分野のボールを投げてくる場合は，こちらもそれを全部受けられるような体制にしないといけない．そうでないと，相手は「こいつらはこの分野は何も知らない」と思うや，勝手放題話すことになってしまいます．分野を違えるのも一つのセットです．

話を聞くのは真剣勝負

御厨 一対一ですと，こちらが質問をして相手が答えている間に，次の質問も考えなくてはいけない．でもチームなら，隣のメンバーが質問している間に考えて次を出せます．

　人の世間話を聞くことがオーラル・ヒストリーと思っている人もいますが，実際は真剣勝負です．話をお聞きしている内に，ある瞬間に思い出して，それがザーと流れ出てくる時がありまして．これを記録できると，「オーラルの醍醐味ってこれかな」と思うことがありますね．

　準備も相手によりますが，割と瞬時にして話が出てくるタイプは大雑把な項目だけ並べておいて詳しいことは必要ないですし，なかなか記憶が出にくい場合は年表を書くと順次思い出してくださる方もいます．それをどう見つけるかは難しいのですが，何回かやっていると要領が分かってきます．

細野 岸信介のオーラルをやられた原彬久先生（東京国際大学）はお一人でやられたのですか．「毎回真剣勝負」とおっしゃっていましたね．

御厨 原先生はお一人でした．かなり若い時期に岸さんと対されたわけですが，大変だったと思いますね．あれは，食うか食われるかの勝負をなさったのだと思います．出されたオーラルの記録（『岸信介証言録』毎日新聞社，2003）も迫力がありますしね．原さんは，まったくの徒手空拳，しかし「どうしても岸さんから証言を聞きたい」という一念で行かれた．だから岸さんも応じられたのだと思いますね．原さんの話を聞いたことがありますけれど，朝沐浴して出て行かれるという感じだったようです．

細野 真剣勝負ですね．

御厨 大事なことは，終わったら，すぐにテープ起こしをして，それをできるだけ早くご当人に見てもらい，直していただく．それができればうまく回っていくと思います．

われわれは12回と申しあげましたが，多摩ニュータウンのアーカイブプロジェクトではそれにこだわらずに，一人について何回聞くのかは，何をお聞きになりたいかで決まってくると思います．われわれが聞く政治家は子どもの頃を聞いてもおもしろい話はたくさんありますが，普通の人に子どもの頃の話をいっぱい聞いても，どんどん細かい話になって，いったいこれは何のためにやっているの，ということになりますので．そこは，少ししぼられたほうがいいと思います．

もう一つオーラルの場合，私は，非公開型オーラルと公開型オーラルがあると思っています．いま，ある枢要なポストにいる方のオーラルをやっていますけれど，これはご本人自身，当面は公開しないことにしています．聞いたものをすぐに出していくのが公開型で，「今出せない話があるから」としばらくは出さないのが非公開型です．おそらく，多摩ニュータウン学会のように「公開することによって，次の提言や政策分析につなげていく」ということですと，非公開型では困る．そこは相手とはっきりさせておかなくてはならない．「これはすぐ公開します」と言った瞬間に，いますぐに出せない話を聞くことは，ある程度犠牲にせざるをえない．でも，それは聞いておいて，出す時には「ここは出しませんよ」という方法をとれます．

細野 ありがとうございます．聞き手と聞かれる側の信頼性というのは本当に大事と思いますね．貴重なノウハウまでお話しいただき，われわれも活用させていただきたいと思います．

客観性を担保する空間をどうつくるか

細野 飯尾先生はご専門の政策研究のお立場からオーラル・ヒストリーに

ついて一歩客観的な立場からご覧になっていたと思うのですが，オーラル・ヒストリーの威力，そして限界についてどのようにお考えですか．

飯尾 オーラル・ヒストリーで聞けることは何なのか，何のために行うのかを知ることが重要ですね．文書になっていないことばかりを聞くとは限りません．例えば，多摩ニュータウンでも普通は○○計画をつくるために文書がつくられたのではないかと思いますが，時代が経つと，書かれた目的がわからなくなる．つまり「どういう意図をもって何をしたのか」ということは，意外と残らない．ですから，文書の読み方をオーラル・ヒストリーで学ぶ所があるわけです．

多摩ニュータウンでも，造っている最中の文書は，建設計画が終わって世代が代わる頃のことまでは考えていないわけです．つまり，当時の前提は，実はよくわからない．ところが，聞けば，われわれ時代が違う人間にわからせようと思って「今はないけど，当時はこうだったんだよ」と当時の考えの前提まで話してくれる．オーラル・ヒストリーというのは，客観的事実をすくい取るというよりは，聞き手と話し手の間にキャッチボールがあることが特質です．その上で，考え方の道筋を発掘することは，他の方法ではとれないデータなんです．

ですから，聞き方が非常に重要で，誰がどんな聞き方をしても同じことをしゃべるわけではけっしてない．先ほど話に出た「老，壮，青」のグループで臨むのは，客観化しようという心構えがこちら側にあるわけです．一人だけで聞きに行くと，普通は何回か会っている内に親しくなり，双方が頷いているだけで記録にならないことがある．そこを，あえて話してもらうような，客観性を担保する現場の空間をつくらないといけないんです．

これは多摩ニュータウンでも重要と思いますが，近所の人が相手というのは意外と難しい．知っている者同士で話をする時は，両方とも知っていることはしゃべりませんから．やはり，「知らない人」も連れて行って，その人にわかってもらうように説明してもらうことが必要です．

聞かれることで活性化する

　飯尾　地域でのオーラル・ヒストリーには，もう一つの意味があります．聞く側が，相手側を活性化させる場合が多い．つまり話をうかがうと「嫌だ」と最初は言っていても，自分の元気だった頃を思いだして，「多摩ニュータウンをもっと立派にしたいと思った」ということを思い出す．すると，「これからもまた再び立派にしてみたい」と思うこともあるわけです．

　政策担当者のように「自分が偉い」と思っている人にはそういう効果は少ないですが，普通の人に話を聞くことは，「多摩ニュータウンに住むということが，人が話を聞きにくるような経験である」という自信を与えることになる．

　先ほど話に出た，オーストラリアのアボリジニに話を聞くことがある実践的な意味をもつというのは，「アボリジニは文字も無いから歴史も無い」と言われてきたのに，語り，聞いてもらうことで，歴史が認識され，民族の誇りも出てくる．あるいは台湾のように，記録が無くなって，地元の人達にとって抹殺されている歴史がそれで甦ってくることがある．それが争いの種になったりすることもあるわけですが，新しい動きをつくっていくこともある．

　オーラル・ヒストリーを行ったことで，その人達が再び記憶を取り戻すと共に活動を始めるようになる．一方的にデータをもらうのではなく，エネルギーの与え合いという効果もありうるのではないかと思います．

　細野　われわれも，キーパーソンだけではなく，居住者の方々から話を聞いてみようとしているところです．これはまちの人々を活性化させるということがあるわけですね．

聞く順番

細野 聞き手と聞かれる側の力量，聞く順番という話が出ました．例えば3人に話を聞きたいが，聞く順番によってオーラル・ヒストリーの語りが違ってきたり，「Aさんはこう言ったけれど，Bさんは違う」ということがでてきませんか．

御厨 例えば「ボス」というのがおりますでしょう．ボスが「こうだった」としゃべると，あとの人は「(自分の解釈は) 違うかな」と思っちゃう．

例えば，我々はかつて「開発天皇」と呼ばれた下河辺淳さん (わが国の5次にわたる全国総合開発計画の立案に深くかかわり，旧国土庁の元事務次官だった) に話を聞いたことがありました．彼の話で，だいたいの戦後の開発の通説というのは出来上がっているわけです．ですから，他の人に聞くと「下河辺さんがしゃべっているよ」と言われますが，「そうは言ってもそれぞれの方によって違うだろう」ということで，飯尾先生のご協力も得て，下河辺さん以外の人からお話を聞いたんですよ．ところが，いざ始めるという段階で (下河辺さんが)「俺も聞きたい」とおっしゃる．われわれは「先生が出られたのでは，みなさん，しゃべれません」と言って，何とか思いとどまっていただき，何回かに一度，そこで出てきた話を私がかいつまんで下河辺さんに話をしてディスカッションするという場を設け，何とかやり遂げたことがありました．ボスというのはどこにでもいらっしゃると思いますが，ボスはボスとしてお聞きする．そして，そうではない方々，例えば同じ地域ではないけど職種で集められたような方だと，「うちの地域ではこうだ」と複線的に話が出てくることはあると思いますね．

いま江戸東京博物館のボランティア事業の一貫で，地域のおじいちゃん，おばあちゃんに来てもらい，隣近所地図づくりをしています．うまくいっていまして，「昔，昭和何年頃荒川のこちらの町にいたんだけど，まわりにこ

んな人がいた」という思い出話をしてもらう．おじいさん，おばあさんで話にするのは難しい場合，地図をつくってもらう．そうすると「私も話したい」という人が現れ，結構記憶を思い出す．

　多摩ニュータウンの場合は，たかだか40年ですけど，何かそういうものをつくっていくと元気が出るかもしれません．僕が関わっていたあるおじいさんは，精神的にも体力的にも弱っていたのに，たちどころに元気になりまして，いまは大活躍しており，命のプロジェクトのようになっています．

別の選択肢を探す

　細野　多摩ニュータウンは国家プロジェクトでもあり，多額のお金をつぎ込みました．開発当局にも，住民たちにもそれぞれの言い分があり，客観的な評価が難しいと思うんですね．そのような中で，地域政策にオーラル・ヒストリーを今後どう活用するか．これまでの経験から得られる豊かな教訓を，市民自ら共有しあい，まちづくりにいかさなければなりません．

　今は，開発の先鋒を担った方にお話をうかがっていますが，都市再生機構の方や4市にも話をうかがわなければなりません．そうすると，広域調整ということも考えないといけませんが，行政的には各市独自の文脈で多摩ニュータウンを見ています．こういう事情のある地域で，オーラル・ヒストリーとしてはどういう手法をとったらいいのでしょうか．

　飯尾　オーラル・ヒストリーというのは，お話を聞いて，判断の前提となることを聞くためのプロジェクトです．ですから，オーラル・ヒストリーでやられるならば，時系列の順番に出来事を聞くべきですね．最初から「あるべき論」を聞くと，向こうはそれに合わせてお話をつくり，談論風発で終わってしまう．ですから，オーラル・ヒストリーでは「成功，失敗」という言葉をあまり使わず，ご本人がなさったこと，その時の事情やお気持ちを聞かなくてはなりません．そのためには，昔から最近へと歴史の順番で聞くのが

一番いいです．そういう点では，昔かかわった方から順番に聞くのが実はいいのだろうと思います．

　それと，組織でたくさん人を聞くときは，基本的には上司から部下へという順番で聞きます．上司の方が裁量度が広く，自分が決定したことが多いので，自信をもってお答えになることが多い．また，その時の部下が，その次の上司になっている可能性があり，その人の出世ルートと共に語ってもらうことができます．

　それと大事なことは，偉い人が話したことは，次に聞く人に見せない方がいいですね．見せると，その通りに学習してくる方もいますので．「ご自身の経験をお話しください，それで十分です」と説明し，古い出来事から順番に聞いていくことです．

　ご質問の広域連携ということになると，例えば，「なぜ多摩市が区域を広くして多摩ニュータウンを包摂しなかったのか」という問いになります．その理由自体を聞くよりは，「当時の行政体制をどう準備していたのか」を都の方や，地元の市町村の方にも聞いてみる．その結果としてパズルを合わせると，話が出てくるはずですね．

　いろいろな方がそれぞれの言い分をもつ中で，それぞれどうしてそうなったのかをお聞きになる．広域連携の動きはあってアイデアもたくさんあったのだろうと思います．それが実はうまくいっていないのでしょうが，そういうことは記録に残らない．ですが，そういう話を聞けば，いろいろなアイデアが出てくる．そして広域連携がうまくいかなかった原因をつきとめて，そうではない形にする．

　オーラル・ヒストリーの意味の一つに「オルタナティブ（別の選択肢）を探す」ということがあります．歴史はだいたい成功者の歴史で語られるけれど，聞いている内にそうではなかった芽が見えてくる．そして伸びなかった枝を探し出すと，時代が変わると役立てることもできる．そういうことを踏まえて広域連携を調べていかれればいいのではないでしょうか．

　そしてある程度データが蓄積され，あらためて集まっていただきシンポジ

ウムを開かれる．そういうものを読んだ上でシンポジウムを開くとアイデアが生まれるとかいうことになってくるのではないですか．

細野 オルタナティブを探す，というのはいいキーワードですね．多摩ニュータウン事業には，都と公団，市，住民など投資者が多い．すると，そのあたりをどうやって聞くかを悩んでいることは確かなんですね．中庭さん，同じような当事者，同一組織の人に聞いているけれど，他の人の発言に影響を受けるということはありましたか．

中庭 多摩ニュータウンに特徴的なのですが，都市計画の現場レベルで計画についての評価はたくさんあるのです．ところが，例えば多摩ニュータウンというアイデアはいつ誰によって，どういう意図で出されたのかということはよくわからない．そして，「東京都首都整備局の山田正男氏が始めた」というような物語が1972年頃にはもうあり，都市計画の文脈でのあるストーリーがつくられ，今に至るまで流通しており，なぜこのような計画がつくられたのかということはあまり明らかにされず検証されないまま一人歩きしている．それをどう突破するかはまだまだわからない所です．

飯尾 どうしても多摩ニュータウンの起源を聞きたいということであれば，「多摩ニュータウンはなぜ始まったんでしょうか」という聞き方をしてはダメなんですね．それは相手に構成させようとしているわけで，意見を聞いているのと同じ事になる．もしこれをきちんと聞こうと思ったら「何年に何のお仕事をされていましたか」と質問する．「その仕事はこうだ」と関係ない話をしている内に，「やっていた仕事にこれがあった」と言って，もう少し正確なことが出てきます．

あるいは，部下と目される人に順番に仕事の内容を聞いていく．すると，「何課というのができて，ここはこういうことを目的としていたんだけど，自分はそこに属しこの仕事をするように言われた．その中にこの仕事は入っ

ていた」となる．すると，そこが多摩ニュータウン計画の出発点ではなくても，それまでに上の方で部署をつくっていたことはわかります．「自分は知らないけれど，どこでこういうことをやっていた」ということを聞いていくと，今度はそこの人に聞けばいい．

　ですから，あんまり大雑把に聞いても，そのように記憶が戻ってこない．私たちも細かいことを聞く時は，職場の場所，部屋の配置，そういうことを聞くことで思い出すんですよ．「あそこに課長が座っていて，自分はここに座っていた，そうだ」と言って思い出す．忘れていたことを思い出していただくためには，情景が浮かぶようにもっていかないと正確なことはなかなか出ません．あまり本気にやろうとすると大変ですが，具体的に聞いていくというテクニックは必要と思います．

　御厨　先ほど山田天皇（山田正男氏は巷間「山田天皇」と呼ばれていた）の話が出ました．私は山田天皇にもオーラルをした経験がありますが，この人は最初から人を驚かすということを趣味にされていまして．誰が聞いても出てくる話は基本的には同じ，というタイプなんですね．このタイプは，「そこでこう言ってやった」と歌舞伎で見得を切るような話がいっぱい出てくるんですよ．昔の人の典型例で，意外に多いかもしれません．

　それと，お話をうかがって，「多摩ニュータウンでもそうなのかな」と思うのは，土木にかかわっていて，「自分がこういう方と交渉した」という人達は，秘話を語るということをしたがるんですね．秘話が無い場合は，「結局は，おれがやったんだ」と秘話をつくる時もある．それで，「みんな幸せになった」という所にもっていきたい．高度成長の神話みたいなものがありまして．もちろん，そうでない方がほとんどと思いますが，お聞きになる時はそういうタイプにはよほど注意して，話半分に聞いておかないとなりません．しかも，その話がオーラルという形で世に出てしまうと，みんなが「そうか」と思い，話さなくなるんですよ．話の道筋がついているのなら，いまさらその人に対抗して違う話をして嫌われたくない．そこで，歴史の真実は

ついに出てこないということになる．そこだけ，一点，申しあげておきます．

オープンに公開する方がよい

細野 さきほど，公開と非公開という話が出ました．われわれとしても両方とりたいと思っていますが，東大，政策研究大学院大学ではどのようなやり方をされているか，お話しいただけますか．

御厨 これが難しいんですね．まず「テープ」をどうするか．DVDに入れ，5年に一回ずつデータ変換が必要と言われた時もありましたが，今は，かえってカセットテープの方がもつということがわかっています．99年段階ではこれは21世紀までもたないのではないかと言われていたのですが．いずれにせよ，これをどうやって保管するか．

もう一つは，紙媒体があります．テープ起こし者が起こした「素起こし」と，それに手を入れた「修正バージョン」が発生します．そして報告書等の「公開媒体」．これらをどう保存するかはなかなか難しい問題です．

結局「テープ」は公開せず，政策研究大学院大学でも東大でも封鎖しています．「どの部分を見たい」と言われても，こちらもわからない．今みたいに完全にデジタル化ができていて，紙媒体でいうとこのページが自動的に出てくるというのなら話は別ですが．

問題は，紙媒体をどこまで開けるかということです．政策研究大学院大学の場合は，個々にその方と覚書ないし契約を交わして，何年後に公開するかをそれぞれ決めたはずです．どんどん公開するのであれば，大学であれば報告書のようなシリーズで出る．商業出版のようなものであれば編集者が考えます．ですから，現在のところ，テープと，いくつかの紙媒体に変換されたものがうちの書架に残っている状態です．報告書になったものは，大学でつくったものについては大学が判断します．できるだけ，研究者や公共図書館を中心に配るようにしています．そういうしくみをつくらないと，多分問題

が起きると思います．

飯尾 一般に即時公開だと問題は少なく，非公開の部分があるからこそ，御厨先生がお話ししたような問題が起きるわけです．保存をやりきるには常設の機関が必要です．日本の大学に図書館がありますが，まだまだ十分ではない．どこの国でもアーカイブスと図書館は似たようなしくみで運営されていて，それ自体ある手順を定めて永続的に運用しないといけない．そういう点で言うと，学会が何十年とそういうシステムを続ける保証はまず無いので，むしろ早くにオープンにして，例えば「図書館にたくさん残っているから見られるはずだ」と，自らの責任をある程度そこに委ねた方が問題は少ない．
　そういう公開方法を前提として，相手にはお話をいただく．もちろんご本人にチェックいただき，それを公開する．それと自信がなければチェック前のものは廃棄されるしかない場合もあるのではないでしょうか．もちろん本人が納得されればどこかに置いておくのも可能でしょうが，そのことの処理はたいへん難しい．

御厨 私も基本的にはオープン型，できるだけ多くの方に公開するのに賛成です．そうしないと，後の人に負担が残るんです．

飯尾 問題によっては，つまり，出せないということをどこまで聞きたいと思うか．それは多摩ニュータウンで今も問題になることですね．建て替え問題のようなことを話せと言われても難しい．それを聞いても，預かった方に難しい問題が生じる．そこをお考えになった方がいいと思いますね．即時といっても，3年なら3年後でいいと思いますが，10年ももっていることが難しいということです．

御厨 出した順番に熱心にそれを読んで，その通りに次の人が話されたら困りますからね．役人はそれやるんですよ．役人は忘れているものだから，

部下を呼んで「あの当時どうだったかを調べてこい」とやる．そして，調べたレポートを読んで，聞き手に答える．

オーラル・ヒストリーは考え方の文脈探し

細野　それでは参加されている学会のみなさんに，質問いただきましょうか．

西浦　オーラル・ヒストリーですと答えがないものを探すので，ここまでが結果であると判断しヒアリングを終えるわけですが，その辺の判断はどのような基準でなされますか．今まで自分がやってこられた中で，全体像の何パーセントぐらいが明らかになったと思われますか．

御厨　僕は，オーラル・ヒストリーは「事実の発見」ということもさることながら，いろんな人の話を聞いて，基本的にはコンテクスト（文脈）を探すことだと思うんですよ．「この人はどういう風に考えていた」ということです．ある具体的な政策決定をどういうふうにしたかが分かってくると，多分，ほかでも同じような思考方法で政策決定に臨んでいるはずだから，だいたいこの部署の決定のしかたはこうだったんだろうな，ということはわかります．いちいち，ある年代のある日にある事を決定したということを最終的に集めることは多分できないと思います．そこまで記憶というのは定かではありません．

ですから，事実追求を旨とする方には不満が残り，「オーラルでは何もとれていないのではないか」と思いがちです．皆さんによく言うのは，だいたいオーラル・ヒストリーというのは2時間やって，「まぁ一つ，今日はこれが光っているな」というのがあれば良い方で．「全部石だったね」ということも無いわけではありません．それぐらい，聞き手側のがまんを試す所があるんです．今まで聞いたことの無い話がどんどん出てくるということは，まったく無いと思っていた方がよい．

私は，前に「後藤田正晴さんのオーラルをやって，何パーセントぐらいがわかりましたか」と聞かれたので，「今までが10％だったら，それにちょっと上積みして30か40」と答えたら，みんな仰天しましてね．「え！そんなにしかわからないんですか」と．だけれども「30か40でも多いかもしれない．このオーラルで後藤田さんのものの考え方，ある事態が起きた時にどのように処理をするかは全部出たから，それでよしとしよう」という話をしたことがあります．彼の場合，国家機密を扱う部署にいましたし，それについてはしゃべらないということは前提です．にもかかわらず後藤田オーラルが良かったのは，飯尾さんが言いましたように，彼の話をクロノロジカルに聞いていった．それまでは，ある部分部分でしかわかっていなかったことが，全体の文脈が通ってわかった．それがポイントという気がします．

　飯尾　まあ，そういう点では，「全体がわかる」ということはこの世の中には無いです．50年の人生の全体を聞こうとしたら50年かかってしまいます．「何が出てくるか」という風に考えないといけません．「全部聞いてやろうと意気込み，無理矢理こちらの思っていることを言わしたら満足する」というのは間違った方向です．そこはややオープンにされて，「続けていれば一定のことは出てくるから，それはそれでいい」という風に割り切っていけばいいと思います．

　細野　統計解析でもそうですね．データがたくさんあっても，本当に価値ある宝はその中で一つか二つ．そんなものですからね．

オーラルは素材集め

　篠原　私たちの目的は，多摩ニュータウンの位置づけ，客観的な評価をしたいということです．地方と都会，都心と郊外という軸の中，今都心回帰が進み，郊外が忘れられかけているという危機感があります．そこで広い意味

第 5 章　座談会：地域政策史におけるオーラル・ヒストリーの可能性　91

でのニュータウンの位置づけが必要と思っているんですね．その時に，いま話をうかがおうとしているキーパーソンは多摩ニュータウンに実際に関わってきた人で，詳しい方です．でも，例えば「日本におけるニュータウンとは」，「多摩ニュータウンとは何なのか」ということについて誰に聞くかと考えると，それはさきほどのお話で出てきた下河辺さんのような方なのかと思ったりしたのですが．

　飯尾　今おっしゃったことは，一般に言うとオーラル・ヒストリーでは聞けないことですね．そういうことは思想の世界の話で，ある人がある考えのもとに位置づけるしかない．下河辺さんに聞いても，評論家としての下河辺さんのご意見を承るだけで，オーラル・ヒストリーで想定されるようなある一定の事実やデータをとれるわけではない．そういうことは，むしろ見識ある人3～4人も集めてシンポジウムや座談会をやって，互いに議論してもらった方がよいタイプですよね．オーラル・ヒストリーでデータをとるということにおいて，そのご質問はなかなか難しいテーマと思います．

　御厨　話を聞いていく中で，この人の発想の仕方は案外同時期に違う場所でもあったのではないかということが，オーラルが終わった後，文献などを集め終わった後の分析作業の中で出てくる成果だと思いますね．
　オーラル・ヒストリーそれ自体は素材を集めていることであって，素材をいかに分析するかは，その後の，論文等をお書きになったりする時の作業です．見つける楽しみも，そこから出てきます．

役人が本当のことを話すのか

　細野　今日は，多摩市から，図書館で一生懸命アーカイブづくりをしようと汗を流していらっしゃる方にいらしていただいています．阿部さんいかがですか．

阿部　公務員という立場で考えると、役人が一個人としてオーラル・ヒストリーという場に呼ばれて本当のところを話せるものか疑問なんですね。どういう聞き方をすれば話していただけるのでしょうか。

　飯尾　嘘ばっかりつく人と、正直に話そうという人はいますし、やってみて、「これはだめだ」という人もいます。しかし、やらないと正直な人にはぶちあたりません。但し、「正直にさせること」でできることはたくさんあります。

　例えば、ある役所が自分の歴史をまとめる。そこで昔の幹部を順番に集めて聞きたいというので、アドバイザーをしました。その時に申しあげたのは「部下に資料をつくらせず、本人に直接渡しなさい」とか、「これは本人の記憶を聞いているので、正しい歴史を語るのではありません」「ご自身の経験を材料として出して欲しい」「何をしたかをおっしゃればそれで結構です」。そうすれば、ご本人がしゃべれないことは自分で「結構です」と言わないといけない。話せないことまでしゃべらせようとすると嘘をつく原因になります。できるだけ嘘をつく所をつくらせず、淡々と、当たり前に聞こえるかもしれないことをうかがうわけです。

　その時カギになるのが、さっきお話しした、時系列と、行動を聞くということです。「あれはこうだった」ということは、好きに言えますが、「何月何日にご着任になりましたが、その時の最初のお仕事は何でしたか」という所から始まって、それを構成して嘘をつくのは実は大変です。そういう風に行動と事実だけを聞いていくと、面倒くさくなって、だいたいのことはお話しされます。

　御厨　本当にしゃべるのか？　という話は、確かにありまして。僕はかつて、社団法人日本河川協会のオーラル・ヒストリーをやろうと、飯尾さんと一緒に話を聞きに行ったことがあります。やはり建設省の現場の方はいやがるわけです。最初の説明でオーラル・ヒストリーについて私が話していまし

たら，いきなり角刈りの方が立ち上がって僕に言うんですよ．「先生，何かい．そんなごたくならべられるようだけど，人間本当のこと言うかね」と．これまた単刀直入でして．そこで私はこう答えたんです．「じゃあ，ただいまあなたについてオーラルを始めるという時に，お生まれはどこかと聞いて嘘つきますか？ お育ちはと聞いて，日本にいなかったと嘘おっしゃいますか？ 現実にお仕事の話になった時，僕はあなたのそのお仕事はかなりいろんな意味で思い出深いお仕事が多いと思う」．だんだん，そこらあたりからウンウンと言い出す．そして「そのことについて，語れないこともあるけど，ここでしゃべっておかなければ残らないこともあるし，もししゃべったことが後世役に立つということであれば，嘘ばかり突き通すというのではなく，自慢話も含めながらしゃべってやろうという気になりませんか」という話をしましてね．最後に「わかった！ 協力する」．その方とは，数年後に再会しましてね，握手され「よかった．こういう記録を残してくれて」と．だから，最初に反対した人ほど，納得されると大賛成派になる．これは一般に言えることで，僕も何度か経験がありますが，最初に「どうぞ，どうぞ，何でもしゃべります」という人に限って話はつまらない．苦労してしゃべらせた方が，向こうもその気になりますから．そうするとある程度腹をくくってしゃべります．現在，日本河川協会のオーラルは，河川土木の方々が次から次へと「話しておきたい」と，門前市をなす賑わいになっています．そういうことがありますから，私はしゃべると思います．

　最初にいじわるされようが，とにかく突破する．突破力です．

地域密着型オーラル・ヒストリーの可能性

　中庭　コンテクスト探しというのはたいへん納得しました．すると，次の段階で，出来上がったオーラル・ヒストリーをどう活用するのかという問題が出てくると思います．御厨先生の所でもやられているオーラル・ヒストリーのクリティーク（批評）では，いろんな方がいろんな資料の読み方をしよ

うとされていると思うのですが，そこをどう膨らませていけばいいのか．多摩ニュータウンの場合であれば，どういう手法が考えられるのか教えていただけますでしょうか．

　御厨　日本のオーラル・ヒストリーは私が始めて15年ですが，15年の間に出てきたオーラル・ヒストリーで言えば，クリティークの所は非常に弱いです．これはなぜかというと，「よくこれだけやったよね」と仲間内で手たたいて，肩たたいて，それで済んだ気になって，すぐに次の人を相手にしているという状況なんです．そこは普通の史料批判よりも甘いです．普通の史料批判は，批判的な目で見るということが確立している．しかし，われわれの方は，話して冊子になるとうれしくてですね，それで「一丁上がり」という感じなんです．そこを何とかしなくてはならないというのは，これからだと思いますね．

　後藤田さんの記録などいろいろな記録が出てくると，それらを重ねて，オーラル・ヒストリー自身の記録でクロスチェックするのが一つ．それからもう一つ，それと同時に出てくる文書史料と重ねて読んでいくことで，やはり一つ一つ明らかにしていかなくてはいけない．これはわれわれにとっても宿題です．

　僕はオーラル・ヒストリーの批判というものをどこかで変えていかなくてはいけないと思い，いつかそれをやろうと思っているのですが，いったん活字化されたオーラルを身内で批判するのはなかなかできにくいことではあるんです．

　ただ，多摩ニュータウンの場合，多摩ということに限定されますね．われわれが中央の公人に対して行っているのとは違う，もっと地域に根ざした発言が出てくると思います．そういう意味では，われわれが行っている中央のオーラルよりは，地域限定のオーラルの方が意外と力を発揮する．

　例えば，森まゆみさん（作家・地域雑誌『谷根千』編集人）の聞き書きを見ていても，地域であるが故に，「この人はすごく記憶力がよくて，本当のこ

とを言っているね」というのは，われわれ地域外の人間が見てもわかります．そういう点で，天下国家を論じるオーラルよりは，地域のオーラルの方が，うまくすれば嘘は少ないし，見破れるし，研究の面としてはすごく可能性があるという感じが僕はしています．

　中庭　多摩ニュータウンは4市にまたがっていますが，地域のオーラルを重ねていくことで，実質的には住民の方たちが広域連携する力，公共圏をつくっていくという作用をもちうると考えてもいいのでしょうか．

　飯尾　そういう点はわかりませんね．どういうふうに受け取られるかわかりませんから．最初から予断をもってそれを見ることはできませんが，少なくとも対話のきっかけになる基盤ができるということでしょう．今の御厨先生の話は，オーラル・ヒストリーを良いものにするためにいろいろご苦労があるということです．
　ただ，多摩ニュータウン学会が「多摩ニュータウンの歴史を共有したい」ということであれば，成果が多くの人の手に入るようになって読み物として一応読まれれば，それでオーラル・ヒストリーの目的は達しています．その上でどういう動きをしていくかということですね．

　細野　今日はとても素晴らしい話をありがとうございました．いまのお話を多摩ニュータウン学会としてもいろいろと念頭に置いて，アーカイブ・プロジェクトを進めていきたいと思います．

（2007年1月31日実施）

＜質問者・同席者＞
　阿部明美，篠原啓一，中庭光彦，西浦定継

※初出『多摩ニュータウン研究』No. 9, 多摩ニュータウン学会，2007, 6-17頁．

第Ⅱ部　証　言　編

第6章

都市計画の潮流と多摩ニュータウン

伊 藤　　滋

<プロフィール>
　1931年（昭和6年）東京生まれ．東京大学農学部林学科，工学部建築学科卒業．同大学大学院工学系研究科建築学博士課程修了．MIT・ハーバード大学共同都市研究所客員研究員，東京大学工学部都市工学科教授，慶應義塾大学環境情報学部教授，同大学院政策・メディア研究科教授を経て現職．また，1997年3月の多摩ニュータウン学会設立時に会長をつとめ，現・早稲田大学特任教授，東京大学名誉教授，多摩ニュータウン学会名誉会長．主な著書に『提言・都市創造』（晶文社，1996），『東京育ちの東京論』（PHP出版，2002），『昭和のまちの物語』（ぎょうせい，2006）他多数．

学生の頃

——伊藤先生のお師匠は，東京大学都市工学科の高山英華先生ですね[1]．その高山先生は東大の都市工学科を立ち上げ，全国総合開発計画（全総）の策定や，多摩ニュータウン事業計画に関わられました．伊藤先生も東大都市工学の教授として，そして現在まで，高度成長期以降の日本における都市計画を先導されています．今日は，多摩ニュータウン開発の時代に至る日本の都市計画・開発の思想についておうかがいすることになりますが，まずは伊藤先生と都市工学の関わりからお話をうかがえますか．

　伊藤　僕は東大都市工学科の1期生を教えた時，一番若い助教授だったん

です．1955年（昭和30年）に東大農学部林学科を卒業し，あらためて学士入学をして1957年（昭和32年）に建築を出て，1962年（昭和37年）に博士課程を終えた．東大に都市工学科が開設されたのは，この1962年（昭和37年）で，この4年後に1回生が卒業したわけです．

僕は博士課程を終えた後，アメリカに2年間留学し，1965年（昭和40年）に帰ってきた．留学先は，当時ハーバードとMITが共同でつくった，Joint Center for Urban Studies of MIT and Harvard．そして，日本に僕が帰って来た時には，都市工学科8講座のうち6講座は既に埋まっていまして，先輩教授にいいのを取られてしまった．川上秀光は僕の2年先輩ですが都市計画の助教授でしたし，建設省から来た下総薫は有能な人で住宅地計画の先生でした．8講座の内訳は土木が4，建築が4です．

昭和30年代に池田勇人が所得倍増計画を打ち出しました．僕が工学部を卒業した1957年（昭和32年）には工学部は10学科しかなかったのに，1965年（昭和40年）に日本に戻った時は20学科に倍増していた．学生倍増，教員倍増で，われわれは「インフレ水増し教師」なんですよ（笑）．この仲間が，情報工学の石井威望[2]やシステム工学の茅陽一です[3]．

今から思いますとね，10学科というのは，昭和初期の10学科と同じなんですよ．昔の10学科の教授・助教授というのはね，すべてに対して優等生で，先輩の話もよく聞く，典型的な「イイ子」です．

――典型的な象牙の塔の住人ですね．

伊藤 血筋も，成績もいい．先生の話はよく聞くし，新聞屋とはつきあわず，論文をしこしこ書いて，早く学会で名を上げる．ところが，学科を倍増するとね，優等生の下の「はみ出し者」，つまり頭はいいけど，いつも反抗するような連中が入ってきたんですよ．だから，教員の幅は広がった．その典型が，今は亡き電気電子工学科の猪瀬博教授ですよ．東大の先端科学技術研究センター（1987年設立）をつくった学部長で，ものすごく頭が良かった．

それと，東大に幅が出るもう一つの流れがあるわけです．昭和初期の東京帝国大学工学部にはだいたい旧制高校のナンバースクールから来る．そういう連中は，笑わないしおもしろい顔もしないけど記憶力は抜群に良くて，絶対に無駄なことはしない．ところが戦後，教員にゆとりがでると，おもしろい人間が入ってくる．典型は東京高校出身者なんですよ．この高校はナンバースクールではなく，官立の7年制です[4]．「この子は，ちょっと頭はいいけど，旧制中学から旧制高校にいく間に残酷な2浪，3浪は味合わせたくない」という両親のために，始めに小・中学校で苦労させて，自動的に東大や東北大にいくという高校をつくったんですよ．そこを出たやつが頭がいい．ディシプリン（学問分野）が広いし，大正末期のリベラリズムを地でいっていた．そういう連中はね，本当に勉強すればくそまじめな奴より頭が柔らかくておもしろい．それが戦後，東大に入り始めた．その傾向を拡大したのが工学部倍増で，インターディシプリナリー（学問分野をまたぐ）な仕事に広がっていくわけです．それが企業や市民との協力に広がっていく．

 その流れで20学科をつくり，変な学科もつくったわけです．都市工学科なんて，その最たるものですよ．

外国の大学教育

——外国の大学では都市計画の伝統があったわけですか．

　伊藤　外国の大学教育には二つ流れがある．一つはドイツです．ドイツの大学というのは神学，医学，法律，文学，理学で，要するにart and scienceなんです．ドイツでは専門教育は高等学校で行われますから，工学部は高等工学校なんです．それが戦後，大学になる．日本の工学部教育は基本的には明治時代にドイツを模範にしましたから，ドイツ高等学校の機械，電気，機械，建築，そういう分野を真似ているんですね．

　それに対して，戦後強力な影響をもったのはアメリカ型です．アメリカの

教育はリベラリズムの極致で，大学を大衆化して，大学間で競争させる．おまけに私立でしょう．昭和の15, 16年に卒業して，戦争中に学徒動員されたような学生のトップ達が，戦後フルブライトなどのいろんな奨学金で，アメリカに行きました．頭は柔らかいから，それまでの皇国教育なんてふっとんでしまうわけ．そしてアメリカ教育を日本に持ち込んでくるわけですよ．その先兵は昭和15～23年卒（1940～48年）ですね．帰ってくると助教授になり，昔の象牙の塔の教授達は出て行った．

ですから，旧制のナンバースクール出身ではない人間が入り多様性が増したという流れと，アメリカ型教育の流れが一緒になって，工学部もおもしろいことができるようになってきた．その時には，アメリカの技術をどう吸収し，それを伸ばし，活用するかというのが工学部の考え方になっていた．

都市計画――三つの流れ

伊藤 その中でも都市計画でいいますと，ディシプリンは三つあった．一つはイギリスです．多摩ニュータウンの源流となっている田園都市論がそうです．コルビュジエとは違ってオーソドックスな教育をするんですが，イギリスの都市計画のスタートはリバプール大学で始まるんです．シビックデザインという学部です．日本で譬えるとね，都市計画教育を，門司や小倉の炭鉱を抱えた九州大学から始めた感じなんです．都市計画の源流はオックスフォード，ケンブリッジから出ているわけではないし，ロンドンスクール・オブ・エコノミクス（LSE）でもない．できたのがリバプールで，1909年（明治42年）に設立された．結局産業革命の後始末として，炭坑地の炭住対策があり，そこにシビックデザインのねらいがあった．

――シビックデザインというのはおもしろい名前ですね．

伊藤 炭住労働者対策だと思いますね．この地方大学から出る流れが，歴

史的には高い評価をされています．

　もう一つはドイツです．ドイツでは高等工学校の中に都市計画ができる．実学ですね．シュツットガルトやミュンヘンなどの昔の高等工業学校で，後に工科大学になる．

　リバプール大学は住宅地開発ですが，ドイツは区画整理です．リバプールの住宅地開発は，今の日本の役人に多いけど開発許可型．専門家が「良い」というものは認める．専門家はイギリス女王の命令で動いているから，話は聞くけど，最後は専門家が決めるというもので，官僚主義ですね．ドイツは区画整理中心ですから，プラグマティックですよね．それと，特別な工業地域開発もありましたね．

　三番目はアメリカです．アメリカはゾーニングです．アメリカはイギリス，ドイツの後塵を拝していますからね．新興国で何かをやる時，一番情報を早くキャッチするのは，先進的で規模が大きくてお金が集まりいい学生がいる所．それでMIT（マサチューセッツ工科大学）が都市計画学科をつくった．「これから，都市をコントロールする」というわけです．それにハーバード，バークレイが続く．だから，地方大学型，工科大学型と中央エリート大学型の三つの都市計画が日本に同時にかぶさってきているわけです．

——三つの良い所を日本は受け取れましたか．

　伊藤　いやあ，できませんでしたね．なぜかというと，戦後，そういう都市計画の情報を集めている先生は極めて限られていたんです．建築の連中は戦前から海外に行き，フランク・ロイド・ライト（1867-1959）に師事をした建築家とかがいた．ただ，これは建築単体のデザインです．芸術的だから，新聞ももてはやして，昭和10年代は，ライト，ブルーノ・タウト（1880-1938），ル・コルビュジエ（1887-1965）について文化部がよく書いていますよ．それに比べて，都市計画というのは，取り上げてくれる部署が無い．マーケットの大きさが先生に対する需要を引き起こしますので，都市計画で身

銭をはたいて外国に行き，勉強して，学位なんかをとって帰ってきても，先行投資を回収できないんです．だから，行く人が少なかった．

——大学がだめなら，産業界が都市計画の人を求めるようにはならなかったのですか．

伊藤 それができるようになったのは昭和 40 年代ですね．だから，戦後，アメリカ，ドイツ，イギリスに行って都市計画を勉強してきたという人は片手で数えられるぐらいじゃないですか．土木では井上孝（1917-2001）です[5]．当時は，きちんとした情報を社会で受け止めるというしくみがなかったし，学者のソサエティにもなかった．ただ，大正時代，円が非常に強かった時期，1924 年（大正 13 年）に京都大学の武居高四郎が日本で都市計画の講座を初めてつくった[6]．

林学から都市計画へ

——林学科を卒業して都市計画を志したきっかけは，どのようなものだったのですか．

伊藤 僕が最初，林学に進んだのは地理が好きだったからなんです．父の伊藤整は「地理では飯が食えないぞ」と言いましたね[7]．応用地理を勉強したかったのですが，工学部にはない．で，気づいた．林学は一種の応用地理なんですね．人文地理に行く気は無かったし，その頃の僕の興味は自然地理だったのです．

入学したんだけど，先生は「林学に向くか向かないかは顔つきでわかる」というんです．東京中野で生まれ，高校は吉祥寺や京王線でうろうろしていたのが，山に合うわけがない．顔つきが違うんですよ．それを喝破してくれた先生が，加藤誠平という先生です．当時林学で森林利用学の助教授だった

けれど，この人もディレッタントでしてね．加藤先生が「おまえどうするんだ」と言うから「大学院にでも行こうと思っているのですが，パルプ会社なら勤められるかもしれません」．すると「おまえな，おまえの顔は林学に向いていない」．そうなんです．林学には林学の顔，土木には土木の顔があるんですよ．気がつくとそういう顔になっているんです．

　この加藤先生は林学を出た後，土木工学科で橋梁のデザインをやった．関東大震災の直後ぐらいですね．その後，厚生省に国立公園部という部ができ，技官として採用された．国立公園の休憩所や園池の設計をしているうちに，「加藤というのはおもしろい奴だ．林学，土木工学，公園やって，デザインもやっている」と評判が立った．そこで，直系ではない森林利用学のポストに入ることになった．加藤さんはディレッタントで「おまえも，俺と似たようなもんだ．林学に行くのはやめろ．たまたま俺の高校の後輩で高山というのが建築にいるから，紹介状書いてやる．いけよ」と．それで紹介状もって行ったら，高山英華先生が学科主任だった．昭和30年秋です．高山先生に学士入学する時に「都市計画をやりたい」と言ったんです．試験も何もあったもんじゃない．紹介状もっていったら「入れてやるか」という，いい時代でした．まだ半端者が出たり入ったりしている時代だったんです．

高山英華の力量

　伊藤　高山さんは都市計画を教えていましたが，おもしろい人で，本を一冊も出していない．博士号をとったのは1950年（昭和25年）だから40歳に近い．その論文が「密度」に関する論文です．全国の都市を取材して，「密度と配置と動き．都市計画はこの三つの観点で都市を観察して，その調査結果を組み合わせて土地利用を決めなくてはならない」，そういう学位論文をつくった．これは東大開学以来，都市計画にまともに取り組んでつくった初の論文でしょう．都市計画というのは，それぐらいまだ位置づけがされていなかったんですね．彼は高い評価そのままを89歳で亡くなるまで背負って

いきます．

　高山先生のノートを私は見たことがあるんですが，いいかげんなことをしゃべっている先生の話でも，よく整理されて書いてある．非常に論理整然として起承転結をつけて整理している．いろんな議論をまとめあげて，組み立てていくという才能があった．

　彼のお師匠さんは内田祥三（うちだよしかず，1885-1972）という，終戦時，東大の総長だった方で建築出身です．この内田祥三が高山先生を買っていたんですね．

　内田先生が，彼の編集，組み立て能力をはっきり分かったのは，高山先生が助手時代の1937年（昭和12年）だったと思います．関東大震災後に設立された同潤会が，いい集合住宅をつくるにあたって外国の集合住宅や団地設計を勉強しなくてはならないというので，内田先生に「情報を集めてくれませんか」と頼んだ．それが助手の高山先生に降りてきた．彼は外国には行っていないけど，東大図書館は建築関係の図書や資料収集については優秀です．そこに行って，関係資料を全部写真に撮った．そして，オランダ，イギリス，ドイツ，アメリカの住宅団地の設計，敷地，区画，居間とかリビング等の団地平面図，それらを見事に編集してまとめあげた．これは，『敷地割り類例集』という有名なもので，見事なものです[8]．多分，内田祥三はそれを評価したと思います．

　その後，戦争中に第二工学部ができた[9]．当時，都市計画が重用されたのは防空都市計画の仕事です．空襲で焼夷弾攻撃を受けた時に，建物疎開をして，大都市が全部は燃えないようにするというもので，そういうことを調べる軍の仕事があったんですよ．その時点では，後にB29が400機も絨毯爆撃するとは思っていませんから．昭和15，16年頃の話です．建物を疎開して火が移らないようにする点については，江戸時代の昔から「火除け地」の知恵があった．それを組織的に東京・大阪で展開する．あるいは，重要な官公庁の建物の屋根上に鉄筋コンクリート載せて500キロ爆弾を貫通しないようにするという，軍事的要請からの都市計画っぽい仕事があったんですよ．

——霞ヶ関も碁盤の目になっていて，財務省（旧大蔵省ビル）はずいぶん頑丈そうですね．関係していますか．

　伊藤　財務省は1942年（昭和17年）にできている．あの屋上は耐震用のコンクリートを厚めにうってあると思いますよ．昔の内務省もそうでした．しかし，1トン爆弾までは想定しなかった．500キロまでです．

戦後高度成長と都市計画

——戦後，高山先生は都市計画講座を立ち上げられますね．

　伊藤　そうです．戦後，第二工学部がつぶれた時に，不思議なことに高山先生だけ生産技術研究所に移らずに本郷に戻り，都市計画の講座をつくった．京大・武居高四郎の都市計画講座が関東大震災後の1924年（大正13年）にできたわけですが，高山さんが戻ってきたのは1948年（昭和23年）か1949年（昭和24年）です．ですから四半世紀たって東大に都市工学講座ができたんです．たぶん内田祥三先生の影響があったと思います．

——やはり京大とは違うものをつくろうということもあったのですか．

　伊藤　京大は土木でしたが，東大は建築です．そして，1924年（大正13年）につくられた京大・武居高四郎の都市計画講座は，その後測量の講座になった．だから，昭和30年代，旧制七帝大，国立大学の正規の都市計画の教授というのは高山英華一人しかいなかった．
　そこで何が起きるかというと，日本中のあらゆる役所が，都市計画，住宅問題，国土計画に関係することを，全部高山先生の所に持ち込んで来た．昭和30年代というのは地域開発とか都市計画に関する先生が多くなかったんですよ．都市社会学では磯村英一，地理学では木内信蔵，交通経済学では今

野源八郎，農業だと大川一司．10人ぐらいしかいなかった．その中で，都市計画を高山英華先生が担当した．だから，国，地方自治体からいろんなコンサルテーションが高山英華先生の所に来た．

モータリゼーションと都市計画への需要

伊藤 学士入学の時，高山先生に「なんで都市計画やりたいんだ．めし食えねぇぞ」と言われました．民間需要はないし，役所の都市計画は都市計画官僚がしていましたから．その時考えたのは，「学士入学して，いまさら学校の先生というわけにも……」とまじめに考えたら，「タクシー会社を始めよう」と考えた．タクシーの運行というのは，お客の多い所に行って，うろうろしているお客さんを拾う．会社は「どこの方面に何時頃行けば客がつかまるよ」と指示する．これは一種の応用地理学ですね．これならできるかなと思ったのが，1957年（昭和32年）頃．自動車がこれから絶対に多くなると思った．

――私が学生の時代，運転免許をもっているのは，20人のゼミで10人もいませんでしたよ．その頃から先生はモータリゼーションの時代が来ると思っていらっしゃった．

伊藤 今でもそれをやっていた方が儲かっていたかもしれない．雲助だけどね（笑）．都市計画のポストもそんなにほしいというポストじゃなかったですよ．都市デザインはあったけどね．それがガラリと変わったのが，日本住宅公団ができた1955年（昭和30年）です．
　僕が学生の時，高山研究室には大学院生の名札が下がっているんですよ．院生の数が十数名と多い．「こんなにいるのか．おれはこの下の14，15番目だと，目がないな」と思った．就職口が無いだろうと．そして大学院に入ったら，その名札が5，6枚無い．住宅公団に就職しているんです．川手昭二

がそうでしょう[10]．だから高山研究室の院生は毎年2～3名，住宅公団に行き，ようやく就職口がでてきた．他にも，国立建築研究所とかに行っていましたね．

所得倍増計画 vs. 全総

――全国総合開発計画（全総）と多摩ニュータウン計画は関連があったのですか．

　伊藤　多摩ニュータウンが正式に動き始めるのが1963年（昭和38年）でしょう．新全総（第二次全国総合開発計画）は1969年（昭和44年）に閣議決定されている．1963年（昭和38年）は「第一次全国総合開発計画」（1962年）と「国民所得倍増計画」（1960年）が並行しているわけです．

　「国民所得倍増計画」は通産省の「太平洋ベルト地帯構想」（1960年）と同時に打ち出されています．あれは東京と大阪の間をメガロポリスで結ぶ大都市肯定論なんですよ．それに対して，「国土の均衡ある発展」は田中角栄が後に言ったことだけど，内務省系の官僚は，「これは大都市志向であって，地方に対する戦略が無い」と，地方派の急先鋒として反対した．そして全国総合開発計画を1963年（昭和38年）につくった．ですから，全国総合開発計画ができた時，新産業都市整備計画がつくられましたが，あれは全総計画と新産業都市で地方を志向しているんです．その後，工業整備特別地域も指定されましたが，工業整備特別地域は全総ではなく国民所得倍増計画と結びついているんです．このことは，新産業都市の場所と，工業整備特別地域の場所を地図の上に並べるとわかりますよ[11]．例えば鹿島臨海は工特でしょう．太平洋側はほとんど工特なんです．新産は日本海側ですよ．だから多摩ニュータウンはどちらかというと，全国総合開発計画よりも所得倍増計画の影響の方が非常に大きい．

——多摩ニュータウンはそこにルーツがあるんですね．

伊藤 所得倍増計画は，明らかに大都市集中を肯定している計画です．大都市に，優秀な若者を地方から集めるためには，ちゃんとした居住環境を整備しなくてはならない．そこに住宅公団を使うというわけです．

それと，もう一つ，住宅公団ができた本質としては，昭和30年頃の住宅がひどかったですよね．1952年（昭和27年）の池袋駅前で飲み屋風俗店が集まっている写真を見ると，ひどいし，それが住宅地までつながっていて全部木造．こういう状況の中で大都市に若い労働力をもってこようとする．居住環境自体が国の経済成長を阻害するわけですよ．最低限の居住環境をつくらなくてはならない．都営住宅もつくりましたけど，それだけでは間に合わない．一番重要なのは，「若手の，企業のリーダーになるような連中を今言ったような町に入れておくのは何事か」と．第一，生産性が高くならない．これが重要だった．この二つの側面ですよね．

——この中で，「首都圏整備計画」（第一次・1958＜昭和33年＞，第二次・1968＜昭和43年＞）はどちらの位置付けになるのでしょうか．

伊藤 首都圏整備計画も，どちらかというと全総型ですね．所得倍増は明快でしたからね，だいたい太平洋岸です．首都圏整備計画のねらいが何かというと，今も残っている，都市開発区域の指定でした．工場移転する場所を決めたでしょう．宇都宮や前橋など，首都圏の中でも外側に工場をもっていき勤め口を拡大するというのが首都圏整備計画です．半径100キロですから．そのスタイルは首都圏の中での均衡ある発展です．だからその考え方は全総型なんです．

所得倍増のねらいは，東京と神奈川と静岡さえ整備すればいい．そこに工場を展開し，港をつくることは，日本の経済の生産性を上げ，経済成長率が高くなる．

——つまり，国土計画には二つの流れがあり，一つは建設省系で「国土の均衡ある発展」を目指す旧内務省系．もう一つは，太平洋側に集積をつくり，所得をつくって，あとはばらまけばいいという通産省系というわけですね．

伊藤 池田勇人は通産省系ですしね．今でもこの二つの議論をやっているんですよ．昭和30年代以降約半世紀ずっと続いている．だから，丹下健三の東海道メガロポリス論には，延々とそれを支える官僚群がいるんですよ．それを辿っていくと，結局は，商工省と内務省なんですよ．これ，人脈で見ると，今日は話せないけれど，ものすごくおもしろい．

ヒトラー時代の大都市圏計画や，リリエンソールに代表されるアメリカ大不況対策，ケインズ型の先行投資プロジェクトなど，そういう開発の考え方を，昭和初期の日本の官僚は何々派，何々派，「おれはドイツ派，アメリカ派」って言うんだ．おもしろいですよね[12]．

——そうしますと，多摩ニュータウンはメガロポリスの構想ですね．

伊藤 そうです．ぴったりなんです．

建設省住宅局の出自

——しかし，商工省系のメガロポリスに乗った多摩ニュータウンなどですが，その事業主体は内務省あるいは建設省系だったわけですね．このねじれは，どう解釈したらいいでしょう？

伊藤 建設省系ですけど，おもしろいのはね，建設省というのは，元は内務省国土局でしょう．内務省を戦後解体した時，警察はばらして警察庁にした．国土局は建設省にした[13]．これは田中角栄などがやった．ところがおもしろいのは建設省住宅局にはね，三つの流れがあった．一つは官庁営繕で

す．大蔵省の管財局，昔の営繕管財です．誇り高き局ですよ．今で言う理財局です．もう一つは警察の取り締まりで，これは，建築基準法に行くんです．三番目は，厚生省の社会住宅．厚生省が大正期からの公的な集合住宅供給で非常に影響力をもっていた[14]．この三つが一緒に入っていて，建設省の住宅局になる．今でもそうです．

そうすると，住宅行政というのは建設省ではなく厚生労働側なんです．おまけに戦後しばらくは労働が強かったでしょう．「働く者に住宅を供給しろ」と，昭和30年代は，みんなそう思っていた．それが建設省に入ってきたわけです．

——住宅系は建設省ではいわば外様なんですね．

伊藤 そうです．外様なんですが，不思議なことに住宅公団はその後の公団設立の第一号です．道路公団より早いと思う．そういう意味では政治なんですよ．特に社会党が強かったでしょう．

戦前厚生省で行っていた社会住宅系が，戦後の住宅局に入ってくる．そして住宅がまさに国家的課題となってくる．所得倍増と日本の国力のためには，田舎に住宅をつくるよりは東京，多摩と千里と自然にそうなる．これについては，内務省国土局の土木系の連中も「これは住宅だ」となる．つまり，建設と住宅は世界が違うんですよ．

——川手昭二先生のお話で，日本住宅公団の資金の借り換えがとても難しかったという話がありました[15]．先生のお話で，いま三つの省庁が住宅局に入ってきているとうかがい，もしも建設省本流として住宅事業を行っていけば，お金の調達ではかなり楽ができたのではないでしょうか．大蔵省理財局も入ってくると「俺の所の政策金融を借りてよ」ということもありませんでしたか．

伊藤　そこは川手さんの方がリアリティがあるなぁ．ただね，お金の調達は完全に理財局ですからね．だから，どこの公団もそうだけど，金利の高い時には高金利で貸付して，金利の低い時は低金利で貸付け，その時の相場を30年間も同じ金利で貸し付けるでしょう．理財局から一番金を借りているのはどこか．道路だと特別会計があるからそんな借りなくてもいい．だけど住宅は特別会計が無い．特に住宅公団はね．住宅建設五箇年計画は公共事業五箇年計画で，少し一般財源から入れられるかもしれないけれど．日本住宅公団の場合，理財局ベースでの高金利貸付が多かったのでしょうね．いろいろな名目で税金も入れていますけど．高金利でずいぶん苦労したのは，僕も知っていますよ．返すのは大変でしたよ．今でもそうですけどね．

——なぜ資金で苦労したと川手先生がおっしゃったのか，おぼろげながらわかる気がします．寄り合い所帯ということはあったのでしょうか．

　伊藤　建設省は土木ですから．土木屋は税金で暮らしますからね．住宅は別でして，住宅は本来民間がつくるもの．国家的目的に関わって重要となる社会階層に対しての住宅供給は国が面倒をみるけれど，それは税金よりも貸付だと．そういう考え方でいけばね，後に金利で苦労しますよね．

燃料革命と鉄道が変えた多摩

——それでは，ここで先生と多摩の関わりについておうかがいしたいのですが．

　伊藤　僕は中央線で生まれ，中央線で暮らしてきた男です．中央線で暮らす連中というのは，前から言っていますが，エスタブリッシュメントではない．エスタブリッシュメントが住む場所は，信濃町，麻布という場所ですよ．関東大震災後になると，エスタブリッシュメントは目黒区，そして大森にいく．それとは別に，逗子，鎌倉に自由業の人達がいたでしょう．要は，横須

賀線と東横線の沿線が，エスタブリッシュメントの暮らす場所なんです．大企業の大番頭やオーナーは東横線でしょう．文士でも金に豊かな赤門系文士は鎌倉，逗子，横浜の山手，大森なんですよ．たとえば横須賀線は，里見弴，川端康成，谷崎潤一郎．ところが，中央線の文士はみんな斜に構えている．東大出でもはぐれ者だった上林暁や，私小説派が中央線沿線に行くんです．中央線文化というのは体制そのものじゃないんですよ．必ず斜に構える，そういう所がある．

おまけに，僕は鉄道少年でしたから，その頃，鉄道沿線のお父さんの格付けというのがあるんですよ．一番いいのは横須賀線，その次は東横線．次は小田急，中央線．京王線はその次です．

京王線は，砂利を多摩川から採って笹塚まで持ってきて，あそこで甲州街道への馬車に載せて商売していた．もともとの京王電車は始発が笹塚だったわけですが，いまの新宿2丁目あたりまで伸びる．昔の赤線に一番近いあたりに駅があった．

当時，現在の多摩ニュータウンのあたりは，土地も安かったし，まだタヌキ，キツネがいて，ウサギが跳んでいましたからね．僕は1947年（昭和22年）から1953年（昭和28年）の5年間，豊田に住んでいたんです．後に住宅公団が多摩平として開発した所ですが，その頃は山の中でした．当時，楽しみが無いので，自転車であちこちに行っていました．由木村まで自転車で行くと，本当にウサギやキジが跳びだしてくるんです．そこを上がっていくと野猿峠．その下は浅川，平山城址公園．そこにちょっとした澱みがあって，多摩平からよく水浴びに来ましたよ．そんな記憶がありますよ．だから当時は土地の値段なんか無い．多摩ニュータウン事業を決めた時は，明らかにあそこが丘陵地で雑木林だったということがある．

それと昭和37，38年頃の時代でもう一つ理由があるのは「燃料革命」ですよ．僕は1955年（昭和30年）に東大の林学を卒業する時の講義が「炭焼き」の講義でしたよ．「雑木を切って，窯をつくって，どういう風に入れて下から燃やすといい炭はとれるか」と，まじめに大学で講義していました．

それぐらい，炭や薪は重要な燃料でした．

　新宿駅は中央線の炭を下ろす貨物駅でしたからね．多摩ニュータウンの丘陵地は炭と薪をとる一番いい場所だった．それが昭和37, 8年からの燃料革命で，急速に炭と薪の需要が落ちていく．そうなると農家から見て，あの場所は換金作物をつくる意味がない．農家だって，まさか，あそこまで宅地開発があがるとは思わないですよ．そこへ買いに入ったわけですから，農家にとってはありがたかったでしょう．

人間を人間として扱う住宅

　伊藤　それに団地の性格は京王線の性格と不即不離ですよ．それまでの公営住宅よりも，もうすこし社会階層の高い人々に入居してもらおうとした．でも，多摩ニュータウンは当初，そんなかっこいいリアリティのある姿ではできていなかった．第一次入居 (1971年) から京王線多摩センター開業 (1974年) まで3年ぐらい遅れたでしょう．

——それまでは，聖蹟桜ヶ丘駅からバスでピストン輸送していましたから．

　伊藤　その時思ったのは，1965年 (昭和40年) にアメリカから帰る途中にヨーロッパのまちをずっと見てきた時のことです．一番すばらしいと思ったのは，当時のスウェーデンです．ストックホルムの都市圏人口は約200万人で，ストックホルムの人口は70, 80万人程．当時からベリングビーとか有名なニュータウンをつくっていた．規模は大きくない．多摩ニュータウンの1住区ぐらい，ちょうど諏訪団地ぐらいです．でもね，全部鉄道をきちんと引いている．引いてから住宅地開発をしている．僕はこれを見てね，「人間を人間として扱ってくれているな」と思った．それに比べてね，「電車も引かないで，人だけ入れてバスだけ．あとは知らない」というのはね，これは文明国家のすることかと思いましたね．

――つくばも鉄道が後回しになりました．

伊藤 だから日本人の考え方は，基本的におかしい．鉄道を造ってから人を入れるとか，人を入れてから少なくとも半年後には鉄道が走るとかね．それやらないと．

――私鉄の宅地開発ですと，阪急と宝塚の関係もそうですが，線を引いてから入れますよね．

伊藤 私鉄はそうですよ．東急田園都市線沿線の住宅開発と多摩ニュータウンの一番の違いは，鉄道を引いて区画整理を行ったのと，鉄道を引かないで新住法で開発したこと．これが違うんですよ．

――これは縦割りの弊害でしょうか．

伊藤 そうでしょうね．当時の運輸省と建設省ですね．大学の先生はみんな同じ事考えていたと思いますよ．鉄道は最初赤字だけど，赤字は30年か50年で返せばいいから，最初から入れた方がよほどいい．入れば加速的に住宅を造れるでしょう．初めの赤字も短くなる．

――しかも，京王も小田急も，望んであそこに線をつくったわけではないですからね．

伊藤 そうですよ．あの頃，国と東京都が，どれくらいサラリーマンを人として扱っていなかったかということですね．

――一つ質問をさせていただきます．都市再生で容積率が緩和され，いわば都心が広くなっていると言えるかもしれません．多摩ニュータウンをはじめ「郊外の魅力」というのは土地がゆったりしているということだったわけで

すが，都心が便利になれば自然に人はそちらに動くと思うのですが．

伊藤　それはね，都市圏人口が500, 600万人なら中心か郊外かという選択になります．職業形態もそんなに多様ではないですから．しかし，首都圏は南関東だけで3,000万人いる．そうなると，一番重要なのは生活の姿勢でして，「俺はあんな所には絶対行かない」という人も何十万人といるかもしれない．それともう一つ重要なのは事業所の分布が広く郊外に展開しているんですよ．おまけに，知的な先生も広く郊外に定着している．そうするとね，3,000万人の住む首都圏の真ん中に高層棟ができてもね，そんな所に行くのは，高々20万とか30万人ですよ．やはり，「郊外で飯を食わなくてはならない」とか，「郊外で2階建てに住みたい」とか，「自転車で通う」とか，多様な思いを持つ人がいっぱいでてきます．

――確かに先生のおっしゃる通り，都心依存型の移動はだんだん低下しています．

伊藤　僕がそのことを分かったのは慶應SFC（慶應義塾大学藤沢キャンパス）に通っていた時です．小田急線で相模大野から湘南台まで行きますでしょう．するとおもしろいのは，相模大野から江ノ島線だけで生活している人がたくさんいまして，電車が割合混んでいるんです．あの沿線には自動車工場あり，研究所あり，大学があり，ショッピングセンターあり，一つの都市ができている．それは東京とは関係ない．そういう場所があるんですよ．

――最後に，郊外の方向性にまで示唆をいただきありがとうございました．今日は，私たちが進めているオーラル・ヒストリー・プロジェクトの上からも，貴重な証言をうかがえたと思います．ありがとうございました．

（2008年2月12日実施）

<質問者・同席者>

細野助博，篠原啓一，中庭光彦

※初出『多摩ニュータウン研究』No. 10, 多摩ニュータウン学会, 2008, 6-18頁.

1) 高山英華　1910年（明治43年）～1999年（平成11年））：1934年東京帝国大学工学部建築学科卒業．1938年助教授．1947年には新日本建築家集団（NAU）初代中央委員長．1949年から教授を務める．1962年東大工学部都市工学科を設立．都市計画中央審議会委員，国土総合開発審議会委員などを歴任．1978年日本地域開発センター理事長．高蔵寺ニュータウンや筑波ニュータウン，東京五輪，大阪万博など数々のプロジェクトに関わった．
2) 石井威望　1930年（昭和5年）生まれ．東京大学医学部，工学部卒．通産省重工業局勤務の後，昭和1964年（昭和39年）東京大学工学部助教授を経て教授．その後，テクノポリス構想を進め，1999年には国土庁の国土審議会会長に就任した．
3) 茅陽一　1934年（昭和9年）生まれ．1962年東京大学大学院数物系大学院修了．1978年より東京大学工学部教授．
4) 東京高校：1921年（大正10年）に設立された旧制7年制高校．現在の中野区・東大附属中等教育学校の場所にあった．1949年（昭和24年）に新制東大に包括された．こうした7年制高校は私立では，武蔵，学習院，成城，成蹊があり，伊藤氏は1944年（昭和19年）に成蹊高校尋常科に進んだ．
5) 井上孝　1917（大正6年）～2001（平成13年）：1942年，東京帝国大学工学部土木工学科卒．1946年東京都都市計画課，1951年総理府．1957年建設省都市計画局，62年同区画整理課長．64年，東京大学工学部教授，1977年横浜国立大学教授．
6) 武居高四郎　1893（明治26）～1972年（昭和47年）．内務技師から京都大学教授に転じた．『地方計畫の理論と実際』（冨山房，1938）や『都市計画』（山海堂，1949）等の著書がある．
7) 伊藤整　1905（明治38年）～1969（昭和44年）：小説家・評論家．伊藤滋『昭和のまちの物語』では，「『女性に関する十二章』は裁判をやりながら書いたものですが，爆発的に売れました．……昭和二十八年には，ベストセラー作家のトップにおどり出ました．ともあれ，伊藤整ブームが起こり，貧乏文士の家に突然，お金が貯まり出しました．そうすると，土地に走るのが，伊藤整の手法です」と父のことを記している．
8) 同潤会『外国に於ける敷地割類例集』1936年（昭和11年）．
9) 第二工学部：1942年（昭和17年），当時の東大総長平賀譲が軍部の協力の下に設立した．戦時の技術者を供給することが目的にあった．1948年（昭和23年）の入学を最後に改組され，東大生産技術研究所となった．

10) 川出昭二　1927年（昭和2年）生まれ．東大工学部大学院高山研究室を経て，1956年（昭和31年）日本住宅公団に就職した．多摩ニュータウン事業では「多摩ニュータウン開発1965」策定の中心にあたり，1964年（昭和39年）-1967年（昭和42年）の間，多摩に着任していた．その後，港北ニュータウンを担当し，企画・事業計画・都市計画決定手続き業務の責任者となる．1984年（昭和59年）日本住宅公団を退職し，筑波大学社会工学系教授，芝浦工業大学システム工学部教授等を経て，現在，（財）つくば都市交通センター理事長をつとめる．

11) 当初の新産業都市は道央，八戸，仙台湾，常磐郡山，新潟，富山高岡，松本諏訪，岡山県南，徳島，東予，大分，日向延岡，有明不知火大牟田，秋田臨海，中海の15カ所．工業整備特別地域は鹿島，駿河湾，東三河，播磨，備後，周南の6カ所．

12) David E. リリエンソール　1941-46年までテネシー川開発公社の理事長，その後原子力委員会の委員長をつとめた．『TVA～民主主義は進展する』（岩波書店，1949）の著書がある．

13) 内務省が解体されたのは1947年（昭和22年）12月31日．当時の内務省は大臣官房，総務局，地方局，警保局，土木局，地理局，社寺局，会計局，都市計画局から成っていた．また，社会局，衛生局は1938年（昭和13年）に分離独立し厚生省として設置されていた．新制建設省は，大臣官房，総務局，河川局，道路局，都市局，建築局，特別建設局から成っており，1948年（昭和23年）7月10日時点で住宅局は含まれていない．

14) 厚生省社会局に住宅課が設置されるのは1939年（昭和14年）．内務省社会局時代は不良住宅改良などが実施されていたが，厚生省社会局に住宅政策が一元化され，社会事業と意識されていた．同潤会の組織を継承し，後の住宅公団にも影響を与えたと思われる住宅営団は，厚生省の下で1941年（昭和16年）に立法化された住宅営団法に基づいている．この住宅営団は多数つくられた営団の第一号だった．その後日本の住宅政策は戦災復興院を経て，1948年（昭和23年）建設省発足時，建築局で担われ，1949年（昭和24年）に改組され住宅局が設置されることとなる．

15) 第8章参照．

第7章

立地政策から見た国土開発と都市政策

飯島貞一

<プロフィール>
　1922年（大正11年）生まれ．1947年（昭和22年）早稲田大学理工学部工業経営学科卒業後，物価庁に入る．経済安定本部を経て，1952年（昭和27年）通商産業省企業局へ．以後産業立地行政に関わり，1965年（昭和40年）㈶日本立地センター常務理事．一貫して立地行政の第一線で活躍されてきた．現・日本立地センター顧問．

多摩ニュータウンと立地政策の関係

――本籍は石川県の金沢市，香林坊ですね．

　飯島　金沢は宝生流の能の盛んな所で，うちは代々鼓打ちの家なんです．私が中央大学を出て，早稲田の工業経営学部に行った．そして物価庁という，物の公定価格を決める所に友達が就職し，「技術と経営の両方できるのは他にいないか」ということで，行ってみるかということになったわけです．物価庁が無くなった後は，通産省で調査課にいました．隣に産業施設課があり，企業が鉄道の引き込み線をもったり港をもったり，そういう産業関連施設の整備をやっていた所です．そこで，僕と平松守彦さんが一緒に仕事したのだけど，そこへ移ったんですよ[1]．なぜかというと，産業関連施設の整備の仕事をやっていましたが，工業用水はどこの役所でもまだ，やっていないと

言うわけです．そこで通産省でやろうということになった．工業用水道をつくって地方に補助金を出して全国の工場に安い水を配る．これは建設省との調整が大変でね．ところがね，大蔵省が予算つけてくれた．小長啓一さんなんかと徹夜で仕事してね[2]．建設省は下水．厚生省は上水．通産省は工業用水．こういう風に三分割に落ち着いたんですが，せっかく水をやったのなら，何か他に仕事はないかと考えた．

　産業立地政策を通産省でやろうではないかということで，製鉄所の立地とか，石油化学の立地とか，立地問題が出てきまして．通産省以外の役所も入って，経済企画庁が鉱工業地帯整備協議会というのをつくって，産業のためのインフラを整備しようと．戦後，地方の県や市の財政では企業誘致をするのが大変だった．たまたま企業立地をやっていたので，平松さんと相談して，立地指導室という，全国の工場適地を集めて工場の立地の相談をする部署を作った．それが，全国総合開発計画を作るのにうまく乗っていったわけです．全総がつくられる前は，産業自体をどういう地域に配置するかというビジョンが無かったんですよ．そこでまず，太平洋ベルト構想を発表したが，ベルト地域以外の地方から反論が出て，全国の工業適正配置構想に変更された．その後高度成長が続き，新しい産業も伸びてきた．鉄，石油等の立地がすすみ，次に半導体が伸びてきて，テクノポリス政策をやってきたんです．日本立地センターが設立されるのは1961年（昭和36年）ですが，それまでは通産省で国が立地相談政策としてやっていた．その後，日本立地センターに移ったわけです．

——印象に残る方はいらっしゃいますか．

飯島　僕は通産省の中よりも，建設省，運輸省，国土庁の人たちと親しいですね．立地センターでも，外の人とのつきあいが多いですね．

——いろんな所に行かれる時，建設省ですと，どのような部の方と行かれる

んですか.

飯島 企画関係の人とか道路,河川局の人ともフィリピンに行った.海外にもいろいろ行っていますね.

——建設省でも都市計画とか住宅局とはおつきあいはありましたか?

飯島 それは無いですね.建設省でも総合開発局のような所はつきあいがありましたね.

——伊藤滋先生へのインタビューでは,多摩ニュータウンは建設省の中での申し子というよりも,むしろ太平洋ベルト地帯構想があって,そこに地方から次男三男が来る.そういう人たちに早く住宅を供給しなくてはならないということがあり,建設省一省だけではなくて,通産省,財務省も入ってやろうという計画がもとだという話をうかがったのですが.

飯島 首都圏整備法が成立するのが1956年(昭和31年)ですね[3].1950年(昭和25年)に国土総合開発法ができていますが,大都市圏は別だった.産業側が工業を立地問題として取り上げるのは,1961年(昭和36年)の工業適正配置構想からです[4].これが初めてで,これができたおかげで,1962年(昭和37年)全国総合開発計画ができた.法律は1950年(昭和25年)にできているのだけれど.なぜここでできたかというと,産業の配置計画が無かったものですからね[5].
多摩ニュータウンは1965年(昭和40年)ですね.

——全総が1962年(昭和37年).多摩ニュータウンの都市計画決定が1965年(昭和40年).それに応ずる大都市問題としての衛星都市開発としてのプランが出て来た.新産業都市計画は地方都市開発計画で出てきましたので,

飯島　新産業都市はどちらかというと，コンビナート対応だったんですね．

――新産指定の後に，工特が太平洋側に後で指定されています．これは，新産は全総系で，工特が通産省系ということなのでしょうか．

　飯島　それは別ではなく，一緒なんですよ．新しい産業都市，「新産業都市」を造ろうということで，全国から要求を受けたら，ワーッと来たのですよ．とにかくいっぱい．全国の都道府県がほとんど出した．しかも政治家が入り込んで，僕ら事務局はどうしようもない．そこで大臣が政治的に自民党で決めたんです．で，帰ってきて言うには，地方の新産業都市はこれだけ．大都市圏には新しく工業整備特別地域を指定すると．このように新産業都市の他に大都市圏にも工場整備特別地域が政治的に決められた．

――太平洋ベルト地帯構想があり，それだけでは困るというので，新産業都市，工業整備特別地域になったんですね．

　飯島　現実としては，僕は直接多摩ニュータウンには関わっていないけどね．

――波及的だと思うんですよ．工業立国しないといけない．そうすると，まず，全国にばらまくよりは拠点の開発をしていく．もちろん首都圏も大都市中心の過密問題の解決策として拠点開発する都市開発区域を考えた．そこでまず拠点地域をつくり，それから地域の格差を是正していくという話です．しかし，政治的には，拠点開発ではなく地域格差を無くそうという話になった．そのせめぎあいだと思うのです．当時の建設省としては，全国の道路網をつくったり河川改修がメインで，住宅は従だった．ところが，集積により成長の極をつくるとなると，どうしても一カ所集中をいくつかつくらなくてはならない．すると，そこに人口が集まってくる．すると住まいを設けねば

ならない．それがニュータウン開発の大きなポイントだった．そうすると，ニュータウンは，実は建設省主導ではなくて，むしろ，通産省の工業団地づくりや拠点開発とかいうものの派生として，これを使わざるをえなかった．このため，「住宅難だ」ということになり，ニュータウンの根本である職住近接というものが無くなってしまった．結果，住宅だけをつくってしまったと考えているのですが．

飯島 そういう点はあると思います．太平洋ベルト地帯構想の時に，運輸

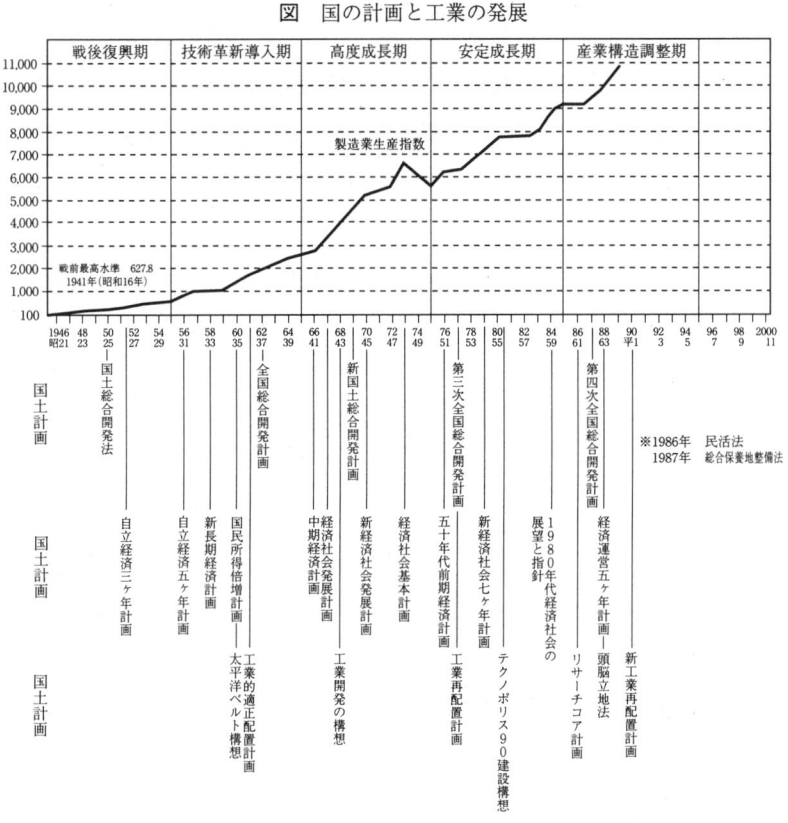

図　国の計画と工業の発展

（出所）財団法人日本立地センター『産業立地30年のあゆみ』7頁．

省は局長さん自らが通産省に来て,「これからは産業と港湾の結びつく時代だ」とおっしゃる．そういうことで,話が合った．通産省と運輸省は仲良くした．だから全国の大きな臨海コンビナート計画に我々は全部参加しましたし,運輸省も港湾予算は建設省の道路予算よりも少ないですから,のってきたわけですよ．

しばらく経って,だんだん素材産業というか基礎素材産業の臨海工業地帯が一段落するのが,1973年（昭和48年）のオイルショックの頃です．これでもう日本はだめになるかと思ったら,今度は半導体産業を中心として内陸の都市と結びつくような発展になってきた．この頃から,やっと建設省も通産省と結びつくようになった．経済企画庁が間に入るようにもなったのですが．それでテクノポリス計画が出てくる．

このグラフ（前頁の図）はおもしろいのですが,戦後復興期は戦争で壊れたものを復旧する．そして,技術革新導入期を経て,高度成長期に入ってくる．これを支えたのが臨海工業地帯です．

——多摩ニュータウンでは,初期に入居された方たちは,大田区や川崎などの工場に勤められていた方が多かった．当初は6対4で賃貸住宅が多かったですから,工業団地に勤めた方も多かったのですが,そのうちに,多摩も社会資本が良くなり,今は6対4ぐらいで分譲住宅の比率が高いですね.

飯島 僕らも,その頃多摩ニュータウンに行って,見せてもらったことがあるのですが．やはり住む場所だけで働き場所が無いという問題を,どうするのだろうと思いました．あそこの近くの八王子や相模原に産業地域ができているのではないですか？[6]

——おっしゃるとおりです．それに,多摩地域には17万社ぐらいの企業がありますし．

飯島 それと，多摩ニュータウンだけを造っても，道路ができるまでご苦労されたと思う．そういうものができてから，多摩ニュータウンに近くて地価が高い所では大変だということで，少し離れて企業が出てきた感じがしますね．

――首都圏整備計画の頃，川越・狭山や佐野など，工業団地と住宅をセットで日本住宅公団は手がけましたね．でもとても間に合わないから，それで別に大規模住宅団地とかをつくったという印象があるのですが．

飯島 それはあるんですよ．戦争が終わりどうなるかと思ったら一極集中が始まったわけですから．

――新産業都市と工業整備特別地域21カ所造られた．しかし，それでは間に合わない．そして1972年（昭和47年）田中角栄の列島改造論がきちんと着地しないまま，テクノポリスがつながっていったという感じですが[7]．

飯島 日本列島改造論より多摩ニュータウン事業の方が早いわけですね．

日本列島改造論と工業再配置促進法

――田中角栄は日本列島改造論をまとめる前に，都市政策大綱をまとめています[8]．あれは多摩ニュータウンを造る時の一つのインパクトになっていると思いますが．

飯島 そうなんですよ．あの当時，田中角栄さんは建設省とか，箱物官庁ばかりに関係していた．そしたら通産大臣になったわけです[9]．そうすると，産業という別のソフトに関係することになった．それで，建設省や運輸省で一生懸命やってきたことを何とか結びつけようということなんです．そ

れで幸い，通産省の工業立地指導課長だった小長啓一さんが秘書官になった．朝から晩まで大臣を教育しているんですよ．あの頃，しょっちゅう小長さんから僕に電話がかかってきましたよ．あの人は東大ではなく，岡山大学で，やや通産省の中でも傍流のような所があった．ところが，立地指導課長から田中角栄さんの秘書官になり，だいぶ通産省も変わったんですよ．普通の役人とは違いましたよね．次官になりましたからね．

—— 1993 年（平成 5 年）2 月の『産業立地』に，「工業再配置促進法制定とその背景」という，当時立地課長だった小長啓一さんのインタビュー記事（インタビュアーは飯島氏）が掲載されています．「小長氏が立地課長だった頃は，土地政策と産業立地政策がこの頃くっついたと思うのですが」と飯島先生の質問があるのですが[10]．

飯島 先ほどお話ししたように，運輸省と通産省は臨海性素材産業のために一緒にやってきた．それが，産業構造が変わってきて，半導体やコンピューターというハイテク産業になっていった．それまでは1グラムあたり数円だったのが，そうはいかなくなった．それがコンピューターだと1グラムあたり千円とかで，桁が違う．そういうのは飛行機で運ぼうということで，臨空工業団地というのもできましたね．都市と産業の研究所の結びつきが出てきて，都市機能が重要だという意味で書いたと思いますね．

—— その頃から，ちょうど都市工学がでてきたのです．いままで工業立地をやってきましたから，工業は工業団地を造ったり臨海工業地帯をつくったりして産業基盤がある所に配置すればいいという議論をしていた．しかし，今先生がおっしゃったように，都市機能と合わせなければだめだという議論が出てきた．高山英華先生もそうだったと思いますが，都市工学の人たちが「まちづくりとは」と言い出しましたね．それまで，建築はありましたけれど都市計画は無かったですから．都市計画の人が，われわれの方に入り込ん

飯島 だから高山英華先生や八十島義之助先生と僕らのつきあいが深くなったんですよ[11].

——工業再配置という場合に，どういう製品をつくるかたいへん関係があったわけですね．輸送費に対して製品価格が高ければ遠くにあってもいいだろうという話になります．しかも船ではなく，飛行機で運べばいいと．そうするとハイテク産業が地方に立地する時に，どうしても研究員がそこまで行かなければならない．そういう人は都市的なサービスが無い所には絶対に行きません．

飯島 しかも，土日は飛行機で1時間で東京まで遊びに行けるぐらいでないと．お金があるんですから．ソフトというのは人間の頭の中にあるんですね．ソフトが地方に行けるということが大事になってきたわけです．それで空港周辺立地が騒がれるようになってきた．

——25万都市というのはどういう規準なんでしょうか．

飯島 本当は50万都市ぐらいにしたかったんですよ．鳥取県の人口が四十数万でしょう．すると，鳥取県が指定されなくなってしまう．政治家が困るんですよ．それで半分にしようと．そのころの20万都市といっても，まだ都市機能は十分ではない．でも宇都宮のような所を25万にして都市機能を造れるのではないかと考えたわけです．県庁もあるし大学もある．県庁所在地でも25万なかった所がありましたからね[12].

——今のお話，たいへん興味深く聞いたのですが．というのは，多摩ニュータウンの計画人口は30万なのです．デパートも30万人を本気にしてやって

きました．でも，20万までいって，これからは減少です．多摩地域になると平成22年で，ほとんどの所がピークです．しかも，6〜7万人の市町村が30以上ありますから．それを何とか30万人ぐらいに固めていかないと，将来的にはおぼつかないと思うのですが．

飯島 多摩ニュータウンでは，高層化することはやられていないんですか．

――いまその試みはやっています．しかし，ある程度囲い込まないとそれだけの資金が出てきません．ところが囲い込むとそれだけ利害関係者が多くなりますから，コンセンサスを得るのに非常に時間がかかり，そのうちに，時代も変わってしまう．とても難しい局面にあります．でも，やらざるをえないということなのでしょうが．多摩ニュータウンも当初30万人という人口を打ち出したのも，政治的な思惑があったのかもしれませんが．

地域格差の是正と成長促進のせめぎあい

――労働力の再配置というところで，高山門下の下河辺先生，それと飯島先生との間で，工場立地の考え方はどこが違っていたのでしょうか[13]．

飯島 下河辺さんとはずっと一緒で仲も良いのですが，地方に行って地方のために「ああしよう，こうしよう」と二人でやってきたわけです．それはなぜかというと，昔の都市計画で「ここは工場にしよう，住宅にしよう」と計画をつくりますね．僕らが彼に言ったのは，「工業地域だけではダメだ．どんな工業かは，あなたがたはわからないでしょう．それは，こちらで考えるよ」と．そういうことなのですよ．最初のコンビナートには，埋め立てが出来て，大きな鉄や石油工場なんかがどんどん入ってきたわけです．だけど限界があってね，今度は土地が余ってしまう．鹿児島なんかでも巨大な臨海

用地造成を計画していた．日本の産業と土地とのバランスはあるところで決まってしまうんですよ．だから，臨海工業で考えた秋田もむつ小川原もいっぱい空きましたね．次は何かというと，新たなハイテク産業でコンピューター会社などの地方に立地が進んだ．きれいだし，公害の事を考えなくてもいい．地方の人は喜んでくれる．だから，都市計画のことを考える時に，「工業を一般的に考えないでくれ．どんな工業を入れるかで都市計画も違うんですよ」と，そういうことを，彼とは議論していました．

――全総と立地政策は，どういうすりあわせがあったのでしょうか．ある視点では共通しているけど，ある点では全総の方がこの考え方が足りないのではないかという議論はあったのでしょうか．

飯島 大きいところはないですね．全総は明らかにコンビナート．新全総は次のコンビナートです．日本の基礎産業はここで考えていたほど必要なかった．オイルショックもあるし．

――それと公害問題も出てきましたね．

飯島 そうです．

――新産，工特というのは，四日市のようなことがあってはいけないということがあったと思うのです．

飯島 やはり公害は発生する工業のもとで除去しないとだめですよ．拡散しないうちに発生源で処理する．そういうことを経団連に言ったのですが，「時間をください」と言われました．新経済社会発展計画のあたりでも，経済だけではなく社会という言葉が入ってくるのですよ．

――なるほど．すると多摩ニュータウンでも，大正時代から田園都市構想のようなものが，内務省あたりでありましたよね．環境のことを考えるのも，ここの時に出てきたからかということもありますかね．

飯島 日本全国でニュータウンとか住宅団地の大きいのがたくさんできましたよね．そうなるとね，結局廃棄物とか下水処理をどうするかという問題が出てくる．それで地方も考え出した．それを効率的にやらねばならなくなったんですよ．これも技術や時間が解決しているんです．だから最初は苦しいですよ．

――飯島先生のグラフ（p. 125の図）に，昭和43年に工業開発の構想，1977年（昭和52年）に工業再配置計画とある．適正配置から再配置と名前が変わっていくわけですけれど，そのあたりの変遷，なぜそういうネーミングにしたのかという話も少しお聞きしたいのですけれど．

飯島 第一次の全総計画の時は，「点」で，第二次は「線」なんです．第三次では拠点という「面」をつくって，但しそれを線，つまり新幹線や高速道路などで結ばなくてはならない．で，ただそれだけではいけないので，1977年は面．まちづくりです．

――もうこの頃は，地域格差が大問題だったのですか．

飯島 1955年（昭和30年）から1957年（昭和32年）あたりは，所得格差（地域格差？ 東京―鹿児島）は3倍あったんですよ．40年になって2.7．50年になると1.8位になる．1人当たり県民所得をどういう計算でやっているかというと，東京だと三次産業があるので桁違いに多い．東京に人がある限り，東京が一番多いに決まっています．

――大学もそうですが，この工業再配置計画あたりから都心から地方にキャンパスは出ていきました．

飯島 工業等制限法の「等」は学校のことです．だからできたのは随分前で，1964 年（昭和 39 年）．だけどそれは，東京が 1 千万人になった時の社会資本がそれに合っていれば文句はない．例えばロサンゼルス行けば片側 6 車線の道があるが，東京にはありますか？ ただ東京でいいのは地下鉄が整備されていること．

――ただ多摩は東西はあるんですが，南北はない．大学は多いのですが，なかなか集積の利益が得られない．

飯島 まぁ，工業再配置計画はその時の役回りを果たしてきたんだと．

――工業再配置法は 1972 年（昭和 47 年）ですね．移転促進地域が東京とか大阪とか大都市になると思うのですが，白地というのは外側にあって，大多数の地域は誘導地域で，そこに工業を誘導しようという政策ですね．田中角栄の列島改造の理屈と，本当の中心地域の過密の解消が，ここで両方理屈が立つわけです．過疎過密の同時解消と言っていましたから．

飯島 1972 年（昭和 47 年）が列島改造論ですが，太平洋ベルト地帯構想が 1960 年（昭和 35 年）．この太平洋ベルト構想をつくった時に，通産省で元大分県知事の平松守彦さんと私でやっていたんですよ．彼が言い出してね，四大工業地帯は過密で大変かもしれないけれど，一番合理的なのは，いきなり地方に行けと言ってもね，工場は行かない．だけど，効率だけで見ると，日本全国で残される地域はいっぱいあるんですよ．国会の代議士は地方の方が多い．それでは，太平洋ベルト構想は通らないですよ．太平洋ベルト構想ではさんざん通産省がやっつけられた．それで工業適正配置構想というのは，

地方にも何か方法があれば地方も開発できるだろう．それは点と線を結ぶ交通網であり，公共投資で何かやれないかと．それをやれると思うから，そういう風に考える．それが田中角栄さんだった．

——田中さんは日本海側出身だから，太平洋ベルト地帯構想は，おもしろくなかった．

飯島 そうそう．

——では，太平洋ベルト構想は飯島先生と平松守彦さん，通産省の役人が，これから国際競争力をつけるためには，やはり集積を進めて国際的に負けないようないい製品をつくって輸出しなければならないということがあったわけですね．だから重点投資をしようと．こういう話でしょうか．そこを一国としての競争力あるいは国の力として見るか，一国の中での平等化をはかるほうがいいのか，そのせめぎあいをずっとやってきたと思うのですが．

飯島 平等といっても，完全に平等にはならないけどね．よく言われるように，熊しか通らないのに道路をつくるといって，すぐ批判が出てくるわけですよ．効率性なんですよ．でも，いざ大災害が起きた時にはそれが無いと困るんですよ．阪神淡路大震災の時はそうだった．

——そうですね．ところで，その田中角栄グループ，つまり格差を無くしてなるべくみんなが幸せになるというのと，そうではなくて対外国の問題があるんだから効率の良い開発で日本を強くするという立場．その二つのグループが自民党にはあったと思うんですね．太平洋ベルト地帯構想について，もっともだというのは，当時はどの代議士だったのでしょうか．

飯島 1973年（昭和48年）当時作られた先ほどのグラフで成長率をその

まま伸ばすと，1965年（昭和40年）に10万ヘクタールあった工業用地は，1975年（昭和50年）には20万ヘクタール，1985年（昭和60年）には30万ヘクタール必要だと通産省の予測が発表されていました．経済企画庁の数字もこの線を出していますよ．

しかし，工場は何処へ立地をするかというと，日本全国に平等で，地方へも立地することはありえない．それぞれの工業の必要とする立地条件を満たす地域しか，工場は立地をしないのです．

わが国も1962年（昭和37年）から全国総合開発計画が作られ，新全国総合開発計画，第三次，第四次全国総合開発計画と，順次国土計画が策定されました．

工業の発展が，日本経済成長の主役となり，高速道路，港湾，都市機能の整備が次第に進み，臨海コンビナートに次いで，エレクトロニクス産業の進展が進んだ．特に，地方空港の整備が進んだ結果，ハイテク電子工業が，九州や北海道の空港周辺の工業団地に進出し，工業の地方分散の例も見られるようになった．

都市機能とハイテク産業の立地が深い関わりを持つ事が明らかになって，国はテクノポリス地域開発法を1983年（昭和58年）に制定しました．

地方分散に必要な条件として，必要なのはソフトが地方分散しやすい条件作りがあります．ソフトは人間の頭脳の中にあるので，例えば会社の経営者，大学教授，文化人等，人間が地方の工場や，研修，講演に行くのに飛行機，新幹線，高速道路等の高速交通によって，短時間で行ける事が必須の条件となっていった．

さらに都市機能の充実が，企業の地方分散に重要で，インフラ，情報，教育，行政，商業等の優れた都市機能を持つ地域であることが重視される事となりました．

前述のように空港が地方に整備されて，地方にも工業立地が進んだことを述べましたが，これからの事を考えると，新しい交通システムとして期待されているリニア・モーターカーの整備が進むと，飛行機と違って天候に左右

されず，地方へのソフトの動きがさらに自由になり，新しい変化がくると思われます．

(2008年10月27日実施)

＜質問者・同席者＞

細野助博，伊藤清武，久保亨，中庭光彦

1) 平松守彦　1924年（大正13年）生まれ．1949年（昭和24年）東京大学法学部卒業後，商工省に入省．その後，1979年（昭和54年）大分県知事に当選し，その後六選を重ね，2003年（平成15年）に退任した．
2) 小長啓一　1930年（昭和5年）生まれ．1984年（昭和59年）〜1986（昭和61年）まで通商産業事務次官．後出のように田中角栄が通産大臣の時，秘書官をつとめた．退官後は，アラビア石油に入社し，1991年（平成3年）に社長となった．
3) 首都圏整備法に基づき，1958年（昭和33年）にはイギリスの大ロンドン計画を模範とした首都圏整備基本計画が策定された．首都圏地域を既成市街地，近郊地帯，市街地開発区域の三つに分けて整備するものだ．市街地開発区域の開発の説明について，飯島は次のように述べている．「市街地開発区域では，新しい発展を約束された衛星都市として地元も期待をかけ，住宅公団によって住宅団地，工業団地が造成されるようになった．住宅公団は，住宅団地が専門であり，工業団地造成については未経験であったので，立地指導室に造成の手法等についての指導の要請があった．通産省は，これを受けて，佐藤弘一橋大学教授を中心に経済地理学者，立地指導室のメンバー，建設省建築研究所のエキスパートから成る委員会を設けて，我が国の内陸適正産業の把握，立地原単位，大山（相模原市）工業団地区画割案，海外工業団地の造成事例等をまとめた．立地指導室は，これをもとに，立地行政を推進し，大山工業団地造成の指導等を行った．住宅公団の第1号の工業団地となった大山工業団地の開発に当たって，基本計画，区画割，入居企業の募集，選考まで指導した成果は，十分な評価を得ることとなった．その結果，第2号の千葉，続いて八王子，川越，狭山等，首都圏の住宅公団の開発する工業団地の総てに立地指導室の指導，意見が反映されることになった．」飯島（1991　324-325頁）．
4) 工業適正配置構想について飯島氏は次のように記している．「太平洋ベルト地帯構想は，国が戦後，日本の工業生産性を将来『何処』で行うべきかという，産業立地の方向を初めて世に示したものとして画期的なものであった．工場の立地は企業の自由な選択にまかせ，その集積の利益を享受できた時代は終わりを告げ，

大都市の過密による弊害が著しくなり，地域間格差も問題となってきた．こうして所得倍増計画の中で初めて国の方策として『工業の地域的配置』の方向が打ち出されたわけである．しかし，前述のように地方からの反発が大きく，通産省も太平洋ベルト地帯重点の工業配置から『地方重視』へと政策の転換をし，その具体的計画をまとめたものが，昭和36年6月に公表した『工業適正配置構想』である．」飯島（1993　8頁）．

5) 1950年（昭和25年）の国土総合開発法では，国土総合開発計画とは ① 全国総合開発計画 ② 都府県総合開発計画 ③ 地方総合開発計画 ④ 特定地域総合開発計画の四つとされている．特定市域総合開発計画は昭和26年〜昭和32年に22地域が指定されたが，残り三つの計画は策定されないでいた．その理由について飯島は次のように述べている．「残りの三つの計画については策定されないままになっていた．その理由として考えられるのは，何といっても長期的プランが作られる基盤が整っていなかったということに尽きるであろう．工業についてみても，昭和35年の所得倍増計画のとき初めて太平洋ベルト構想という長期的工業配置のビジョンが作られ，続いて36年工業適正配置構想が策定されるという状況で，全国総合開発計画の核となる工業配置計画がなければ，全国総合開発計画は到底できるものではなかった．また，工業用水道10か年計画，道路，港湾の長期整備計画，高速道路計画等の長期計画もようやく策定が進み，全総計画作りの基盤が整ってきた．」飯島（1993　13-14頁）．

6) この二つは，日本住宅公団が造成した工業団地で1957年（昭和32年）に着手された．

7) 1980年（昭和55年）2月に第1回のテクノポリス'90建設構想研究会（委員長石井威望東京大学工学部教授）が開かれ，通産省は「テクノポリス'90構想骨子」を提案し，審議が行われた．この研究会でのコンセンサスとなったイメージは ① 地方圏域における町づくり，② 産業，学術，人間居住の3機能のバランス，③ 先端技術産業を中核産業とし，他地域からの移入産業と地場産業の相互連関的発展を志向，④ 生活基盤面で大都市の有するミニマム・スタンダードの実現，地域の文化伝統との協調的存在，⑤ 交通・情報機能の重視，3大都市圏・地方中枢都市との1日行動権を確保，情報伝達におけるマキシマム・クオリティの確保，⑥ 新旧両住民の調和的居住，の6点だった．また，これに先立つ昭和53年10月（53年末に成立した大平内閣の田園都市構想が脚光を浴びる頃）「80年代通商産業政策研究会」（会長若杉和夫大臣官房審議官）が通産省内に設けられ，54年8月に「80年代の通商産業政策研究会報告」がとりまとめられた．そこでは，「産業の適正配置を進めるに当たっては，① 雇用機会の確立，② 第3次産業をも含めた開発により地域経済を強靭にする，③ 地元資源（含，人的・歴史的）を活用する，④ 地域ごとのエネルギー需給バランスに配慮する，等を考慮すべきである．各地域は産業の誘致と育成・振興を組み合わせた地域開発ビジョンを主体的に策定する．また，臨空港工業地帯，異業種の研究能力を統合した技術開発センター，

国際通商都市等の構想について検討する」等の趣旨が述べられた．以後，検討を重ねられ，昭和58年に高度技術工業集積地域開発促進法（いわゆるテクノポリス法）が成立した．（西岡　1991）

8) 1967年（昭和42年）3月，田中角栄が自由民主党都市政策調査会長に就任し，都市政策立案に着手．翌1968年（昭和43年）にとりまとめられたものが「都市政策大綱」（中間報告）で，同年5月に自由民主党総務会で了承された．

　この「都市政策大綱」と1972年（昭和47年）「日本列島改造論」との関係について，二人の記述を紹介しておきたい．まず田中の秘書をつとめた早坂茂三は「都市政策大綱」について次のように記している．「調査会が本格的な活動を始めた矢先の四月十五日，東京都知事選挙で史上初の革新都知事が誕生した．社共両党の統一候補である美濃部亮吉が勝ったのである．自民党は独自候補の擁立を見送り，民社党が推す松下正寿を全力で応援したが敗れた．敗因を分析した田中は，同じ日に行われた区議選で自民党候補に投票しながら都知事選では美濃部に投票した都民が多かったことを知る．そして，美濃部が社共両党以外に幅広い都民の支持を集めた事実に衝撃を受けた．（中略）起草委員会は都市政策をひとつの体系として立案するため昭和四十三年から作業を開始する．余談になるが，田中角栄は政策体系に田中テーゼを貫徹させるため，麓と私を起草委員会の議論の最終的な受け皿にした」早坂（1987）426-432頁．麓とは共同通信社出身で田中角栄のもとで早坂の先輩秘書であった麓邦明のことである．一方「日本列島改造論」については同書で次のように述べている．「当時，田中は通産大臣，事務秘書官は小長啓一（ママ前・通産事務次官）である．麓は前年の秋，田中のもとを去っていない．『都市政策大綱』は一年二ヶ月もかけて脱稿，出版したのにくらべて，今回の出版は時間がまったくない．私は早速，小長と相談し，スケルトンを決めた．小長は事務次官，官房長と打ち合せ，通産省の立地政策局が中心になって省内の頭脳を総動員し，ハードな面でのカルテ作成作業に入った．原案のコーディネーターは小長が担当し，スタートからの因縁で日刊工業新聞の川添凌司（ママ現編集局長）がひそかに手伝ってくれた．通産チームの原稿に私が赤字を丹念に入れ，並行して，序文と第一章『私はこう考える』，むすびーを私が書いた．」早坂（1987）446頁．

　また，下河辺淳は「都市政策大綱」について次のように記している．「まとめ役は田中さんの事務所の秘書たちがやることになって，秘書を充実しようということにもなった．具体的には早坂茂三さんと麓邦明さん二人が選ばれて都市政策を論ずることになった．そして政府の縦割りには，都市政策を担当するセクションがない―建設省は都市建設だけで都市政策をやっていない―ということになって麓さんと早坂さんが，関係省庁の若手を呼んでヒアリングすることから始まったわけです．そして，そのうちの来てくれた何人かを集めて勉強会を開いて―私もその勉強会のメンバーの一人だった―それで麓産がもっぱら執筆してまとめたのが，この『大綱』というわけです．（中略）新全総が六九年にできるわけです

から，六七年から六九年までの間は，新全総と都市政策大綱との関係は絶えず議論になりました．それと同時に，明治百年というテーマが別途あって，その議論と，都市政策の議論とドッキングされる形で，新全総ができているという形になったと思います．そういうことをやらないと，一全総の拠点開発だけの仕事ではだめというのがあって，市場性を乗り越えるのはやはり明治百年という思想から，国土の根本的構造をつくることがない限り，市場の動きには勝てないという反省がかなり強く出たと思います．」下河辺（1994）105-107頁．

　また，同書で「日本列島改造論」については次のように述べている．「列島改造論はどうやってできてきたかというと，極めて明快で，田中角栄が自民党の総裁選挙に出る以上，個性的な政策を述べなければいけないというのがあったということです．田中自身としては，列島改造政策を出して総選挙に臨みたいと思ったんですね．それはそれでいいことだと思うのです．だけど，その時に田中は通産大臣でしたから，その作業のグループが通産省系の役人とジャーナリストだったわけです．だから，そのメンバーの個性が列島改造論に色濃く出た．その時に，新全総をやったグループは実はちょっと離反していて，それが，後になってまずかったと思うんです．どうせやるなら，乗り込んでちゃんと書けばよかったと，私などは思ったんですけれども，離反していたのです．」（下河辺1994：123）

9) 　第三次佐藤改造内閣で田中角栄が通産大臣となる．1971年（昭和46年）7月-1972年（昭和47年）7月．

10) 　工業再配置促進法が施行されたのは1972年（昭和47年）．それから20年後に行われたインタビューで，次のようなやり取りがある．

　飯島　昭和46年の7月5日，田中さんが通産大臣になられてすぐに秘書官になられたのですが，大臣が工業の再配置促進をやらなければいけないと考えられて，相当強い指令をお出しになった．その辺で小長さんの指導課長としての2年間の実務が相当影響していると思いますが，都市政策と産業立地政策がくっついたと思うのですが．

　小長　これは田中さんご自身のイニシアチブというか，構想力がつよく出ていたと思います．おっしゃるように，都市政策大綱ということで2年半ぐらいにわたって田中さん自身も勉強された．あの都市計画（ママ）政策大綱のなかで比較的にウェートが軽かったのは，工業再配置部門なのですね．多少は触れてありますが全体的には弱い．そこで自分は通産大臣になったのだから，この機会に都市政策大綱で欠けていた工業の適性再配置の問題に積極的に取り組みたいという意欲を，着任して間もない段階で私などにお話になりました．（中略）その後，国土開発のいろいろな立法にも参画され，道路をつくるための目的税としてのガソリン税導入の話も自らが議員立法という形で関与されたこともありますし，国土政策の隅々までご存じだった．その方が通産大臣になられたことで，通産省全体としても，この機会に工業再配置の問題，工場の地方分散の問題に前向きに取り組もうという盛り上がりが一方で出てくる感じはありましたね．田中さんはその

エネルギーの盛り上がりを巧みにつかまれて,いま必要なのは工業の再配置,工場を地方につくることによって,それが一極集中を是正し,国土の均衡ある発展を実現していくための原動力になる.工業再配置なくして地域分散はないのだという強い信念のもとに,通産省が独自の専門的な知識とマクロの経済とのバランスを考えながら,どの地域にどのような工場,工業が立地するのがいいのかという全国工業再配置計画を早急に作れという支持をされた.恐らくそれが当時の立地指導課長,私の後任が濱岡さんだったのですが,濱岡さんと立地政策課長の大永さんのコンビで,飯島さんの立地センターと協力をしながら,その辺の作業を行われたということだったと思います.」小長・飯島(1993)3-4頁.

11) 高山英華 (第6章 注1) 参照.

八十島義之助(1919-1998) 1941年(昭和16年)東京帝国大学土木工学科を卒業.1945年(昭和20年)大学に戻り,1955年(昭和30年)東京大学教授.鉄道工学や交通計画で知られ,国土審議会会長もつとめた.多摩ニュータウン計画においては「多摩ニュータウン交通輸送計画」(1964年)通称八十島レポートを取りまとめた.

12) 25万都市については西岡(1991)が次のように記している.「今までのように臨海性の重化学工業コンビナートだけで地方が開発されるのではなく,基幹重化学工業のウェートの低下とともに,代わって知識集約型,情報集約的な高次の内陸性工業が主体となった.内陸性工業を,これまでのような住工混在のスプロール的な分散でなく,高速道路,新幹線,地方空港,長距離フェリー等の幹線ネットワークに合わせて地方開発の核となる中核的工業団地に誘導し,地方都市の整備と一体化する内陸地域の開発手法が必要となってきた.昭和47年の初めから通産省や関係シンクタンクで構想が練られ,当初は50万都市規模の構想として進められてきたが,47年6月に発表された日本列島改造論では規模を25万都市と半分とし,各県2,3か所と数を多くして,地方開発に重点が置かれた.日本列島改造論で提起された25万都市構想は更に通産省によって詰めが行われ,昭和47年7月に「新25万都市の構想」として発表され,8月に産構審産業立地部会に提出された「今後の産業立地政策の方向」の中では,新地方中核都市の建設として一つの柱となっていた.新25万都市の構想の特色としては,①工業の地方分散の促進のため都市との連携を,更には広域経済社会圏での位置付けを考えたこと,②インダストリアルパークという工業団地の建設による環境重視,地域への融和が考えられたこと,③「新地方中核都市建設促進法」の制定を打ち出したこと,④工業再配置・産炭地域振興公団に内陸工業団地開発の役割を持たせたこと,等である.(中略)その後,昭和48年10月のオイルショック以降,新25万都市構想はいつしか棚上げされた形になったが,都市的機能と内陸工業を結合して考える先駆例をなしたこと,工業再配置・産炭地域振興公団(のちに地域振興整備公団)による地方での中核工業団地造成を支える構想であった,そしてまた,エレクトロニクス等の先端技術工業が登場するや,それと組んだテクノポリ

スを構想せしめる一つの基礎となった，と言ってよいであろう.」西岡（1991）254-256頁.

13) 下河辺淳　1923年（大正12年）生まれ．1947年（昭和22年）東京大学第一工学部建築学科卒．戦災復興院に入所．その後すべての全国総合開発計画の策定に携わる．国土事務次官を経て，総合研究開発機構理事長，東京海上研究所理事長などを務めた．1995年（平成7年）阪神淡路大震災の折には，阪神・淡路復興委員会委員長をつとめた．

第8章

戦後住宅開発計画思想の履歴

川手昭二

<プロフィール>
　1927年（昭和2年）東京生まれ．1951年（昭和26年）日本大学工学部建築学科卒業．1956年（昭和31年）東京大学工学部旧制大学院退学，日本住宅公団に就職．多摩ニュータウン，港北ニュータウンを担当し，企画・事業計画・都市計画決定手続き業務の責任者となる．1967年（昭和42年）東京都立大学非常勤講師（～84），1984年（昭和59年）日本住宅公団退職，筑波大学社会工学系教授（～90）．1991年（平成3年）芝浦工業大学システム工学部教授（～97）．2004年（平成16年）財団法人つくば都市交通センター理事長．筑波大学名誉教授．主な著書に，『事業化と都市経営』（理工図書，1962），『住宅問題講座第8巻　宅地開発事業』（有斐閣，1968），『土地問題講座第5巻　宅地開発の手法と問題点』（鹿島出版会，1970），『都市計画教科書』（彰国社，1987），『建設設計資料集成　港北ニュータウン』（丸善，2003）．

新日本建築家集団 (NAU) とは何か？

——まず新日本建築家集団（NAU）についてお聞きしたいと思います．どのような性格，計画思想をもって大同団結した団体だったのでしょうか．川手先生が「NAUの遺伝子」と表現されているものはどういうものだったのでしょうか．

川手 私もNAUについてはよく知らないんです[1]．1948年（昭和23年）に建築学科に行きまして，日本大学建築学科の市川清志[2]という都市計画の先生が「諸君．NAUで一緒に勉強しよう」と言って．だから，われわれからすれば，NAUというのは学会だと思っていました．先生がそうおっしゃるので，出ていったら，なるほど当時の有名な先生は全部いましたからね．憧れていた先生が全部揃っているんですよ．

1948年（昭和23年）段階で，日本の旧制大学で建築学部があったのは，東京大学と東京工業大学と京都大学，それから早稲田大学と日本大学の五つなんですよ．この五つの大学の内の関東地区憧れの大学の先生が全部NAUに出てくる．

われわれの意識からすると，当時は学生運動がありますが，学生運動とはかけ離れた，研究団体という感じでしたね．

——そうだったのですか．それは意外ですね．

川手 意外でしょう．最近NAUについて勉強し始めて分かったことは，NAUの会員のほとんどは建築学会の会員とダブっていたんです．われわれ建築学会に入るより前にNAUの会員になっていましたからね．

——当時は共産党の活動が活発だったと思いますが．

川手 NAUを共産党が乗っ取るんです．NAUに入って活動しているうちに，建築の勉強会なのか，学生運動なのか，わからなくなってきた．1948年（昭和23年）に大学生になってNAUに入りましたが，1950年（昭和25年）には解散ですからね．朝鮮戦争がその年に始まって，解散なんですよ．解散時のNAUの会長は高山英華先生[3]．僕は1951年（昭和26年）に大学を卒業して，高山英華先生の大学院に入るわけですが，高山先生の大学院に入ってみると，高山先生はNAUの「な」の字も言わないですよ．

ただ振り返ってみるとね，1948年（昭和23年）4月に学部学生になってこちらも新鮮でしょう．1年生から2年生のフレッシュな時期に，NAUの大先生の話を聞いたわけですよ．

例えば西山卯三先生がね，関西から出てくると，どっと集まるでしょう[4]．もちろん丹下健三さんも出てくるんですからね[5]．丹下健三さんに高山さん．池辺陽さん[6]，それに早稲田の今和次郎さん[7]．武基雄さん[8]．吉坂隆正さん[9]．ああいう，憧れの先生ですよ．

—— どのような論争がなされていたのですか．

川手 新人には何のことかわからないですよ．何の議論をしているのかがわからない．とにかく，わからないような高邁な議論をやるんですよ．こちらは，ただジッと聞いていました．憧れですから．「いいな」と思って．そうするとね，大先生とわれわれの間に先輩がごまんといるわけですが，その人達はそういう議論をわかって質問しているんですよ．意見ではなく，質問です．僕達は質問もできずに，じっと聞いているだけ．それでいつの間にか終わってしまったわけですね．

私が大学院に入ると，いつの間にかその先輩たちがいろんな部所に入っていた．建設省に行った人が建築研究所に居たり．古川修さんとか，日笠端さんとか，下河辺淳さんとかですね[10]．ああいう，相当上の先輩が建築研究所にいた．僕の卒論は3年の時に建築研究所に行って書きましたからね．そういう人達がいるわけですよ．大先生の次の段階の人達です．その人達とつきあって大学院に行ったでしょう．そうするとね，この人達がけっこう大学にやって来るんですよね．

—— それは共産党運動と一線を画して，研究の方に重きを置こうという……

川手 わけですよね．吉武研究室の，われわれ「ぶんさん」と言っている

んだけど……．

——鈴木成文先生ですね．

川手 そう鈴木成文さんとかね[11]．ああいう人は金曜会とかつくってね．そのうちの，NAUのメンバーと労働運動を行っていた人が総評会館を造るとかね．労働会館ができてくるんですよ．会館を造るNAUの残党メンバーを集めて，「みんなで設計しよう」というのがたくさん出てくるんです．そうするとね，彼等にとって一番便利なのはね，暇でぶらぶらしている大学院の学生なんですよ．それで手伝いに行くわけです．

　総評会館の設計を始めますとね，「そもそも労働者のための会館を造るんだ」というわけですな．「労働者会館を造る意味は何か」とね．こういう時には共産党の人も社会党の人も入ってくる．そういうのに染まったデザイナーもいたしね．そういう議論はけっこうおもしろいですよ．でも，一番ダメなのは，総評とかの労働者の代表がボスなんですよ．要するに純粋な議論をしない．労働者の代表なのに，社長みたいな顔して来るわけですよ．そんなことを見ながら，私は大学院を終わり，日本住宅公団[12]に入ったわけです．

　そんなことが昔あった後，今となってみると「NAUとは，何だったのだ？」と思うのがわれわれの年代でして，現在80歳になっていますから．そこで，明治大学の浦良一さん[13]．彼が大学院の頃，僕らの2年先輩でね．吉武研にいて，兄貴分なものだから，われわれはあごで使われたわけね．浦さんはNAUの農村建築研究会というのをやっていたらしいですよ．農家の合理化．要するに田の字プランをどう合理化するかという課題について，浜口ミホさんなど女流の建築家と一緒におつくりになった[14]．下河辺淳さんの奥さんもそうですがね．みんな農村建築研究会に集まって農家住宅の合理化の研究を始め，調査する．西山卯三さんの実態調査の伝統を受けていますからね．われわれも引っぱり出されました．「ちょっと調査するから一緒に来い」と．寸法を測って，農家のおばさんに「これ，どういう使い方してい

ますか」と聞いてね．西山卯三流ですよ．そんなのが，たくさん各大学にあってね．

　そんなことしながらも，公団につとめ始めると，縁が切れちゃうんだけど．大学院の5年の間，NAUの残党の余韻の中で手先で使われた．結構おもしろかった．でも，終わってつとめるようになると，離れてしまった．それで，50年たって4～5年前，突然，浦さんがわれわれに招集をかけてきた．おもしろいですね，80歳ぐらいになってもね，いまだに子分扱いするんですよ．みんなに，「その頃の書類持ってこい」と言うんだけど，持っているわけないですよ．ガリ版切ってますからね．浦さん自身無くしているんだから，持っているわけない．

——残っていれば貴重な資料ですね．

　川手　貴重ですよ．浦さんはね，それを復刻して全部コメントつけろというわけです．「何もありません」と言うと，「無いことはないだろう．しょうがない，じゃあ，何か書け」というので「NAUの遺伝子」ということを書いているわけですよ．

住宅設計教育の草創期

——大学院では高山英華先生につかれますね．当時，高山先生と西山卯三先生とは，どういう関係だったのでしょうか．

　川手　西山卯三さんと高山さんは，彼等が建築の学科の学生の頃ね，東大と京大にいた．その頃，建築運動はあるんですね．それでいろんな建築運動をやっていた．西山さんがね，「関東の連中はだらしがない」と．要するに京都の方がね，マル経なんですよ．「関東の方はそういう意識が無さ過ぎる」と，学会で議論をふっかけられるんですな．高山さんも「何を」となる．高

山さんも友達は左翼の人が多い．あの当時．そういうつきあいがあるものだから，学生時代から交流しているんですよ．NAU勉強会の仲間の菅谷久保によると，京大の人達は「お西・お東」とよく言うそうです，「京大は哲学的・東大は政治的，つまり官僚指向」．高山先生は多分に，お西的だったのだと思います．

——そういう意味では，同じ土俵の上で交流があったということですね．

　川手　そうそう．浦さんに高山さんがね「まぁ一番ちゃんと考えていたのは西山君だけだね」と言ったという．「何のことですか」と言ったら，西山さんが戦前「建築家というのは設計だけではなくて，社会にどういう風にコミットして生きていくかという，そういう体系の中でやらなければだめだ」ということを主張した．京都にはそういう学生が結構いたんではないですか．東京の方はみんな，何となく偉くなっちゃう連中がいてね．ただ，西山さんのお弟子さんの方は，そういう風に言った事が綿々と続いているというんですよ．高山さんはね，「こっちは，誰もいねぇな」と．「あれは本筋だ」というのは高山さんの意見だそうですよ．

——それをお聞きになって，「違う」と思われた所もあったのではないですか．

　川手　違うというよりもね，僕は建築研究所や建設省に行った先輩を大学院の時に見ているでしょう．何やっているかわからないけど，時々高山研究室に先輩が，ぶらっと遊びに来る．遊びに来ると，帰りに大学院の溜まりに顔を出して，はっぱをかけていくわけですよ．「これこれこういうことが必要だ」とのたまって帰っていくわけですな．で，のたまった結果がどうなるか，さっぱりわからなかった．

　その後，いよいよ実務で公団に勤めた．建設省の住宅局の出先の日本住宅

協会が『住宅』という雑誌を出していましてね．その勉強会が企画されると，新入生の公団職員を「仕事中に行って聞いてこい」とやるわけですよ．聞きに行くと，初めて都市計画というか団地計画というか，「こういうもんだ」という話を先輩がしてくれるんですよ．つまり，大学院の高山さんの講義で，そういう話があってしかるべきなんだけど，高山さんはそういう話を一切しないですからね．5年の間，高山さんが話すのは「いやあ，昔はねえ，貧民街があるとなんとなくそこに調査に行って，あんなことした」という話とかね．安部磯雄とかね，そういう人達の話をポツポツとするわけですよ[15]．

　大学院で2年ぐらい経った時，岩手の松尾鉱山に大学院生引き連れて調査に行った時のことです[16]．高山さんが「松尾鉱山というのは安部磯雄の友人が鉱山をやっているんだ．その社宅をつくるというので，社宅の設計をしなくてはならない．おまえたち手伝え」とね．松尾鉱山にホールがありましてね，そこに，夜になると労働者諸君が，家族連れてホールが満杯になるんですよ．俳優座が来て新劇を演じて，みんな楽しんで帰っていくんですよ．

　「この鉱山どうなっているんですか」と聞くと，「これは安部磯雄といってね，戦前から労働者のための運動をした，昔の社会主義者がいる．その友達で，それを実践しているんだよ」というわけです．それをわれわれに見せて，講義はしないんですよ．松尾鉱山というのはご存知のように硫黄ですから公害ですね．行った時は硫黄もくもくですよ．そこへ行く電車も夜行で，ずいぶん時間かかりましたけどね．電車の中にダルマストーブが置いてあってね．行ったらトラックに乗せられて山の上に行ってね．つまり，高山さんは理屈の講義は一切しないですよ．

──実際に理屈の講義を受けたのは，公団に入られてからですか．

　川手　そう．先輩らしき人が来て，「そもそも公団ができて，公団の使命はどこにあって，団地設計はどういう考えでするんだ」ということを初めて聞かされた．大学院終わっても，そんな話，聞いていないんですから．

団地設計の源流

——団地設計じたい，もちろん戦前からあったわけですが，当時公団に求められた団地設計には，新しい要請が求められたのですか．

　川手　日本の団地設計をつくったのは関東大震災でできた，同潤会[17)]．あの同潤会がある意味では理想の集団でしてね．西山卯三さんは同潤会の後につくられた住宅営団に勤めて専ら住宅の実態調査に専念していたわけですから．同潤会はもともと関東大震災の復興計画で諸外国からたいへんな援助が来て，そのお金でつくった会ですね．そこへ，若手の優秀な人が集まって，研究をしながらつくっていったというものすごい集団だった．彼等はずいぶん勉強をした．その時に，ヨーロッパ，アメリカの先進的な理論を実際を見に行って．それで同潤会アパートを設計していったという，実践と研究を一緒にしていった人達がいた．そういう方達が，西山さんの少し前の年代にいるわけですね．

　日中戦争が始まるまでは，理想主義をやっていったわけです．しかし，日中戦争に突入すると共に，同潤会は解散して，住宅営団に切り替えた．炭坑，八幡製鉄所とか日本鋼管が労働者を集めるでしょう．大量の人を徴用してきて，学生も徴用した．住宅営団が，そうした社宅をつくるためのものに変わっちゃうんですよ．ですから，棟割り長屋の大量生産に入っていく．それまで，理想を追求してきた人達が，住宅営団で，最小限の「生きてればいい」という建物の設計に入ってしまう．当時の営団というのは，食料営団・医療営団などで，大政翼賛会の政策でつくられた組織だそうです．

　僕はそれを知らなかったですけれど，菅谷久保の受け売りですけれどね．「同潤会はあの頃の若い建築家にしてみれば希望に満ちた世界でね，営団で希望のない世界に変わった」と言うんです．戦前の同潤会，戦中の営団と言っていましたね．その中で西山卯三・市浦健・石橋逢吉さんなどは，調査か

研究の世界に生きる道を展開していた，その成果が戦後の「住まい方の研究」に繋がったのだそうです．

——満州国には関係なかったのですか．

川手 同潤会の理想主義の一部が，営団を見切って満州へ逃げちゃうんです．

——そうですか．そして満鉄に行くわけですか．

川手 ですから，満州に行けた連中は天国が続くんだそうですよ．建築技術屋で満州に行けたやつは天国を続け，日本に残った連中は営団で地獄．

——そうすると，戦争が終わり日本に戻り，NAUに集うと，「もう一度理想のものをつくろう」ということになりますね．

川手 僕ら学生は知らない時に，そういう先輩がいたということなんですな．結局それは「NAUの遺伝子は何か」ということなんですよ．僕たちが学生を始めた時にNAUで教わったのは「最小限住宅」という議論ですからね[18]．浜口隆一さんがわれわれに講義に来た時は，最小限住宅の話でした．彼には『ヒューマニズムの建築』（昭和22年）という有名な本がありますが，ヒューマニズムの建築というのは，つまり，シビルミニマムの話なんですね[19]．ナショナルミニマム，シビルミニマム，そこをどう保つかがいま一番重要だという話を，僕が一年の時に浜口隆一さんが講義していましたよ[20]．

——この「最小限」というのは，生活の最低水準という意味ですか．

川手 つまり，その当時のGNPの中で，住宅に割きうる予算をどこにも

っていくかという時に，最低限の人にもっていけ，と．最低限の人を惨めにしてはならないと．惨めにしてはならない時の住宅規模は何か．で，最小限住宅という問題が出てくる．その時に2DK論が出てくるんです．

ですから，西山さんの『これからの住まい』は，2DK論の根拠になるんですね．で，それを温めたのが鈴木成文氏とかで，あの人達が，がんばってやっていたんですね．

プレファブ住宅

―― 2DK論にいく前に，終戦後の理想の団地のモデルをつくろうという時に，ソビエトの集合住宅がモデルになったのでしょうか．集合住宅というと，当時，占領軍住宅ということでアメリカ住宅もたくさん入ってきます．この二つのインパクトを当時の建築家の方はどう受け止めたのでしょうか．

川手 わからないですけれど，僕たちの学生の頃は，ちょうどその頃ですね．1949年（昭和24年）には，「ソビエトは理想の国に違いない」と思っていたんですからね．NAUにソビエト建築研究会というのがあって，その人達が向こうのデータをもってきて説明してくれたりしましたね．それと，その頃，プレファブ住宅という論議も出てきた．

――プレファブはソビエトの文脈で出てきたんですか．

川手 多分，そうだと思いますよ．僕が大学に行っていた時の大学祭では，プレファブ住宅をみんなでつくって展示するなんてことをやりましたから．その時のデータは，建設省の先輩の所に行ってもらってきたんですよ．あれ，ほとんどソビエトだと思いますよ．

最小限住宅という問題があって．学生の頃山手線に乗っていると，栄養失調でむくんでいる人が点々といるんですよ．おれたちその頃は学生だけど，

新聞を読んでいれば栄養失調で死ぬ人なんか出ているわけですから．「あの人がそれか」と，山手線に乗っていると思うんだから．最低限を保証することの意味の実感が生活の中にあるわけですよ．

　最低限の住宅をどうやるか．つまり，「生産の何パーセントを住宅にもっていくことがいいのか」という議論になりますよ．最小限住宅とか最低限住宅とか，建築雑誌を読むとそればかりですよ．プレファブなんかは，最低限住宅をどう供給するかという小論ばかりですから．われわれの学生時代はデザインではないんですよ．「最小限住宅をどこに置くべきか」とか，「どうやって造るか」とかね，そんなことばかりでした．

——そういう時に，鉄枠とガラスでできた大量生産ができる占領軍住宅のようなものを大量供給していこうという発想も，一つとしてあると思うのですが．

　川手　当然あるでしょうけれど，学園祭を開くとプレファブの試作ばかりですよ．

DK論の二つの発祥

——先ほど，ダイニングキッチン（DK）の話が出ました．1951年（昭和26年）ですね．その発想が，実際はどのあたりから芽生えたのか．鈴木先生が公営住宅に応募されたわけですが，実際にはどのような形で生まれたのでしょうか[21]．

　川手　わからないのですが，当時の公営住宅というのは，実際には炭労住宅ですからね．僕の学生時代はほとんど炭労住宅ですよ．公営住宅が出たのが1951年（昭和26年）でしょう[22]．1950年（昭和25年）に住宅金融公庫ができます[23]．金融公庫の資金を使って地方公共団体が公社住宅をつくるというふうに変わっていきますね．戦後の住宅政策でいうと，それまでは炭

労住宅ですね．傾斜生産で炭坑住宅をつくっていった．何で公営住宅ができてきたのか，よくわかんないんですけども．

　朝鮮事変が始まってね，景気がだんだん良くなりますからね．だから，僕たちの友人でも卒業した頃は，建設産業にいく人はいたけれど，地方公共団体に行く人はほとんどいなかったんだけど，私が卒業する頃になると，東京都とかいろんな県が大量に臨時職員の形で雇ってくれたんですよ．それはどういう形でいったかというと，固定資産税の評価で，大量に評価員が必要なものでね．建築の卒業生を大量に採ってくれたんですよ．最初は正職員じゃなくて，臨時職員で採って，固定資産税で入って，2～3年で，それぞれ都や県の職員になったり変わっていく過程で，その人達は住宅局や建築局にいく．その頃ですね．

　住宅金融公庫ができるということは，一般のサラリーマンにも住宅をもたせようという気になったということですね．炭坑労働者住宅ではなくなってくる．つまり，都市型の産業に，朝鮮事変以降変わってきたんじゃないですか．つまり，朝鮮半島で使う物資をつくるから，炭坑ではなく工業ですよね．ばんばん工業製品を作るようになってきますよね．工業製品を作るというのはまともな社会だから，第二次産業が起きてくる．第二次産業は都市のものですから．都市的な住宅政策が出てくる．

――それは，労働力を再配置しようとする意図が明確にあったということですね．

　川手　ということでしょうね．ですから，労働力に安定した環境を与えようというのが住宅金融公庫だと思うし，住宅金融公庫の資金を頭金としてつくろうというのが住宅公社で[24]．公団より住宅公社の方が先ですからね．住宅公社をつくると，住宅公社に入ってきた人たちは，戦前の同潤会で鍛えられた人と，満州へ逃げていた人が帰ってきた人たちが中心ですよ．だから，神奈川県住宅公社の理事は，まさに西山先生の友達とかね．そのレベルの人

がね，1950年（昭和25年）に公社ができてくると，そこに戻ってくるんですよ．

——そこでまたつながるんですね．

　川手　つながる．つまり，天国と地獄の，天国の方の人達が満州から舞い戻ってくるんですよ．西山さんみたいに日本で長くがんばっていた人は，京大の助教授になって，学生をつくりはじめますよね．

——DKの設計ですが，西山先生のお考えをある程度取り入れて公団として採用したという流れはあるのでしょうか．

　川手　1957年（昭和32年）当時，神奈川県の住宅公社の建築課長は西山先生の親友なんですけどね．同潤会でがんばっていた石橋逢吉さんという方です．そこに僕の友達が勤めることになるんですよ．そこでは，石橋さんの指導の下，みんな一生懸命やった．
　僕の友人の説によると，「石橋さんの2DK論」というのがあるんです．僕の友人は，石橋グループで設計してね．鈴木成文さんとは独自にね，石橋グループで設計した2DKを先につくって，自らつくった最初の所に入居しちゃう話があるんですよ．その男の説によると，「2DKは自分の方が先だと思っていた」と言うんですよ．

——設計された中身は同じですか．

　川手　石橋さんの2DK論と，鈴木成文さんの2DK論は思想は一緒なんだけれどもね．鈴木成文さんの方は，原理原則主義でね．2DKだから「2とDK」は完全に分離されなければいけないし，2のね「1と1」も完全分離されなくてはいけないという主義者なんですね．完全に壁で切っていくん

だそうですよ．ただね，石橋さんの方は，「壁で切ったら，風が通らねえや」と，襖にするんですよ．「2DKの2は，襖でツーツーになっている」というやつで，住宅公団のメインはそっちにいきますからね．だから，住宅公団の2DKのメインは石橋さんの方から来ているというのが，僕の友達の説ですよ．鈴木成文さんは「断固とした2DK」という原則主義で，隔離してしまう．暑くてしょうがないって．それを聞かされて，僕は，「ああそうか」と思ってね．元を正すとね，西山さんと相棒の石橋さんがこっちに来ていた．

――それは，やはり西山さんの発想ですよね．

　川手　そうです．源流は西山さんなんです．西山さんは設計はしないで，食寝分離，就寝分離という原理を住まい方調査から見つけ出した．それを国の標準設計としてものにしたのが鈴木成文だとわれわれはずっと思いこんできたわけです．

――今でもそれは一般的な理解ですね．

　川手　西山さんが鈴木成文の最初の標準設計を批評して，「12坪足らずの居住面積で，食寝分離・就寝分離などというのはおこがましい．住宅政策の担当者はそれを超えた面積を大蔵省に要求すべきである」と石橋さんに語ったのを受けて，「石橋さんは，就寝分離は襖で設計をし，実現して世に問うたものだ」と言うのが私の友人の意見です．お西の原理主義の面目躍如ですね．

――最初に住んでしまったという実際の場所はどこですか．

　川手　東神奈川の白幡住宅というんですよ．もったいないですね，近く壊

す予定だそうです.僕の友達は,「もったいない」と言ってそのことを書いたんですよ.「こういうものなんだよ」と.「その証明となる建物が消えるんだ」と.

原理主義としての住宅政策

川手 僕たちの先輩,建築研究所に行った日笠さん,入沢さん,下河辺さん,古川さん,この4人が僕の卒論の時に建築研究所にいて,あの方々がNAUでやりたかったことが何かはわからないけれど,「そういうものがある」という立場で整理しようと思ったわけです.そういう立場で言うと,典型的には日笠さんと入沢さん,特に日笠さんは近隣住区論ですよ[25].入沢さんが近隣住区論なのか,ちょっと微妙なんですけどね.二人競って,近隣住区の中にショッピングセンターがあるんだよね.だから,公団に行くと,われわれは日笠,入沢論文を使って団地設計するんですから.あの二人のデータを使って設計するんですよ.

それから,下河辺さんはその頃,下町の工業地帯の調査をしていて,そっちの調査をしたものがあって,僕が公団にいる時,首都圏地域の工業団地の設計の時にはそれを使うんですから.古川さんはおもしろい人で,住宅生産論というのをやっていた.実際言うと,住宅生産のもとはいろいろあるんだけど,一つは建設労働者であるという視点.ですから古川修さんは一番NAUに近い人ですね.建設労働者が建設生産にどう関わるかということを研究所でやっておられた.

自分が公団に勤めてみると,この人達の研究を使って設計するわけですよ.「先輩のものを使って設計しているな」と思いつつ,公団にいたわけですけどね.その内に,住宅建設五箇年計画とかね,五箇年計画論がどんどん出てくる.ソビエト・ロシア的なんですよ.1955年(昭和30年)頃から五箇年計画ですよ[26].

そんなことしている内に,全総計画で,第一全総,第二全総とやっていく

でしょう[27]．下河辺さんが建築研究所から経済企画庁に移ってね．僕の大先輩それぞれね，「原理主義者だな」と思うわけですよ．みんな原理主義なんですよ．「ああそうか，NAUで先輩がわれわれを脅したりすかしたりしてね，いろんなことをしたのは，一種の原理主義だった」と思ってね．原理主義というのは遺伝子になりますからね．

――川手先生からご覧になって，全総の原理主義というのはどのように感じられましたか．

川手 下河辺さんが経済企画庁に行く時なんか，おもしろいですよ．建築研究所におられて，ある程度の歳になると，上には日笠さんがいて，入沢さんがいて，つかえているでしょう．見切りをつけようというので，高山さんの所に相談に来るんですよ．見切りをつけてどこへ行こうかというと，建築学科を出た人の建設省のメインは住宅局です．住宅局に行こうとすると，下河辺さんの友人がもう既にいて，競争しているんですね．それで，「友達と競争するのは嫌だ」と．「じゃあ，都市計画局いくか？」と訊くと「土木の連中はガラが悪くて嫌だ」と言うんですよ．それでね，「経済企画庁でも行くか」と．

――経済企画庁に行くルートは既にあったのですね．

川手 首都圏整備委員会は経済企画庁がもっていましたから[28]．その前は，あれどこにもっていくかという問題はあったけれど，首都圏整備委員会だから土建屋だけではないですよね．経済が入ってくるし，各省にまたがる．そこで，彼は経済企画庁に行くんだけれど，そこにも友達がいるものだから，彼は経済企画庁の企画分野に入る．「やれやれ，これで友達と喧嘩しないで済む」というわけですよ．もともと経済企画庁に行った理由というのは，彼が建築研究所にいた時に，下町の工場の調査や，豊田の工場の調査とか，工

場屋というのかな．工場調査屋になっていたんですよ．それで，経済企画庁に「そういうの，いいね」ということで行ったわけですね．経済企画庁に工場立地の話で行っている最中に，池田さんの所得倍増計画が出てくる．それで，彼は乗るんですよ．倍増計画に合わせて，「空間どうするの」という話になりますから．そこで，空間計画つくる人が企画庁には誰もいなかった．下河辺さんが空間計画をつくる親玉になった．全総計画で下河辺さんが親玉になるというのはそういうことで，やっているうちになっちゃったんだ．

―― 当時，その空間計画を，下河辺さんはどこか外国のモデルを換骨奪胎して，もってきたという感じなのでしょうか．それとも，下河辺さんの頭の中でつくりだしたのでしょうか．

川手 下河辺さんが何を使ったかというと，中心は，科学技術庁の外郭団体の産業計画会議ですけどね，資源調査会を使ったんです[29]．資源調査会にはどういう人達がいたかというと，満州帰りなんです．だから，当然，高山さんなんかも絡むわけですよ．下河辺さんがそこへ行って，満鉄の残党を再編成して日本の全総をつくろうとしましたからね．

―― NAUとの関係で言うと，先ほど下河辺さんの全総でNAUの遺伝子は原理主義だとおっしゃった時，下河辺さんの全総計画の何を見て原理的だと感じられたのですか．

川手 いや，下河辺さんの原理主義はよく分からないのですが，全国に住んでいる多数の原理主義者の主張を総合計画に何とかまとめて見せようという執念のようなものではないですか．僕が勤めた公団の仕事は首都圏整備計画があって，全総計画に基づく仕事になっているわけですよ．完全にイギリスのグレーター・ロンドン・プランをそのまま首都圏に当てはめたという有名な話があるでしょう[30]．その話のもとに，住宅公団宅地部は動いている

わけですよ．首都圏整備計画をつくった人はNAUの遺伝子を持った人ではないですよ．みんな土木屋で，建築屋ではない．土木屋の原理主義に基づいて公団宅地部は動いているわけですからね．ですから，僕は都市計画にいたから宅地部門を見ていた．

　ところが住宅局の人達はNAUの遺伝子を受けているんですよ．だから2DKをやっているしね．そっちの連中は，その延長上で団地でクルドサックの設計をしたりね[31]．ああいう設計というのは近隣住区論の方でしょう．やがて住宅局の方で新住宅市街地開発法ができる[32]．住宅局の基本は近隣住区論なんです．近隣住区論に合っていなければ都市決定できない．宅地部の方はね，グレーター・ロンドン・プラン型に合っていなければ都市決定できない．これ，両方とも原理主義でしょう．すごいことを国は決めるものだなと思いますよ．だから僕は，まじめすぎる位，真面目でね．われわれ勤め人になると「そこを何とか」と手もみして行くわけじゃないですか．建設省に．建設省の方は「ダメなものはダメ」とくる．原理主義なんですよ．

——そこは最初から原理主義だったんですか．

川手　そう．そこを崩す道は何かというと，自民党しかないんですよ．だから，住民参加型で自民党に陳情してね，「ここいいじゃないの」と穴開けしていくわけでしょう．だから，僕たちは穴開けするために自民党の先生と結びつくわけですよ．公団の理事なんかは見ているけどね．自民党の何派，僕の時は田中派でしたけどね．それと結びついた理事が強いんですよ．「困った」と言って理事の所に行くと「わかった」と言って，穴開けてくるわけですよ．だから，国の役人が一番原理主義なんです．そこに公団と先生方で穴開けるわけですよ．

——公団でNAUの遺伝子を引き継いでいる方は，どんな方がいらっしゃるんですか．

川手 建設省から公団へ出向した人達に遺伝子が引き継がれていると思っていたんだけど，公団に来るとみんな汚染されちゃうんだな．建設省にいる時はぴしっとしているんですけれど．

——原理主義では仕事ができないからではないですか．

川手 でしょうね．

—— 1960年（昭和35年）から1965年（昭和40年）ぐらいですと，池田勇人さん，河野一郎さんが力をもっていた頃だと思うのですが．

川手 そうですね．

——やはり，そういう所と結びついていた．

川手 理事がね．困ると，よしよし，と言って理事が穴開けてくれたわけです．

拠点開発論としての新住宅市街地開発法

——そんな時，先生は新住法をどのような制度として意識されていたのでしょうか．

川手 忘れていましたが，ぼやっと思い出しますとね，多摩ニュータウンをやる国の方針としては新住法の1号と言うわけですよ．国の方はね．新住法でやっていこうという時に，建設省からおりてきたのが下河辺さんの親友・北畠さんですよ．それで第二次首都圏整備基本計画を改正するでしょう．山東良文さんが中心になられて改正する[33]．山東良文さんが改正するにあ

たって，石田頼房さんとかわれわれがかり出されてね，一緒にやっていくんですけどね[34]．第一次首都圏整備基本計画の方針，つまりグリーンベルトですが，これをやめちまおうという形に変わるんですね．あれはね，イギリスの第二期のニュータウンの時期に入った時ですよ．グリーンベルトの外側に大きな30万都市を造るという．イギリスニュータウンの歴史の第二期と，われわれ多摩ニュータウンをやる．それで，経済企画庁の山東良文さんと話してね，首都圏整備計画を切り替える．それで多摩ニュータウンと合ってくるんです．

——なるほど．「変えよう」という時には，山東さんの側で意思決定があったわけですね．

川手 意思決定はあった．

——山東さんは経済企画庁ですね．

川手 その前は建設省にいたんじゃないですかね．住宅公団に天下ってきて，経済企画庁に行ってそちらの担当になったんですよ．だから，公団の仕事を知って戻っていって．山東さんが公団に来て戻っていっぺん建設省の計画部に入ったかな？ 忘れましたけどね．その時に新住法ともう一つ，郊外でやる，新都市整備法だったかな，法律を一つ彼つくりましたからね．そういう法律を建設省計画局時代に山東さん，つくっていますよ．その思想というのは，イギリスの30万都市をつくる，要するにグレーター・ロンドン・プランを崩した時の思想の法律化ですよ．

——グリーンベルトをつくるという話は，僕が聞いている話では，石川栄耀がグリーンベルトをもともとあそこにつくろうとしてやって，それをひっくり返そうと多摩ニュータウンを造ろうとして，それで建設省が最後まで反対

しますね[35]．OKを出さずに．そして最後には印鑑を逆さに押してみんなあれしたんですけど，建設省のトップの井上という課長さんが東京都の山田正男さんと結びついていて，それを押し進めていったという．それはそういうことなんでしょうか．それとも全然違うんですか．

川手 ああ，あの時の話ですか．東京都にいた北条晃敬さんに聞いて下さい．

——山東良文さんが第一次首都圏整備計画を転換しようとした時，建設省の中でも宅地の方と住宅の方で考え方の違いというのはあったのでしょうか．

川手 あるでしょうね．そこは知りません．

——住宅よりの転換ですよね．

川手 そうかな．住宅よりの転換ではなくて，要するにイギリス型についていこうという，都市構造の話ですよ，北畠さんや，山東さんの意見では．グレーター・ロンドン・プランでは古くなっちゃった．都市が爆発的にでかくなる時にはグレーター・ロンドン・プラン型ではだめでね．イギリスの第二次ニューシティー計画の時代に移った，それについて行けという思想じゃないですか．

——それと，新住法がどう関連して用いられたのでしょうか．

川手 新住法を使った多摩ニュータウンは拠点開発論なんですよ[36]．新住法ができる時には，拠点開発論というのが無かったんですけどね．全総計画の見直しに入りますからね．第二全総の思想が出てくる．ということになると，拠点開発論が出てくるんですよ．で，拠点開発論で新住法を使ってい

こうというのが，僕たちの公団側の多摩開発論なんですよ．

——最初は拠点開発の考え方は無くて，拠点開発論が出てきて，それに新住法が使えるのではないかということで，それを意識して使うようになった．そういう解釈でよろしいですか．

川手 僕はそう思っています．だから，多摩の1965年プランというのは，それを頭に描いてまとめたものです[37]．

——先生の1965年プラン，多摩ニュータウンの連合都市論は，今おっしゃった考え方なんですか．

川手 はいそうです．ただ，イギリスとわれわれが違うと考えていたのは，イギリスはニュータウンはあくまでも「そこで独立した都市を造る」という考え方なのに対して，多摩ニュータウンを考えた時の1965年プランはね，「独立ではなく，セクター開発なんだ」と規定したんですね．そういう意味ではワシントン2000年計画に似ているかもしれません[38]．ワシントン2000年計画は知らなかったんですけどね．偶然ですが，それらしくなりましたね．

それに乗ってきたのが，『通勤革命』(1966)を書いた角本良平ですよ[39]．だから，われわれがこうやって多摩新線一つ入れて，30万人都市だったら，「新幹線できるんじゃないの」と言い出したわけですよ．だから，『通勤革命』の中の原単位は，全部多摩のものを使っていますよ．「何人乗ると，通勤新幹線は成立する」と書いているわけです．ちょうど僕が多摩に1964年（昭和39年）から1967年（昭和42年）までいましたが，その間に彼が調査に来ましたよ．

——この流れでいきますと，先生の「拠点開発論で新住法を使っていこう」

第 8 章　戦後住宅開発計画思想の履歴　165

という中で，1965 年プランが出てくる．一方，職住近接ということは一貫して言われているわけですね．拠点開発論と職住近接論をどういう所で結びつけようと当時は思われたのでしょうか．

　川手　あの頃は，高度成長がずっと進んでね．高度成長が進むと，企業は労働力立地する．労働力があると，企業はそこにやってくるという理屈です．労働力がそこに住むためにはどうするかというと，今のところは都心にしか職場が無いから，通勤新幹線みたいなのができて，そこに働きに行く．で，労働者が集まってくる．すると，都心は過密で機能が麻痺するから，それならば労働力立地で企業が出てくるだろうという理屈です．今度は，多摩ニュータウン一つではないという理屈なんです．われわれはいくつもニュータウンをつくる．そうすると 30 キロ圏に横びきに労働者が住むから，その立地で企業がこっちに散ってくる．リニヤー開発論＋連合都市論です．

——立川まで含めて 180 万人をという．

　川手　そうです．最初に 30 万人を成立させるためには，職場が無いと来てくれないから，都心に電車をつくってやればみんな通い始めるから 30 万人集まってくる．そうするとね，30 万人集まってくることが確実だと見えてくるとね，企業は先手を打ってくる．だから，30 万人集まる前から企業は先手を打ち始める．だから東京へ徐々に人口が増えてきた時に，「デパートをどこへ造ろうか」となれば日本橋に造りますが，10 年後に突然 30 万人できるとすればデパート側が建物を建てようという時に，やっぱりある程度面積必要だから，都心の地価の高い所と多摩ニュータウンを比較したら断然多摩ニュータウンの方が安い．だから，こちらに立地するに違いないという理屈ですよ．

——30 万人プロジェクトは挫折しますね．

川手　いや，挫折なんか考えていなくて，「公がやるんだから，できるに決まっている」という感覚ですよ．「絶対できます．需要も十分にあります」と．したがって，65年プランは短期間に造れば良かったんです．「10年足らずの内に，30万人が特別住むようなしかたをしなければだめだ」というのが65年プランなんです．今みたいにだらだらではなく，短期間に30万人．そうすると企業は都心か，新しい都市のどっちにしようと決心する時に，公が造るんだったら10年後にかけて立地するだろうという理屈です．

――拠点開発の連鎖というのは，人口をもってくれば雇用が生まれるという当時の開発の考え方ですね．

　川手　そうです．労働力立地ですからね．

――それを当然の常識として共有していて，すーっと通っていったわけですね．

　川手　そうです．ですから，全総計画の時に，われわれまだ若くてこきつかわれましたけど，やっぱり人口ですよ．人口が企業を呼ぶと教えられましたからね．

――最初，NAUの話を「国民の基本的権利を守る活動」と言われましたが，それがずっと活かされてきて連合都市圏にも受け継がれているというわけですか．

　川手　そう，私の先輩方は建設省にNAUの遺伝子を抱えたまま入り込んで，原理主義を法律化したというのが私の想像なんです．あの人たちはそれを一生懸命やり続けて，私たちはそれを現場で実行する．ところが，現場に来ると原理主義に穴開けるんですよ．でも何か修正するとすれば，原理に戻

って出直さなくてはならないから，原理は重要だと思っています．だから，公団なんかからは原理は出てこないんですよ．国のね，課長ぐらいまでは原理主義ですよ．これは尊いと．どっちみち後で汚染されるわけだから．これはしょうがない．人間だからね．だから，一番原点で純粋培養されているのは，建設省の課長以下じゃないですか．

景気対策としての住宅建設五箇年計画

——国民の福祉の実現というご指摘はよくわかったのですが，多摩ニュータウン事業が始まり，美濃部都政になるとシビル・ミニマム論が持ち出されますね．国民の福祉をある意味打ち出した時期だったと思うんですが，当時先生はどう思われましたか．

川手 当時といってもね，時間がだいぶたって，時間を切れないけれど．住宅建設五箇年計画の歴史を並べてみると，きっと面白いと思いますよ．住宅建設五箇年計画の最初は「住宅の絶対不足」という言い方をしています．「夫婦二人子ども二人の四人とすれば，これだけの面積がなければ住宅とは言えない」と．これは西山夘三さんの『これからの住まい』の思想で，2DKで50平米というそういうことでしょう．最初はそうですよ．で，55平米にいこうと．だけど余裕のある人もいるから，それはそれでいい．そこで住宅金融公庫がでてきますね．金融公庫の場合は120平米が上限だったと思います．最低ではなく，平均的な人が望んでもおかしくないという面積があるだろう．それは金融公庫がやろうというわけです．そして，最低の部分は公営住宅でやろうという話ですね．公営住宅と金融公庫の中間は公団でやろうと決めてね．建設省の若いお役人が国民の需要をせっせと計算してね．住宅建設五箇年計画で，何平米ぐらいは公営住宅で税金でいく．そこから先は郵便貯金のお金で，少し低利なのを使っていこうとかね．そういうことを決める．それが最初のうちの住宅建設五箇年計画です．

5年すると見直しがあるでしょう．そのたびに最低基準が上がっていくんですよ[40]．昭和40年代の初めての五箇年計画の時に，もはや絶対数は満たしてしまったという時があるんですよ．数だけで言うとね．そして，むしろ，国民の大部分が最低満足しなくてはいけないというシビル・ミニマムの時代から，今度は全体の平均を上げる時代に入ったというのが昭和40年代の五箇年計画で出てくるんです．その頃は，丁度住宅にも民間のハウジング会社やデベロッパーなど，民が出てきて，「民でいいじゃないか」ということになってきますよね．

だから，ナショナル・ミニマムとかシビル・ミニマムの時代は，公でなければだめだった．税金を使いますから．そこから先になると，半ば住宅金融公庫で，レベルアップの方に移りますよね．やがてさらにレベルを上げる時は，何も公は使わなくてもいいから，生命保険の金とかを使う[41]．つまり何かというと，景気対策だったんですよ．国民の貯金を最大限に活かすように住宅も都市も政策として対応させていけばいいと，変わってきていますよ．

――その景気対策への移行というのは，いつ頃からでしょうか．

川手 多分ね，第一次石油ショック頃ではないですか[42]．高度成長の中で刻々と国の政策が変わるでしょう．その過程で，公団マンというのは，「どこに視点を合わせて俺は活動したらいいんだ」と悩む時代がありますよ．その頃，僕は港北ニュータウンにいたからね．九段にいた連中が，悩みを打ち明けに来ますよ．僕は港北ニュータウンだけやろうと思っていたので，気が楽でしたから．「いいよ，民が出てきたのなら民にやらせておけよ」と僕は言っていたんですよ．「どっちみち民がやると，民というのは暴走するから．一斉に土地の買いあさりをしてね，なんかするから．うんと持っちゃったら困ってね，『何とか公団がうまく決着つけてよ』となるんだから．公団はそれに乗るな．そのうちに，そうなるよ」と言っていたんだけどね．公団

は公団で大変なんですよ．国からね「お金を使え」と命令が来るんですよ．担当者は辛いですよ．民とそんなので競争するわれわれとしては．民に任せておけば困るだろうから，頼みに来た時にゆったりと都市計画の立場で整理すればいいと思っているんだけど．国の方は「使え，使え」でしょう．大命令が来ると，しょうがないから買わないといけない．予算消化しないといけないから，買わされるんですよ．だから，この港北ニュータウンの後輩たちもすごく辛かったと思うんだけど．今度は割合合理的な設計をやっている．そして，「もっと質を上げろと」いうんですよ．つまり，お金を使えというわけ．しょうがないね．一個50万も60万円もするような石を港北ニュータウンの歩行者専用道に張ったら豪勢ですよ．つくばもそうですよ．今になってね，国の方は「公団は赤字じゃないか．放漫な経営で何事か」と．そして，今度は「都市再生機構でできるだけ早く多摩ニュータウンも港北ニュータウンも足洗え」という命令でしょう．だから，公団の理事長たるもの「赤字にさせたのは国じゃないか」と，居直れというんですよ．でも，居直れませんな．

——景気対策に移行したあたりから，例えば住宅金融公庫との関係なんかも質が変わってきたりしたのですか．

川手 住宅金融公庫の方は知らないですね．まあ公社なんかは住宅金融公庫のお金を使っているでしょう．公団はね，僕がまだ公団にいる頃から，生保のお金を使えという命令が来るわけですよ[43]．「生保のお金を使わなくてはいけないんですか」と聞くと，「いけない」と言うからね．使うんだけどね．そのうち，銀行の方が金利が安くなってくるんですよ．そこで「仕事も長いんだからと．このさい切り替える」という方針を出していたら，「切り替え，まかりならん」になっているんですよ．「高い金利で国が約束してね，金出させたんだから」というわけ．「それを普通の民間の銀行金利に変えてはまかりならん」と．借り換えられないまま20年ですよ．だから，民と戦

っても無理なんですよ．民の方が安い金利を使っているんだから．公団には高い金利で使わせるというね．景気対策ということで，とにかく「高金利を使え」と追い込んでくる．それがずっと続くからね．それなら「公団いらんよ」という気になりますよね．

——政府金融の窓口は大蔵省の方ですか．

川手 わかりません．雲の上の話なんで．現場からすればね，高金利にすると必ず金利計算させられるでしょう．「安い金に変えてよ」といっても，「だめだ．これは国の命令だ」と，受け付けられないわけですよ．

それはいま港北ニュータウンを通っている地下鉄三号線あるでしょう．ここも高い金利使わせられているんですよ．JR会長（現取締役相談役）の松田昌士さんが来て，横浜市長の中田宏さんが見直してね．「赤字になる原因は金利だから，借り換えろ」と言ったらね，「借り換えは不可能だ」と．国土

図　日本住宅公団の年度別借入金における政府資金額と生命保険資金額の推移

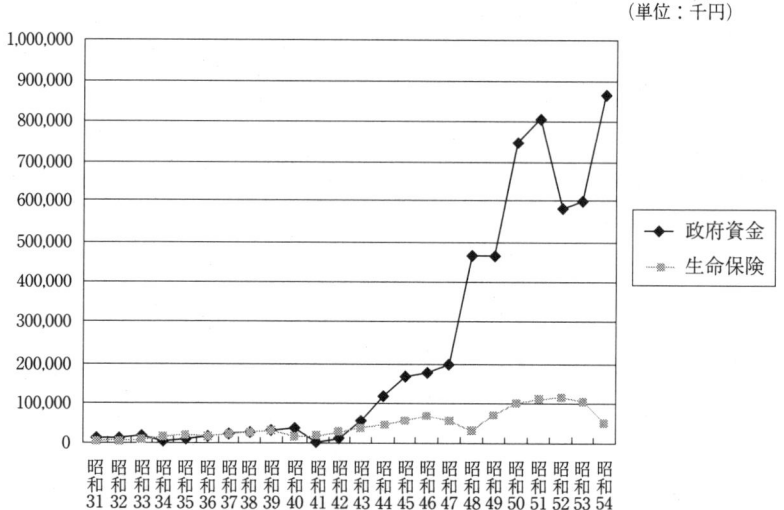

(単位：千円)

(出所)『日本住宅公団史』1981：568-570頁データより作成．

交通省命令なんだそうですよ．だから，高金利を払いながら，いま運営しているわけです．どう考えても不合理なんですよ．そうなってくると，計画論ではないですよね．本来は住宅計画や都市計画という計画論の話を，国の組織は経済政策として使ってしまう．経済政策に使うからだめなんですね．だから，住宅にお金をかけてつくってもだめなんですよ．

　いま姉歯の問題が出て，これはお金を一銭も使わなくても正論がとおるから，建設省の若い人が正論でやっていますよ[44]．美しいですよ．住宅のチェックの機能をどのように厳密にやるか，真面目にやっていますよ．真面目にやっているんだけど，そういう意味からすれば，住宅金融公庫というのは，本来いらなくなってきていると思います．2007年（平成19年）4月で法律改正され，住宅金融支援機構になる．建て主が家を建てたいと思うと，確認申請を受ける民間ができましたね[45]．そこへ住宅金融支援機構が，「こういう基準に合ったらOKと言ってくれ」と言う．それをもっていくと機構がお金貸してくれるんですよ．そして，債権は金を貸してくれた銀行に渡す．証書も渡す．建て主はお金を必ず返してきますから．そのお金を目当てにした保険会社をつくって，株を発行してばらまいてという流れですが．住宅金融公庫は不必要でしょう．住宅ローン会社がじかに入ればいいんですから．しかし，この人達が生き延びなくてはいけないから．住宅ローン会社の中に吸収すればよかったけれど，活かしたでしょう．「どうしてそうするの」と聞くと，「住宅建設五箇年計画にしたがって，国民のレベルを上げるためには，支援機構がこういうレベルでないとだめだ」と言って上がってくると．そんなことは，住宅ローン会社がやればいい．だから，住宅建設五箇年計画というのは美しいんだけれど，それが実施に移されるとガタっとくるんですね．

——住宅計画が経済政策として使われるとだめになるとおっしゃられましたが，同じように産業政策として使われ，「住宅業界を育成していこうじゃないか」となると，また違った意味を持つようになると思うのですが，そこらへんはどうなのでしょうか．

川手 やあ，それはわかりません．専門外で．

——ただ，公団は住宅企業の育成を一つの眼目とされていましたよね．

川手 これは，わからないですけどね．住宅公団ができた時は，住宅生産を産業にしなくてはならないという，総裁の思想がありましたよ．一番住宅難の昭和30年頃ですね．産業にするとはどういうことかというと，ちゃぶ台とか，押し入れとか，システムキッチンとか，錠前とか鉄の壁とか，そういうものは建設産業が造るのではなくて，工業がつくる．つまり，工業化する．そのために標準設計にする．そして大量生産する．それが僕が入った時の総裁の演説ですよ．「日本の住宅問題を，工業生産によって乗り越えましょう」と，わかりやすいですね．

ということでね．いま，住宅金融公庫にしろ，都市再生機構にしろね，「いかなる日本の住宅とか都市の産業を導くのか」というか貢献をね，どういうビジネスモデルでできるか言わなくてはならないはずです．それを言わないでよくやっているなと思うけれど．無理でも普通は言うんですよ．無いじゃないですか．最近，ある件で機構の理事に会いましたよ．そしたら，「今は官から民の時代だ．機構が指導する立場ではありません．民にお任せするのがいい．民がやりたければやるだろう．機構としては高く売ることが重要ですと．高く売るというのは国の方針なんで，高く売り抜けるだけです．土地利用がどうあるかは民がやることです」と言う．「何を育てるのか」ということが何もない．去年の11月頃から，僕は後輩諸君に対して憤りの連続ですよ．悪いですよ，若い諸君は希望をもって機構に入ってくるのに．

港北ニュータウンについて

——先ほどから気になっているのは，公共性ということで，どこがどう担保していくか．やはり公的機関が担うしかないのでしょうか．すると，経済的

なものが絡んできた時に，本当の公共性とは何かということです．経済的なものも含めて産業を振興する．それが公共性だという見方がある一方で，もともとの公共性は何かという問題もある．難しい問題です．「試行錯誤で追求していかねばならない時代になっている」と先生はお書きになっていますが．

川手 「公共性とは何だろうと」は常々思うんですよ．分権と言うでしょう．いいなと思って，横浜FCを港北ニュータウンに持ってこようというので動いたりするけれど，それを都市再生機構と議論したらね，「あなた方は横浜市を説得して来ていますか」という言い方なんですよ．「あなた方が横浜市を説得して来たなら理解できる．でも，たまたま個人が『これでいいじゃないか』と相談に来たのなら公共性がない」と言うわけです．当然ですね．なかなかうまい理屈だなと．横浜市が「うん」と言えば公共性があると．

　僕が怒っているのは，「それをしたいから，時間をくれ」と言いたいですよね．だけど向こうは待てない．「何日までに公共性を採ってこい」と言う．公共性とは何月何日までに採るという話ではない．公共性を得るために時間を与えようという気持ちが公共性だと思いますね．その結果，「こういう公共性が出てきたのなら判断しましょう」というのならわかる．

——公共性をつくるために川手先生が港北ニュータウンでやられた複合公共圏というのが重要になってくると思うのですが，これはすべての問題を対象の中で実践するというNAUの綱領と，飛鳥田市政の参加型ニュータウン開発が共鳴してできたというのは考えすぎでしょうか．

川手 学生の時，NAUの綱領なんて読みませんでしたしね．

——先生が書かれた『港北ニュータウンと住民協働』というのは，どのような思いで書かれたのですか．

川手 公団に勤めていた時，2DK論と，もう一つ，近隣住区論があった．ペリーの近隣住区論は1929年（昭和4年）に書かれたもので，大学に入った時はほとんど読んでいる人がいなかった．でも，日笠さんや入沢さんは読んでいてね．やがて，新住法を見るとね，あれは近隣住区論です．「近隣住区を達成するだけのセットにしなくてはならん」と．それと新都市計画法にね「市街地というのは20ha以上でなくてはならない」と書いてある[46]．あれは近隣住区論なんですよ．それ以上でないと，戸建てが建った時に，近隣住区としてセットできないから．それを仕組んだのは，あの先輩たちだよね．すると，彼らは近隣住区論の精神を原点にして，数値化しているんですよ．数値化して国の予算にいれてきた先輩がいるということですね．

　そうするとね，「近隣住区論とは何なのか」という話になる．第一次世界大戦が終わった後，アメリカが発展するでしょう．そうすると郊外が住宅地化していく．ニューヨークの郊外で，アメリカのデベロッパーがある団地の設計をする時に，非常に人格豊かで経験豊かな大先生を呼んできて一緒に設計する．設計したら先生に無料で住宅をあげる．そして，その団地に住むためには，先生が面接する．面接して意気投合した人がその団地に入る．これが近隣住区だと言っている．おもしろいでしょう．

　港北ニュータウンで，戦後の偉い人というのは地主さん．青年団があって，最初は青年団長をする．終戦後，農地改革やった時，小作は地主になったけど，元の地主には恩に着る．恩を感じた人達のコミュニティができる．山林は大地主が持っている．畑については一町歩以上持てないから．でも考えてみれば，それは親分－子分の関係です．戦後の日本の行政は農林行政が強かったですからね．農林行政に予算がつくと，落とす先は地域のそうしたリーダーで，農業の基盤整備をやっていく．そういうことを20年やってきた．そういう所へ僕が行くわけです．

　僕の方は近隣住区論で設計しようとするんだよ．それはペリーの考えた世界ではないですよ．その中で「どうやろうか？」と考えた．飛鳥田さんという社会党の大立て者が市長で，「住民参加でやってくださいよ．川手さん」

と言うからね[47]．住民参加って，さっぱりわからないじゃない．本来なら近隣住区論型でやっていけばすっとするんだけれど．新住民と旧住民が混じって住む．その時，ペリーの近隣住区論でやれますか？

——その苦肉の策としてKJ法を使ったり，申し出換地をしたり[48]．

　川手　そうそう，そういうこと．

——農業の生産性が維持されていれば，共同体も残り，そうは簡単にいかなかったでしょうね．

　川手　一番やりいいのはね．農家にとっては，自分の土地を売りたい時に売れるというのが一番いい．だけど，区画整理なんかが入ってくる．すると，「売りたい時に売れる」ということと，区画整理とをどう整合性をとらせるのかが，ここでの僕の一番の仕事なんです．でも飛鳥田さんが「住民参加でやれ」と言うしね．そこで相棒となったのが，飛鳥田さんの下の農政の人ですよ．農政部長で，後に助役になる方ですけど．議論して一番おもしろかったのはその人でした．飛鳥田さんもすごい人でね，港北ニュータウンをやる時の担当者に，農政部長をあててくるんだからね．

——大場正典さんですか．

　川手　そう，大場さん．つまり市街化が進行している時に，農家が計画的に撤退しながら，農業から都市的業務に切り替えるにはどういう手順で変えるのがいいのかという，こんな議論ですよ．大場さんとやったのは．「いつまでも農業というわけにはいかないから」というので意気投合してね．「農業から都市的な業務に切り替えるのに一緒に考えよう」と言ってくれて．

——多摩はガラッと変えてしまいましたけど,港北は徐々にすすみましたね.

川手 多摩は全面買収でどんと買ってしまうんだから.ここも全面買収の予定だったんですよ.田村明さんは全面買収だと言うからね[49].こちらは多摩をやっていて,全面買収はよくないと思っていましたからね.だから議論しなくてはと思って.すると,飛鳥田さんが非常にすんなりと,「いいよ,区画整理でいけよ」と言ってね.それで,切り替えたんだね.

区画整理でいけたので,徐々に変えていけばいい.「突然用地買収されて,使い途のわからないお金がどんと入ってきて」というやり方で,僕は多摩でさんざん苦労したんですよ.多摩でそういう質問された時,本当に立ち往生しますよ.「お金が入ったらいいという,そういう人生はないだろう」と言われたら,それは立ち往生ですよね.「そんなうまくいかない」と言われてね.多摩の時は下河辺淳さんの奥さんも呼んできてね,どうしたらいいか考えてくれと.つまり,生活対策というのを多摩ニュータウンでは,どう考えても無理があると思いながらやりましたよ.だから,ここに来た時は,あんな無理しない方がいいと思ったわけです.そしたら飛鳥田さんも「その通りだ.区画整理でやれ」と,すんなりいきましたよ.

——本日はありがとうございました.

(2007年3月18日実施)

＜質問者・同席者＞

阿部明美,岡田ちよ子,田中まゆみ,中庭光彦,西浦定継,林浩一郎

(五十音順)

1) NAUを含む戦後の住宅運動については大本(1983 172-179頁)が概略をまとめている.
2) 市川清志.日本大学理工学部教授.1971年(昭和46年)〜1972年(昭和47年),

日本建築学会の副会長をつとめる．
3) 高山英華 第6章 注1)参照．
4) 西山夘三 1911 (明治44年)～1994 (平成6年)．1930年 (昭和5年) 京都帝国大学建築学科入学．1941年 (昭和16年) 住宅営団本部研究部調査課技師，1944年 (昭和19年) に退職後，京都帝国大学講師，1946年 (昭和21年) 助教授，1961年 (昭和36年) 京都大学工学部教授，地域生活空間計画講座担当．主な著書に『これからのすまい─住様式の話』(1947)，『日本の住宅問題』(1952)，『住み方の記』(1965) 他多数．住み方調査から食寝分離原則を主張したことで知られる．
5) 丹下健三 1913年 (大正2年)～2005 (平成17年)．1935年 (昭和10年) 東京帝国大学工学部建築科に入学し，内田祥三等に師事．1938年 (昭和13年)，東京帝国大学工学部建築科を卒業．ル・コルビュジエに傾倒し，前川國男の建築事務所に入る．1942年 (昭和17年) 東京帝国大学大学院に入学．1942年 (昭和17年) 大東亜建設記念造営計画設計競技に1等入選．1946年 (昭和21年) 東京帝国大学大学院修了後，同大学建築学科助教授に就任．以後1974年 (昭和49年) まで東大で教鞭をとり，「丹下研究室」をつくり，浅田孝，槇文彦，神谷宏治，磯崎新，黒川紀章，谷口吉生らを育てた．

「現代建築家の思想─丹下健三序論」中真己著．近代建築社発行．から孫引きすれば，『NAUの結成は1947年6月28日．NAU以前に丹下は国土会の有力なメンバーになって復興都市計画と取り組む．日本建築学会機関誌1948年1月号で，丹下は「我々の課題は，近代と封建とのたたかいとして開始されるであろう．我々は建設をめぐる封建的なものを余すところなく分析し，民主的な政治力を生み出す民主改革の担い手になる……」と書いている．丹下は1949年 (昭和24年) のNAU第三回総会で中央委員になる．
6) 池辺陽 1920年 (大正9年)～1979年 (昭和54年)．東京帝国大学工学部建築学科卒業．同大学生産技術研究所教授．1950年 (昭和25年) に「立体最小限住宅」を発表した．
7) 今和次郎 1888年 (明治21年)～1973年 (昭和48年)．東京美術学校 (現・東京芸術大学) 卒業後，早稲田大学に迎えられる．柳田国男のもとで農村民家の調査研究を行ったが，その後民俗学的手法を同時代の生活改善に生かすために，「考現学」を提唱．多数の風俗・生活風景を得意のスケッチで残し，その業績は現在の「生活学」の源流の一つとなっている．
8) 武基雄 1910年 (明治43年)～2005年 (平成17年)．1937年 (昭和12年) に早稲田大学理工科建築学科を卒業．石本建築事務所，早稲田大学講師を経て，1950年 (昭和25年) 助教授，1955年 (昭和30年)～1980年 (昭和55年) 教授．1955年 (昭和30年)，南極観測隊宿舎設計で有名．
9) 吉阪隆正 1917年 (大正6年)～1980年 (昭和55年)．1952年 (昭和27年) フランスのル・コルビュジエのアトリエに勤務．1957年 (昭和32年) ベニス・

ビエンナーレの日本館設計で芸術選奨受賞．1959年（昭和34年）早稲田大学教授．1973年（昭和48年）日本建築学会会長．日仏会館（1959）や八王子の大学セミナーハウス（1965）などで有名．

10) 古川修　1925（大正14年）～2000年（平成12年）．1947年（昭和22年）東京帝国大学第二工学部建築学科卒業後，国立公衆衛生院研究員．1952年（昭和27年）建設省建築研究所，1974年（昭和49年）京都大学工学部建築学科教授．1989年（平成1年）工学院大学工学部建築学科教授．『建築生産の歩み』(1959)，『住宅産業の基盤』(1971)等の編著がある．

日笠端　1920年（大正9年）～1997年（平成9年）．1943年（昭和18年）東京大学建築学科卒．戦後，復興院を経て1949年（昭和24年）建設省建築研究所に入所，都市計画研究室長を経て，1964年（昭和39年）東京大学都市工学科教授．1981年（昭和56年）退官．

下河辺淳．1923年（大正12年）～．東京大学在学中に終戦．戦災を受けた東京の都市社会調査を行う．1947年（昭和22年）同大学第一工学部建築学科卒業，戦災復興院に入所．その後すべての全国総合開発計画の策定に携わる．国土事務次官を経て，総合研究開発機構理事長，東京海上研究所理事長などをつとめた．1995年（平成7年）阪神淡路大震災の折には，阪神・淡路復興委員会委員長をつとめた．

11) 鈴木成文　1927年（昭和2年）生．1950年（昭和25年）東京大学第一工学部建築学科卒業，1955年（昭和30年）東京大学大学院修了．1959年（昭和34年）東京大学助教授，1974年（昭和49年）同教授．後にDKとして普及する「公営住宅51C型」を提案した．

12) 日本住宅公団は1955年（昭和30年）に設立された．

13) 浦良一　明治大学名誉教授．

14) 浜口ミホ　1915年（大正4年）～1988年（昭和63年）．中国大連で生まれ，1937年（昭和12年）東京女子高等師範学校家事科卒業．1938年（昭和13年）東京帝国大学建築学科聴講生．1939年（昭和14年）前川國男事務所に入所．1948年（昭和23年）「浜口ミホ住宅相談所」を開設，1956年（昭和31年）公団住宅にポイントシステム流し台を提案，1980年（昭和55年）建設省住宅審議会委員．女性建築家第一号として知られる．後出の浜口隆一とは1941年（昭和16年）に結婚．

15) 安部磯雄　1865年（慶応4年）～1949年（昭和24年）．明治～昭和に活躍したキリスト教社会主義運動家．

16) 松尾鉱山　岩手県松尾村（現八幡平市）にあった硫黄鉱山．1882年（明治15年）発見される．1924年（大正13年）中村房次郎を社長に松尾鉱業株式会社を創設され，東洋一の硫黄鉱山といわれるまでになった．最盛期には従業員4千人，鉱山の人口1万5千人を数え，鉄筋コンクリート造り完全暖房のアパート，県内一の総合病院や劇場などが建設され，中央から第一線の芸能人が来山した．近代

都市が出現し，昭和20年代には"雲上の楽園"と称された．1969年（昭和44年）に閉山．

17) 財団法人同潤会は1924年（大正13年）に創設された日本最初の公的住宅供給機関．関東大震災被災者への仮設住宅建設を行った．復興住宅に目処が立つと，1925年（大正14年）からは恒久的な庶民住宅を目指した．中でも事業の花形は鉄筋コンクリート造によるアパートメントハウス事業であった．また，好調だった勤め人向け分譲住宅の後を受けて，1933年（昭和8年）から工員向け住宅の分譲を開始した．勤め人向け分譲は1937年（昭和12年）で終了し，以後工員向け住宅を造り続け，資材不足で建築が不可能となる1941年（昭和16年）まで続けた．そして，同年，同潤会は住宅営団法により設立された住宅営団に吸収された．住宅営団は軍需産業に従事する工場労働者用住宅を大量に建築するのが目的で，実質的には同潤会が看板をかけかえたものだった．住宅営団による住宅供給は，団地方式で行われ，あらかじめ標準設計が定められ現場で調整する型計画を全国で実施した．当初5年間で30万戸（全国の住宅建設戸数の20％に相当）の建設を目標にしたが，2年目までの竣工が約2万戸であった．戦後，1946年にGHQにより解散させられた．活動期間はわずかだったが，ここでの供給方法が戦後の住宅大量供給に活かされていくことになる．住宅営団については市浦健が「戦時下の住宅営団」（大本圭野『証言日本の住宅政策』日本評論社，1991所収）という証言を残している．

18) 最小限住宅．コルビュジエが中心的役割を果たした近代建築国際会議（CIAM）第二回大会が1929年（昭和4年）にフランクフルトで開催された．この時のテーマが「最小限住宅」で，機能主義の観点から生活に最低限必要な要素を抽出整理し，人間らしい生活を営む十分で適正な平面規模を算出しようという運動概念だった．その背景には当時の住宅難があり，居住面積を可能な限り縮小し家賃を低減し，一方で住宅建設の合理化・規格化を進めることで，居住性を高めることが意図された．この第二回大会には日本からも前川國男が参加した．報告書は柘植芳男の翻訳により1930年に『生活最小限の住宅』として出版された．

19) ナショナルミニマムとシビルミニマム．ナショナルミニマムは1897年（明治30年）にイギリスのウェッブ夫妻「産業民主主義」の中で最初に唱えられた．労働者の生活保障について，ルール策定の必要性が論じられた．1942年（昭和17年）のベバリッジ報告書にも盛り込まれたが，ここでは最低生活費水準の所得保障を意味し，以後国民の最低限の生活費を意味するものとなっている．一方，シビルミニマムは1965年（昭和40年）に和製英語として登場したもので，都市型社会における「市民生活基準」を意味している．高度成長期の都市問題が深刻化する中で，都市型社会における市民自治による市民福祉の公準を定めようという運動の中から生まれた言葉で，政治学者の松下圭一が中心に提唱し多くの革新自治体で採用されていった．東京都が1968年（昭和43年）に策定した『東京都中期行政計画』は初めてシビルミニマムを政策化したものだったが，その後十分

に機能しなかった．

20) 浜口隆一　1916年（大正5年）～1995年（平成7年）．1938年（昭和13年）東京帝国大学建築学科卒業．1941年（昭和16年）前川国男事務所入所．1947年（昭和22年）東京帝国大学建築学科助教授．1957年（昭和32年）東大退職．1967年（昭和42年）日本大学建築学科教授．夫人は後にDKを生み出す建築家の浜口ミホ．

『ヒューマニズムの建築』では日本の住宅は機能主義によるべきとし，将来への住宅の具体的展望として「人間の社会的機能と生物学的持続の最小限を追求し，それを形成するのが最小限住宅の問題に他ならないのである．機能以外のだぶつきは徹底的に排除されるであらうし，また，機能な住宅で満足されなければならぬ．かくして機能主義といふことは最小限住宅の最も主要な性格なのである」(153-157頁) と記している．その上で，住宅の工業的生産により住宅難を克服する可能性があると続けており，当時の住宅運動の課題がどこにあったのかがわかり興味深い．

21) 鈴木成文氏は，1961年にまとめた小論の中で「1951年度型の標準設計の作成は，以後の集合住宅の住戸設計を方向付ける画期的な意義をもっていた．東大吉武研究室から提案された「51C型」の平面はそのままの形で採用され，後のいわゆる2DK型の原型として，以後の公共住宅の平面形式の基本となったのである．」と述べている．鈴木 (1988) 50-51頁．この他にも北川 (2002　158-161頁) はDKのルーツを様々な建築家の活動の過程として捉え，西山夘三，本城和彦，浜口ミホ等の役割について指摘している．

22) 公営住宅．公営住宅法は1951年（昭和26年）5月に制定された．立法化にあたり，当時住宅局住宅企画課長補佐だった川島博は「建築局は25年に住宅金融公庫法と建築士法と建築基準法と三つをいっしょにやった．だから住宅企画課内に余裕がなかったんです．26年になると暇になったので，それではひとつアメリカのまねをして公営住宅法でもつくるか，ということで簡単に決まったんです．つくらなくてもよかったんです．その翌27年，また手があいたからというので，宅地建物取引業法をやはり鬼丸さんと私とでつくった」．と述べている．大本 (1991) 272頁．この法案をめぐって建設省と厚生省の所管争いが行われ，行政一元化のもとに建設省が住宅行政を全面的に行うことになり，これを機に住宅が広い意味の福祉行政から離れていく．大本 (1991) 264頁．

23) 住宅金融公庫．住宅金融公庫法が施行された1950年（昭和25年）当時，建設省初代住宅局長だった前田光嘉氏は，終戦直後，低利長期融資資金を個人に貸し付ける金融機関が無かったことにふれ，「GHQでは，住宅に関する金融機関が必要であるといっているのだから，なんとかこれをものにしようと思い，これはもう予算を取ってそれを貸し付けるという制度しかないと考えたわけです．これまで全額政府出資による特殊金融機関なんて，だれも考えなかったことでしょうが，私の経験とカンで，これは全額政府出資にするほかはないと腹を固めたのです．」

と述べている．大本（1991）240-241頁．

24) 住宅公社．1950年（昭和25年）に住宅金融公庫が発足すると，その貸付金の受け皿として各地に多くの住宅協会や住宅公社が設立された（東京府住宅協会などは大正9年発足で，設立時期がまとまっているわけではない）．これら団体を特殊法人化する目的でつくられたのが昭和40年に施行された地方住宅供給公社法である．

25) 近隣住区論．ペリーが1929年に提唱した近隣コミュニティを成立させるために必要な住区の原則を示したもの．日笠（1997 104頁）によれば「ペリーの計画で示した内容は，あくまで原則にとどまる理論であって，それをそのまま実際の計画に転写するような杓子定規な適応をすれば，自ずから実情にそぐわない点がでてくるのは明白であり，そのような点を議論するのはペリーの意に反するものであろう」と述べている．そして同書の中で，自らが1953年（昭和28年）に発表した一文を引用し，今後の都市計画における住宅地計画の方向としてコミュニティの問題を①日本ではコミュニティの基盤がないため，「まずphysicalな面で生活に利益をもたらし，生活水準を高める目的，住宅地の公共施設の整備とその適正配置の実現手段として，住宅地計画（コミュニティというのは不適当であるかもしれない）を都市計画として決定する必要がある．」②住宅地計画の単位の最小単位を大体小学校区程度とする ③大都市においては，人口3～5万人程度を一つの住宅地計画単位と考える，④上の単位ごとに集会室をもつ文化施設を整備し，将来のコミュニティ・センターに育て上げる旨を述べている．日笠（1997）175-176頁．

26) 住宅建設五箇年計画．『建設省五十年史』によると「1954年（昭和29年）に成立した鳩山内閣は，重点施策の第一に「住宅政策の拡充」を挙げ，1955年度（昭和30年）を初年度とする住宅建設十箇年計画を策定した．この計画，昭和30年度当初における住宅不足数を270万戸と推定し，これを10カ年で解消するとともに毎年の新規需要25万戸を充足することを目標とした．計画実施の重要な担い手として，公営住宅建設の伸び悩みの原因である資金難と宅地難をカバーし，大都市地域を中心に広域的な住宅供給を行うことを目的として，昭和30（1955）年7月に日本住宅公団を設立した」．その後1956年（昭和31年）に発足した石橋内閣では，十箇年計画を短縮して1957年度（昭和32年）を初年度とする「住宅建設五箇年計画」（昭和36～40年），続いて「住宅建設七箇年計画」（昭和39～45年度）が策定された．1966年（昭和41年）には住宅に関する総合的な計画立法として住宅建設計画法が制定され，昭和41年度から平成17年度まで第八期まで住宅建設五箇年計画が策定されてきた．平成18年に住生活基本法が制定され質を重視した住生活基本計画が10年単位で策定された．

27) 全総．全国総合開発計画の略．1962年に始まった全国総合開発計画（一全総）では，全国に新産業都市と工業整備特別地域を設定した．以後，第二次全国総合開発計画（二全総，1969），三全総（1977），四全総（1987），五全総（1998）

が策定された．国土総合開発法は2005年に，国土の質的向上を図ることを目的とした国土形成計画法に改正された．

28) 首都圏整備委員会．1956年（昭和31年）に首都圏整備委員会が発足し，1958年（昭和33年）に首都圏整備法に基づいて基本計画を定めた．この第1次基本計画は東京への人口・産業集中に対応するために，大ロンドン計画を模してグリーンベルトを設定した．1965年（昭和40年）に計画は改訂され，第2次基本計画が，1976年には第3次基本計画が策定された．ただし，1974年（昭和49年）に国土庁が発足すると，首都圏整備委員会は統合された．

29) 資源調査会．資源の高度利用と保全を行政・経済面で反映させることを目的として，1947年（昭和22年）経済安定本部に設置（名称：資源委員会）された附属機関で，1956年（昭和31年）科学技術庁の発足に伴いその附属機関となり，現在は文部科学省の審議会となり継続している．

30) 首都圏整備委員会により策定された第1次首都圏整備計画を指す．この点について，山東良文氏は，人口の過密から地方への分散をねらって1944年にアーバー・クロンビーによって策定されたグレーター・ロンドン・プランを模した旨を記している．山東（1996）218-219頁．

31) クルドサック．住宅地計画において歩車分離を行うために一方が袋小路になった道路．

32) 新住宅市街地開発法．1963年（昭和38年）住宅用地の取得難を解消し，宅地価格の安定を図るために，住宅用地の大量かつ計画的な供給を目的に同法を制定した．多摩ニュータウンは新住宅市街地開発事業の第1号となった．

33) 山東良文　1923年（大正12年）生まれ．1948年（昭和23年）建設省入省．1960年（昭和35年）日本住宅公団宅地部企画課長，1962年（昭和37年）首都圏整備委員会事務局計画第1部企画課長，1965年（昭和40年）建設省計画局総合計画課長．その後，同省河川局河川総務課長，都市局都市高速道路公団監理官，経済企画庁総合開発局参事官，首都圏整備委員会事務局計画第一部長，国土庁長官官房審議官，国土庁大都市圏整備局長，住宅金融公庫理事などを経て，現在（財）地域開発研究所顧問．

34) 石田頼房　1932年（昭和7年）生まれ．1961年（昭和36年）東京大学大学院建築学専攻博士課程修了．東京都立大学教授，工学院大学教授などを務める．

35) 石川栄耀　1893年（明治26年）～1955年（昭和30年）．近代日本都市計画の基礎を築いた．1918年（大正7年），東京帝国大学工科大学土木工学科を卒業．都市計画地方委員会技師として名古屋に赴き，戦前の名古屋の都市計画の基礎を築いた．東京に異動して後，敗戦直後の東京戦災復興計画策定の中心的役割を担った．後，早稲田大学教授．

36) 拠点開発論．1962年（昭和37年）閣議決定された全国総合開発計画で用いられた開発方式．「目標達成のため工業の分散を図ることが必要であり，東京等の既成大集積と関連させつつ，開発拠点を配置し，交通通信施設によりこれを有機

的に連絡させ相互に影響させると同時に，周辺地域の特性を活かしながら連鎖反応的に開発を進め，地域間の均衡ある発展を実現する」というもの．これが1969年（昭和44年）に閣議決定された新全総になると開発方式として「大規模プロジェクト構想」，すなわち「新幹線，高速道路等のネットワークと大規模プロジェクト方式により，国土利用の偏在を是正し，過密，過疎，地域格差を解消する」ことが打ち出される．下河辺（1994）75頁．

37) 1965年プラン．日本住宅公団が1965年（昭和40年）に策定した「多摩ニュータウン開発1965」を指す．

38) ワシントン首都圏の2000年次を目標として1961年に策定されたプラン．ワシントンを中心に放射線状に人口10万人程度の住宅単位を配置し，各セクターの間には緑地が残され，高速道路は放射・環状型に組み込まれている．ただし，計画は構想レベルにとどまり，計画通りに開発は行われていない．

39) 角本良平　1920年（大正9年）金沢生まれ．1941年（昭和16年）東京大学法学部卒業．鉄道省入省．運輸省都市交通課長，国鉄新幹線総局営業部長，運輸経済研究センター理事長，早稲田大学客員教授などを歴任．交通評論家．

40) 住宅建設五箇年計画で定められる最低居住水準．最低居住水準の推移については，大本（1991 868-884頁）が詳しい．

41) 『建設省五十年史』によると「民間金融機関の住宅資金貸付は，昭和41（1966）年度の残高において公庫5,600億円に対し1,400億円に過ぎなかったが，45年度にはその10倍以上の1兆8,000億円に達しており，また制度面でも，42年頃から個人の信用を補完する生命保険付ローンが登場するなど，改善が進められている」と記されている．(1998) 496頁．

42) 第一次石油危機．過熱した景気に1973年（昭和48年）10月の石油価格引き上げが重なり，狂乱物価と呼ばれるインフレが現出した．政府は総需要抑制政策をとり1974年度（昭和49年）予算は公共事業費は伸び率ゼロに抑えられた．

43) 『日本住宅公団史』には借入れ状況について次のような記述がある．「公団の事業資金として借り入れる民間資金については，昭和30年度以降，国の一般会計予算総則において，政府の元利金支払保証及びその限度額が規定され，財政投融資計画に計上されてきた．40年度からは，このほかに政府保証のない民間資金も導入されるようになったが，現実には政府のあっせんにより資金調達が行われるため，この民間資金も財政投融資計画に組み入れられていた．なお，昭和48年度から政府保証のない民間資金は，財政投融資計画から除外されることになった．また，48年度以降，公団の民間資金借入れについては，政府保証が付されていない．民間資金の借入先は，生命保険会社20社，損害保険会社20社（昭和30年度借入分のみ），信託銀行7行，農林中央金庫である．借入金利は，政策協力的な金融であることから，民間資金の長期貸出最優遇金利よりやや低くなっている．生命保険会社からの借入れは，公団発足以来，昭和54年度まで借入累計は1兆4,452億円，借入残高は5,157億円である．」(1981) 408-409頁．日本

住宅公団の借入金推移は170頁の図を参照．
44) 耐震強度偽装問題．
45) 適合証明機関．購入住宅が住宅金融支援機構が定める独自の技術基準に適合していることを証明し，適合証明書の交付を行う検査機関．
46) 新都市計画法．1968年（昭和43年）成立．市街地開発事業等予定区域について定めた第12条の2には「区域の面積が20ヘクタール以上の一団地の住宅施設の予定区域」が予定区域の要件として定められている．
47) 飛鳥田一雄　1915年（大正4年）～1990年（平成2年）．横浜市議会議員，神奈川県会議員を経て，1953年（昭和28年）衆議院議員当選．社会党左派に属する．1963年（昭和38年）に横浜市長に当選し革新自治体のリーダー的存在となる．1977年（昭和52年）から1983年（昭和58年）まで社会党委員長を務めた．
48) 申し出換地．事業者が所有している土地の中から，換地を行う土地所有者が希望する土地を指定（申出）し，その地権を交換する手法．以後，現在の土地区画整理事業で多く取られる手法となった．
49) 田村明　1926年（昭和1年）生まれ．東京大学工学部建築学科，同法学部卒業．運輸省，日本生命，環境開発センターを経て1968年から1981年まで横浜市企画調整局長等で6大プロジェクトの推進など押し進めた．その後，法政大学法学部教授．田村（2006　205-206頁）で，港北ニュータウンについて次のように述べている．「市街化したくない所では，積極的に農業の継続も考えた．始めからニュータウン事業のなかに農業まで織り込んだものは港北ニュータウン以外にはない．市街化された部分は，結果的には多数の住宅が立ち並び，ほかと変わりはないようだが発想が違う．だから多摩ニュータウンのように，土地を全面買収する（新住宅市街地建設法（ママ））による方式は始めからとらない．在来の地主も多数含んで協働して行う区画整理方式をとっている」．港北ニュータウンの住民参加方式を推進したのが「港北ニュータウン開発協議会」で当事者による徹底的な討議が行われた．

第9章

東京都政から見た多摩ニュータウン事業

青山 佾

<プロフィール>

1943年（昭和18年）生まれ．1967年（昭和42年）東京都庁経済局に入る．中央市場・目黒区・政策室・衛生局・都立短大・都市計画局・生活文化局等を経て、高齢福祉部長、計画部長、政策報道室理事等を歴任．1999年（平成11年）から2003年（平成15年）まで石原慎太郎知事のもとで東京都副知事（危機管理、防災、都市構造、財政等を担当）．2004年より明治大学公共政策大学院ガバナンス研究科教授．

多摩ニュータウンとの関係

――都庁に入り、どのような部署、仕事をされてきたのでしょうか．

青山 私が都庁に入ったのは1967年（昭和42年）4月1日です．辞令は東竜太郎知事からいただきました[1]．当時は東京都の職員研修所は浜松町の駅前に木造のバラックがありまして、そこから電車が見えました．そこで4月に研修を受けている時に、美濃部さんが当選したということで、みんなで拍手をした覚えがあります．最初の配属先は経済局商工指導所で銀座2丁目にありました．これは事業所といっても、都内全域を対象とした中小企業を指導する所ですので、最初から多摩にもよく通いました．そこに3年おり、その後、経済局商工部調査課、総務部調査課と歩きまして、1973年（昭和

48年)に管理職試験に合格した後に,中央卸売市場の施設整備の係長となった.その時に多摩ニュータウンに日参したわけです.というのは1965年(昭和40年)都市計画法の全面改正によって,卸売市場が都市施設になり,都市計画決定をしなければならなくなった.そこで,今の多摩ニュータウン市場6haについて都市計画手続きをするということで,多摩市役所に通い始めました.あの時は,多摩ニュータウン市場の都市計画決定と用地買収だけでまるまる1年,毎日のように通いました.当時,都市計画課長がちょうど多摩ニュータウンに住んでいる大崎本一さんで,都市計画課長を6年やった方です[2).その方から,新しい都市計画を教わって都市計画手続きをしていたわけですね.その時の都市計画施設係長は仲田勝彦さんといって,やはりその畑の人でした.ですから,私が都市計画法の手続きとか解釈とか間違っていたとしたら,当時都市計画法の神様と言われた大崎本一さんと仲田勝彦さんの責任なんです(笑).

当時は聖蹟桜ヶ丘からバスで行きました.多摩市役所の係長さんも私より若い方で,非常に市役所全体が若かった.

――1974年(昭和49年)は,ストップしていた住宅建設が再開した年ですね.

青山 そうです.当時,6haの市場が大きいか小さいかという議論を盛んにした記憶があります.多摩市議会の全員協議会を何度か開いていただきまして,「卸売市場とは何か」など,そういう所から説明した記憶が鮮明にあります.

――卸売市場というのは交通網が整備されていないとならないと思いますが,その当時道路はあったのですか.

青山 卸売市場は尾根幹線道路に面して計画されましたが,反対意見としては尾根幹線が環状9号線道路につながる,だから反対だという強い意見を,

行くたびに言われた経験があります[3]．それと，あの卸売市場が多摩ニュータウンのためだけではなく，南北多摩全体および川崎，横浜のためということがあり，自動車交通量が相当増えるのではないかということを市議会でもかなり追及されました．卸売市場に隣接する清掃工場についても同じような議論をしていたのですが．公園や緑もそうですが，私たちとしては，周辺と多摩ニュータウンとのまちとしての連携関係があるわけだから，当然，卸売市場としても周辺からの集荷とか周辺への集散機能があってよいということで，真正面から対立しまして，議論をした記憶があります．それは多摩ニュータウンの機能論そのものでしたが．

　つまり，孤立した，周辺と隔絶したまちではなく，周辺との交流がある．すると，相互依存関係になるということで，多摩ニュータウンが周辺のまちから恩恵を受けるし，多摩ニュータウンが周辺のまちに貢献をする場合もある．卸売市場も広域的ではなく地域的な集散市場という機能を果たすことによって多摩ニュータウンの人々の生活も豊かになるというのが私たちの考え方でした．

　それに対して，反対なさる方は，交通発生量，幹線道路の整備につながるということで反対なさっていた．また，6haも必要なのかという議論もあり，多摩ニュータウンにつくる以上は，緑豊かな市場と，卸売市場であっても消費者に直結した生活機能をもった市場が必要だと，そういう説明をした記憶がありますね．

　経歴に戻りますと，その後，目黒区役所の経済課の係長を2年，東京都の政策局，当時は政策室と言いましたが，そこに移り，調整役の係長や秘書係長，報道課の主査をしました．政策室に移ったのは1976年（昭和51年）12月で，それから3年間いました．

　1976年（昭和51年）というと美濃部都知事の頃で，1979年（昭和54年）4月に鈴木俊一都知事に代わります．その年の12月に衛生局の課長で，府中病院のキャンパスの神経科学総合研究所に移り，そこに3年いました．それから当時の都立立川商科短大の教務課長を2年やりました．ですから，多

摩には非常に長い間関係をもったことになります．

美濃部都政は多摩ニュータウン事業に消極的だったのか

——その間，多摩ニュータウンには紆余曲折があったわけですが，美濃部都知事の時に，多摩ニュータウンに対して冷たい風が吹いたような気がするのですが，そんなことはなかったのでしょうか．

青山 当時は二つありまして，一つは公明党が都議会で多摩ニュータウンの土地造成費予算を凍結したことがあります．当時はまだ東京中が住宅難でした．その中で，住宅のための土地造成をする来年度行う予算があるのならば，それで今年度，区内に都営住宅を建てるべきだという論理で凍結されたことがありました．

——それは美濃部都政の第一期で，与党不安定な時期ですね[4]．

青山 そうです．それで，その年度においては，都営住宅の建設に努力するということで，多摩ニュータウンの土地造成費を認めていただいたという経過があります．

それから二つめは，ロブソン報告です．これが1969年（昭和44年）．ロブソンは当時ロンドン大学の名誉教授で，二度目の来日ですが，この時『東京都政に関する第二次報告』，いわゆるロブソン報告を提出する．私たちは第二次報告の方を「ロブソン報告」と言っているのですが，その中でこう述べています．

> 「ニュータウンというものの本質的特性はある規模の計画された都市の中に近代的都市生活における主要な四つの要因，即ち働く場所，家庭，社会生活上の諸サービス，およびリクリエーションのための施設を具体

的にすることにある.」

　そういう報告を出しました．これを受けて美濃部知事としては，多摩ニュータウンはベッドタウンでは駄目だ．働く機能がなければいけない．そういうことを言いまして，働く機能を有するまちを目指すということで計画が一時，凍結というわけではないのですが，土地造成事業等は進捗しないように見えた時代があるということだと思います．

――それは，企業もとうてい立地しないだろうという思いがあったのですか．

　青山　当初は，新住宅市街地開発法が1963年（昭和38年）に公布され，多摩ニュータウンの都市計画決定は1965年（昭和40年）でした．この時は計画人口30万人で，事業面積は2,962haという内容だったわけです．なぜそういう計画になったかと言いますと，当時は住宅難が非常に深刻でした．ですから，当然，多摩ニュータウンに新住法を適用する以上は，今考えると30万人は過大かもしれませんが，当時としては，これだけの面積をこれだけのお金をかけてする以上は，やはり30万人．後に43万人という計画の時代もあったわけですけれど，結局30万人で落ち着いたのは，「それぐらいは住まわせなければ」という論理があり，住宅難に押されたわけですね．

　ところが，一方では美濃部都政の一つの特色だったと思いますが，かなり先駆的に生活の質の豊かさを追求する，21世紀的な夢を語るという側面がありました．それから言うと，やはり，「都心から40km離れた所にあるベッドタウンというのはおかしい」という，強烈な主張があったわけですね．結果的には，私たちの言葉で言う，業務機能を貼り付けるという計画に少しずつ変更されていったということがあったと思うんですね．

――新住法が改正されたのが，1981年（昭和56年）でしたね．それまでは

業務機能の貼り付けにストップがかかりましたでしょう[5]．新住法をもう少し弾力的に運用して，業務機能を貼り付けることが可能だったのではないかと，今から考えると建設省が頑なな運用をしたようにも見えるのですが．

青山 これは頑なに見えたかもしれませんが，当時の私ども都庁にいる者の実感としては，やはり住宅難の解消という目的の方が大きかった．それからもう一つは美濃部都政になっても都営住宅が建たない．計画戸数が常に計画倒れだった．これはかなり攻撃も批判もされました．

——それは都民からの批判ですか？

青山 都議会ですね．特に自民党からかなり強烈に「計画倒れだ」と批判されました．「都営住宅をこれだけ建設する」と言っても建たない，と攻撃されていた記憶が鮮明にありますね．

それから，もう一つは，多摩ニュータウンに対する住居に対するあこがれみたいなものがありまして．最初が永山と諏訪ですが，ここは1971年（昭和46年）の入居開始ですね．美濃部都政が300万票を取って2期目が始まった頃に，諏訪・永山の入居も始まった．その頃，私も，よく諏訪団地，永山団地を見に行きましたけど，とにかく鉄筋コンクリートで水洗トイレがある．当時の東京は水洗トイレではなかったわけですからね．そういう意味では，実に近代的な，ある意味では欧米風の生活が多摩ニュータウンの生活だったわけです．そういう意味では，まず住宅が足りない，とにかく住宅という社会的要求があったことは，何党がということよりも，実際に社会の要求だったと思うんですね．

——その時に，東京問題調査会がロブソンと連携する形で，多摩ニュータウンの計画人口を43万人にしろと提案するわけですね．

青山 ありました．43万人ですね．

――そのあたりの政策過程はどうご覧になりましたか．

青山 住宅不足で住宅の大量建設という政策要求と，それから一方で，多摩ニュータウンの一種の自然破壊的な側面はかなり批判されました．ですから，それに対して，自然をなるべく残していくという要求と．それとは全然別の角度から業務機能を貼り付けるべきだという意見が割り込んできた．そういう構図だと思いますね．

――別の角度からといいますのは？

青山 ロブソンの場合の業務機能を貼り付けるべきだと，まちというのは住むだけではないんだというのは，観念的には非常にわかるんですけど，当時は，そういうコンパクトなまちとしての機能という議論はほとんど無かったので，かなり意外性をもって受け入れられたと思いますね．それから，あまり現実的ではないように感じていましたね，私たちは．理屈では分かるんですけどね．

――そういう点では，都留重人氏も，美濃部都知事も，生活の質とか，新しい生活様式というものを郊外で実現してみたい．やるなら，多摩ニュータウンでやってみよう．そういうことで転換したと考えていいのですか．

青山 はい．そのように考えていいと思います．多摩ニュータウンというまちは，そのまちが早くできることが生活の質の向上であるという観念が，一方であったと思いますね．その間の政策の意思決定過程のプロセスとしては，計画人口30万人か43万人かという論争と，業務機能を貼り付けるべきかどうかという話と，住宅不足を一刻も早く解消すべきであって美濃部都政

はその住宅の計画について計画倒れであるという批判と，その間で押し合って，30万人で収斂していったという，そういう印象ですね．

美濃部都政のブレーン

——多摩ニュータウンに美濃部都知事のイニシアティブがあったことはよくわかりました．ただそれが，美濃部知事なのか，ブレーンの役割を果たしていた小森武氏なのかよくわからない所があります[6]．美濃部都知事の都市計画の考え方と，ほとんど黒子で表に出ない小森氏の都市計画の考え方の間で，南多摩新都市開発本部の方はどういう調整をされていたのでしょうか．

また，その背景として，1968年（昭和43年）から1974年（昭和49年）ぐらいまでの都議会議事録を読みますと，水問題，ゴミ問題，物価問題，等とどんどん23区の都市問題に忙殺されていったことが分かります．その中で，実験的にニュータウンをつくっていくという計画思想が，美濃部，小森の中でどういう変遷を辿っていったのでしょうか．

青山 小森さんについて言えば，私は1976年（昭和51年）から3年間，政策室にいまして，その間の丸二年間は秘書係長をしていましたので，重要な会議に出入りしたり，おつかいに行った記憶があります．その時の印象では，小森さんは国立に住んでいましたから，多摩に非常に詳しくて土地勘もあり，多摩ニュータウンにも知っている人がけっこういた．もともとが市民活動家ですから．そこで，永山という話になるのですが，小森さんは永山団地には非常に関心をもっていたという印象がありますね．

——それは住民運動を積極的な目で見るという点からですか．

青山 いや，両面あったと思いますね．小森さんは美濃部都政を守り，発展させるという，そういう立場ですから．当時の永山の活動は，そういう先

鋭で鋭い，非常に先駆的だったんですよ．市民活動，というより，当時は住民運動でしたね．それは，私たち都政から見てもそうなのと同様に，小森さんから見てもそうだったと思いますけれど．そうやって新しくできたまちの住民が，何を考え，何を発言していくかということは，美濃部都政から見ると重大な関心事だったと思いますね．それは，間違いなく重大な関心事でした．

――それは当時の保革伯仲，なおかつ，議会の中に有力与党を持たなかったということと大きく関係していますか．

　青山　そうだと思います．だから，美濃部都政としては，都民世論をバックに仕事をするしかなかったわけです．そういう意味からすると，永山団地の住民運動というのは，人数的には極めて少数だけど，政治的には大きな存在でした．

――パイロット的な存在ですね．

　青山　はい，そういう意味ですね．それと，都庁的に見ても，新たに丘陵地帯を開いて団地ができた．その団地の住民運動がどのような方向に向かって何を発言するかということは，東京全体のまちづくりに影響を与えるようなそういう存在だったですね．だから，私などは，記憶が鮮明なんですよ．永山団地の住民運動については．一つのシンボルだったんですよ．美濃部都知事の「広場と青空の東京構想」の，青空は公害が無いということですが，広場というのは市民参加なんですよ．しかも，直接民主主義なんですよ．そういう意味からすると，永山団地の存在は質的に大きかったです．

――すると，その情報が都政にフィードバックされて，教訓として活かされたということはありますか．

青山 問題は，そこですね．永山団地に住んでいる人たちから私どもは「自然を守れ」と強く言われた記憶があります．それが特に具体的には尾根幹線反対運動という形で表れていたわけです．その影響はあったと思いますね．もしあの運動が無ければ，あの道路はそういう道路として計画されもっと車線は増えていたでしょう．そういう意味では多摩ニュータウンのまちづくりに大きな影響を与えたのではないですか．特にオリンピックの後で，環状七号線が一種の公害道路となっていましたから．本来生活道路だったんですけど，他の環状道路が一切できない中で環七だけが開通したので，環七が公害道路の象徴のように言われた時期がありましたね．まだ環七，環八しか開通していませんから．計画されたのは1927年（昭和2年）ですからね．環1〜環6がまだできていないわけですから．そういう時代でしたから，永山団地の動きはいろいろな意味で象徴的だった．

――首長にはブレーンがいますね．美濃部さんなら都留重人さんかもしれない．そういう点から見ると，時のブレーンの学者たちというのは時代とともにどういう風に変わって関わっていったのでしょうか．

青山 多摩ニュータウンについて言えば，ロブソン報告が非常に大きな衝撃でしたよね．そして，小森さん自体が学者でしたからね．小森さんにブレーンがいたかというと……．大内兵衛さんは美濃部さんが非常に尊敬されていましたけれど．あとは高橋正雄さん[7]．小森さんは都庁には来なかったから，高橋正雄先生に，美濃部さんの近くにいてほしいということで，顧問ということでね．よく会議にも，高橋正雄先生は同席なさっていて，やっぱり高橋先生がいると，美濃部さんも安心する．そういう雰囲気はありました．具体的に，ゴミ戦争の時には高橋正雄先生に表舞台に立つようにお願いしましたね．多摩ニュータウンのような問題については，具体的な政策発言は，私が知っている限りでは無いですけどね．

——すると，ニュータウン関係のブレーンは都留先生ですか？

青山 どうでしょうねぇ．

——当時から，生活の質とか，環境とか，GNP ではないよ，と都留さんよくおっしゃっていましたよね．そこら辺では，美濃部さんとは肌が合うのかなと思っていたんですが．

青山 都留さんは，美濃部都政全体としては頼りにしていたと思います．美濃部さんもそうだし，小森さんもそうだと思います．ただ，具体的な政策提言を私は知らないですけれど．

——鈴木都知事の時は，どなたがブレーンだったのですか．

青山 鈴木さんはご自分がブレーンでした (笑)．

企画調整機能をもった出先機関

——そうしますと，当時の多摩ニュータウンに関わる二つの部局が首都整備局と住宅局ですが，その間の関係はどうだったのでしょうか．また，それらと国・建設省というタテの関係はどうだったのでしょうか．

青山 東京都はですね，南多摩新都市開発本部を 1966 年（昭和 41 年）12 月に発足させています．私たちは「なんたま」と呼んでいたのですが，有楽町に赤煉瓦の庁舎がありまして，それもまた私は鮮明に覚えておりますけれど，この組織が実際にはやっていたわけです．住宅局の方は，とにかく都営住宅の戸数を稼ぎたいというのが最優先．それに対して，南多摩新都市開発本部は住宅局の出先機関的な位置付けだったのですが，逆に南多摩新都市開

発本部の方が自然とロブソン報告と住宅とを総合的に考える役割を果たしていました．そういう印象でしたね．現場事務所だけれども，そこで統括している．当然そこで上下水道，清掃工場から卸売市場など現地で総合的に統括している．

——出先では，住都公団もいろいろとプランニングを出すし，新しい住宅の設計アイデアなんか出しますから，競争関係ですね．おれたちもやってやろうかというそういう雰囲気は南多摩新都市開発本部にあったのですか．

青山 南多摩新都市開発本部にはあったと思います．企画部というのがありまして，そこは一つの多摩ニュータウンという限られたエリアについてですけど，住宅からオフィスから都市施設からインフラからライフラインまでを総合的に扱う．そういう機能をもっていたわけです．ですから，むしろ住宅局は本庁なのですが，南多摩新都市開発本部の企画部の方が総合的に扱っていたんです．

それと，建設省と日本住宅公団との関係でいうと，日本住宅公団も南多摩開発局を現地に置いていた．ただ，それは一地主であり，一事業者である．南多摩新都市開発本部の企画部から見ると，そういう印象ですね．基盤整備を総合調整するのが南多摩新都市開発本部で，都庁の職制としては出先局なのですが，実際の機能としては，例えば私が中央卸売市場で都市計画決定をするために，総合調整機能をもっている所として実感できる部門は南多摩新都市開発本部の企画部でした．

例えば，卸売市場用地でいうと，大部分を住宅公団の用地を購入したわけですけれど，それは，地主さんと交渉する．そういう印象でしたね．

——すると，こう考えていいですか．南多摩新都市開発本部は行政の出先としていろいろな権能をもっているけれど，日本住宅公団は国の出先機関であり執行機関である．そうすると都の方が意識としては上で，全体のマスター

プランを考えるのは都の方でやって，その中で，ここは住宅公団がやりなさいと，そういう意識で動いていたと考えていいですか．

青山 その通りだと思います．

——もう一つあるのですが，住宅公団は財政投融資資金を使っているわけですが，都の場合はどういう形で資金を調達なさっていたんですか．

青山 当時は特別会計をもっていました．

——特別会計をもっていたということは，当時の美濃部都政は多摩ニュータウン開発に対しては，一歩踏み出していたと考えていいわけですね．

青山 それは美濃部都政時代ではなくて，南多摩新都市開発本部ができた1966年（昭和41年）12月ですから，むしろ，東都政からの時代のペースですね．実際に会計がいつできたかは別として，あのエリアについては南多摩新都市開発本部が事実上調整機能をもつという実態ができたのが1966年（昭和41年）12月です．

——もし東都政時代にそういう特別会計ができていなかったら，美濃部さんの時にそういう特別会計をつくるスタンスがあったと思われますか．

青山 組織の発足と特別会計がいつできたかは，ずれている可能性があるのですが，それはあまり重要ではないのです．いずれにせよ，東京都のやり方から言うと，後に臨海副都心開発事業を行った時も臨海特別会計をつくっています．特別会計をつくるというメリットは，そのエリアについて都市施設の建設や用地の造成から土地の売買まで一括してできるという，技術的で行政実務的なメリットですので，それ自体はあまり政治的意味はないと思い

ます．

——やりやすかったことは確かなんですね．

青山 それはもう．実務的にはそうしなかったら，できないと思います．

——その構図の中で，首都整備局はどのような役割を果たしたのでしょうか．

青山 むしろ，首都整備局のもっている東京の総合調整機能は，多摩ニュータウンについては，南多摩新都市開発本部が事実上の調整機能をもっていたというふうに，実際上の力関係はそうなっていました．

——現在，開発初期の資料を見ていますと，プランニングはほとんど首都整備局，山田正男さんですね，そちらのラインでやられている印象を受けたもので．

青山 それは，1966年（昭和41年）12月よりも前の話でしょう．

——その後は，権限が住宅局の方に移った．

青山 ええ．都市計画決定の権限は首都整備局にありますから，都計審とかですね．そういう手続きは首都整備局でやっていましたが，事実上は南多摩新都市開発本部が総合調整機能をもっていたということです．
　もう一つ言っておかねばならないのは，1966年（昭和41年）12月が本部の発足なんですけど，同時に，途中でこの本部の性格が変わったというか，1970年（昭和45年）7月，ですから約4年後に強化されているんですね．この時に企画室ができています．南多摩新都市開発本部という局なのですが，出先事務所的なものなのに，その中に企画室ができます．これがまた，ロブ

ソン報告を受けて，多摩自立都市と言い始めた時期なんですね．

――企画室をつくった目的というのは何だったのでしょう．

青山 それは，この限られたエリアについては調整機能をもつということなんですね．なぜかというと，この時に，企画室の他に管理部，これは庶務と経理をもっている．それと建設計画部，これは区画整理をやる．それから宅地造成事務所，これは宅造をやる．区画整理事務所は区画整理をやる．というふうに，南多摩新都市開発本部が局としての実力を備えたのが，この時なんですね．

――企画室ができるということは，都の行政から見ると異例のことなんでしょうか．

青山 異例では無いのですが，職制上，条例局ではなくあくまでも住宅局の出先局なんですけれど，それは形式であって，事実上は一つの局であると考えていいわけですね．つまり，企画室と管理部をもっている．それと宅地造成と区画整理の事務所をもっている．極めて限られたエリアだけですけど，局としての体裁と実力を備えた．

――そういう，軍でいうと関東軍のようなものが(笑)，何年まで続くんですか．

青山 1990年（平成2年）8月まで，南多摩新都市開発本部が続くわけです．8月に多摩都市整備本部となり，多摩ニュータウン以外も扱うということになる．これは一つの経過措置で，2002年（平成14年）4月の多摩都市整備本部の廃止につながっていく．だから，そういう意味では，南多摩新都市開発本部という形で，あの限られたエリアについて，都庁的には局として

の機能をもっていたのは1966年（昭和41年）12月から1990年（平成2年）8月までということですね．

—— 都市計画局長としていろんな所に目配せが必要なのでしょうが，特に多摩ニュータウンの整備という点では，どのような所にポイントを置かれましたか．

青山 私が，ということではないですが，一つは宅地造成に対する批判というものがあったわけです．もともと雑木林で良好な丘陵地帯であった所に，一旦木を切り倒して，宅地造成を行い，また細い木を植えるということにかなり批判された記憶があります．当時は，「細い木が今に繁る」と言っていました．その例として挙げていたのが明治神宮で，あそこは大正時代まで土埃が舞うグラウンドだったんですから．多摩ニュータウンもああいう森になります．そういう説明をしても，まったく受け入れていただけなかった．

それから，とにかく永山団地と諏訪団地はできました．今度は住民がでてきたわけです．その住民が21世紀的で市民権利意識の強い方でした．特に，永山団地が鋭い意見を出していました．特に，市場は反対されましたね．結局，市場は尾根幹線を造るため．尾根幹線にたくさんの都市施設がぶらさがると，良好な住宅タウンではなくなる．「尾根幹線にぶらさがる」，そういう表現をなさいましたね．そして，その突破口になるのが卸売市場だと，批判をされた記憶がありますね．

それに対して，オフィス機能とか業務機能については，私たちは，バランスの問題だと考えました．ただ，一方では昭和40年代，50年代，切実に住宅不足問題がありました．実際の美濃部都政の行財政三箇年計画というのを毎年のようにローリングしていたわけですが，その中で計画した住宅戸数が，ほとんど達成されない時代が長く，それが常に美濃部都政のウィークポイントになっていた時代です．やはり，永山団地，諏訪団地に加えて，なるべく早く近代的な住宅を造っていきたいということが一点．それともう一つは，

聖蹟桜ヶ丘から諏訪・永山まではバスで行く他なかったので，通勤に時間がかかりまして，都心まで2時間通勤と言われた時代が長かった．京王線，小田急線，今は橋本までつながって夢みたいですけど，とにかく鉄道利便性を向上させる．一番気を遣ったのは，自然を守りながらまちをつくるということと，そうであっても，なるべく早く住宅戸数を稼いでいくということと，そのためにも鉄道利便性を向上させる．その三点が，歴代都政の最重点課題だったと思いますね．

三多摩格差の問題

――当時，全国の市で「団地受け入れお断り」ということで，宅地開発要綱を結んで何年かは学校を含めた基盤整備を面倒見るということで，多摩の場合も関係市は宅地開発要綱をつくりましたし，1974年（昭和49年）の行財政要綱に結びつきます．その時，都は思い切ってこの先の面倒を資金的に見ると言い切っていますが，そこを積極的に変えたのはなぜだったのでしょうか．

青山 当時は，三多摩格差が政治問題になっていたことが背景にありまして．三多摩格差の解消が一番強く要求されたのが，1975年（昭和50年）3月に東京都市町村協議会という都知事と市長会の代表で，三多摩格差の是正方針というものを決定しているんですね．そういう流れが背景にあったと思います．その三多摩格差は8課題なんですが，義務教育施設が足りない，公共下水道が通っていない，人口当たりの保健所が多くない，病院，診療所が足りない，道路が未整備である，図書館・市民集会施設が少ない，国保料・保育料が高い．この8点が三多摩格差の8課題ということで，東京都市町村協議会でそれを是正していくという方針が出されました．これが，当時は政治的課題として都政の重要課題の一つだったわけです．そういう背景があったんで，多摩ニュータウンを円滑に建設していくためには，三多摩格差を多摩ニュータウンに生じさせないということが絶対に必要だったんですね．

—— 三多摩格差は前から言われていましたよね.

青山 前から言われていました.

—— それを市長たちが協議会をつくって，一斉に声を挙げるという政治的な状況というのはどういうことですか.

青山 美濃部都政の誕生が1967年（昭和42年）で，1971年（昭和46年）に再選され，1975年（昭和50年）に3選されたわけですが，三多摩格差の是正方針というのは3選目の直前です．ですから，流れとしては，美濃部都政で2期8年やってきた中で，三多摩を非常に重視すると美濃部さんは言ってきたし，美濃部さんの都市構想の基本方針は「広場と青空の東京構想」．それは，都心と立川の二極構造だったんですけど，そういった美濃部都政の基本理念からすると，学校，上下水道，保健所，道路，図書館，国保，保育まで，インフラからライフライン，生活利便性，福祉，あらゆる面において三多摩に格差があるというのは，美濃部都政としても格差是正が必要であると認めざるをえなかったという流れがあったと思うんですね．実際に，数字的に言っても，例えば生徒一人当たりの校舎面積が23区は6.8 m^2，三多摩は6.0 m^2．公共下水道の恩恵を受ける人口率が特別区は55％いっていた1973年（昭和48年）でも，三多摩は21％にすぎなかった．保健所1所当りの人口が特別区13万8千人に対し，三多摩は15万5千人．人口15万人当たりの病床数が特別区は864床に対し，三多摩は620床だったわけです．道路の舗装率が1973年（昭和48年）当時，特別区は96.4％，三多摩はなんと66.7％だった．信じられないですけどね．3分の1の道路が未舗装だった．図書館1館当たり人口が特別区が9万8千人．三多摩が8万1千人．国保料が特別区が1人当たり保険料が年額で4,647円，三多摩が5,971円．1人当たり保育料月額が特別区は1,612円，三多摩2,470円．歴然と格差が出ていた．今は夢みたいですが．三多摩と言っていた美濃部都政でさえそうだった

わけで，格差を認めないわけにはいかなかった．これは多摩ニュータウンについても，東京都が手厚く保障しますとしない限りは，多摩ニュータウンの建設は進められない．

——1973年（昭和48年）頃，東京都は自治省との財政戦争ということで財政も逼迫していたわけですが，それでも手厚く保障しようという政治的判断があったということなんでしょうか．

青山 三多摩を抱えている以上，財政戦争を遂行する上でも，格差の是正というのは，そのためにも都財政の充実が必要だという論理でしたね．

——歴史は繰り返すというか．鈴木都知事の時も，1991年（平成3年）4選を目指す選挙の時に，自民党は他候補を出してきたわけですが，その時に多摩モノレールの計画が出てきました．どうも政権末期になると多摩が大事にされる気がしますね（笑）．

青山 私は多摩勤務が長かったので，多摩には多摩の良さがあると感じます．23区と同じにする必要は無く，多摩の良さを活かしていけばよい．それから多摩の中でもいろいろ違いがありまして，特に立川と八王子は違いますね．それから北多摩と南多摩でもずいぶん違う．問題は，違いをどう活かしていくかということが，それぞれのまちの発展には必要なことで，違いを際だたせることが必要ですね．

それから，三多摩格差とは別に，多摩の南北交通が課題です．多摩と都心との交通の問題もあるんですけど，多摩は経済上，生活上，文化上，歴史上も，埼玉，神奈川，山梨との関係が非常に重要でして．そういう意味では，新住法の時代では都心との関係が政策的には結果として非常に重視された時代が長かったんですが，本当は文化的，生活的，歴史的には神奈川，埼玉，山梨との関係を意識した方が多摩の独自性が生きてくる．実際，いまは圏央

道の進展とか,相模原の発展などあり,いい方向に向かっていると私は思っています.その中で,多摩ニュータウンは,独自の文化を形成しつつある.やはり,土地の雰囲気が多摩の他の地域とは全然違いますね.

——当初,都市のスプロール対策としての多摩ニュータウンという位置づけだったわけですが,今おっしゃられたような多摩の核として機能するべきだと意識され始めたのはいつ頃からですか.

青山 それは,やはり京王線,小田急線,圏央道,多摩ニュータウンの発展.この三つだと思いますね.そういう意味では,新住法発足当時は,最初の多摩ニュータウンの計画というのは,多摩自立都市圏だったんですけど,南多摩新都市開発本部を建設局に吸収した頃からは,むしろ多摩自立都市圏ではなくて,多摩独立都市圏というのが地域にとっては目指すべき目標になっていると思いますね.都庁では一概にそうとは言えませんが.私は多摩にいた年数が長いから,余計に意識しますが.それは都庁は23区ですよ.

鈴木都政における多心型都市構造論

——首都圏の中で都市構造を描いていますよね.その中で,ニュータウンが都市構造の中でどういう位置を占め,どういう機能をもつかということの変遷ということはあったのでしょうか.一貫して住宅都市として考えていたのか,業務核都市として転換しなくてはならないと考えたのならば,それはいつ頃のことなのでしょうか.

青山 鈴木都政になり,1979年(昭和54年),当選直後にマイタウン構想懇談会を発足させまして,それから1982年(昭和57年)12月,東京都長期計画をつくったわけです.鈴木都政最初の長期計画です.4年ごとに3回つくっているのですが,その中で,「多心型都市構造論」というのを出しまし

て，そこで，池袋，新宿，渋谷の三つの既存副都心がある．それから，上野・浅草，錦糸町，大崎の三つの新副都心がある．それから臨海副都心という別途副都心，という7つの副都心がある．それから多摩の心がある．実は，多心型都市構造というのは，当時，国も全国総合開発路線で分散型政策をとったのと，それのミニ東京版ということで，発想は共通しているのですが，具体的にそれが何をもたらしたかというと，実は，臨海と新宿に対する重点投資だった．その後，1995年（平成7年）の「とうきょうプラン95」で，青島幸男知事の時代に多心型都市構造論を初めて展開しまして，まず丸の内の都心はきちんと整備すべきということで，都心部の容積率を認めるという政策転換を図った．同時に，多心型都市構造論をやめて，むしろ今申しあげた7つの副都心や多摩の心という考え方ではなく，それぞれの地域の特色を生かしていくという方針に転換したんですね．そういう意味からすると，多摩ニュータウンの位置づけは，多心型都市構造の中では特段の位置づけというのは無かった．多心型都市構造論というのは，実質的には臨海と新宿です．

――先生は，その頃，どのような部署にいらっしゃったのですか．

　青山　鈴木都政の1期目は5年間，多摩で事業所の課長でした．鈴木都政の2期目で，都市計画局の課長に異動し，生活文化局の課長をしました．

――モノレールの実現にはどのような思いがありますか．

　青山　モノレールは実は，ほんとうはもっと大構想だったんですね．8の字でモノレールをつくるということで，多摩の交通網の整備ということで，公共交通を．あれは結果的にはまだ8の字にはなっていないですけど，南北交通でいって多摩ニュータウンは欠かせないんですね．なぜかというと，モノレールというのは21世紀的な近代交通のイメージがありまして，多摩ニュータウンは21世紀型の近代都市というイメージがある．どなたでも，立

川〜多摩ニュータウン間はしっかりとしたイメージがある．でも，北側は止まっているから，本当は所沢あるいは西武園まで行かなくてはならない．上北台を正確に言える人は少ない．でも，多摩ニュータウンには合うんですよ．だから，私は成功した多摩ニュータウン政策があったから，多摩モノレールができたと言い換えていいと思いますよ．

——鈴木さんだからできたのかな．

　青山　それはあると思いますね．

——鈴木さんも多摩のご出身で，多摩ニュータウンを考える上で，多摩出身の首長というのはやりやすかったんですか．

　青山　それはそうですね．それから，多摩モノレールで，立川が非常に良くなった．特に，南口の区画整理が長年の課題だったんですが，それが多摩モノレールでできましたからね．それから立川の集客力もありましたよね．鈴木さんは立川高校ですからね (笑)．

石原都政の副知事として

——政策と人は切っても切り離せないものが，あるんでしょうね．副知事になられてから，多摩ニュータウンとの関係というものは，特筆できるとすると，どういう所でしょうか．

　青山　それはやはり，2002年（平成14年）4月に，多摩都市整備本部を統合したことです．その間，実は順次，各事業毎に縮小していった過程があります．それは，都政的にはやむをえない時代でした．その路線は1990年（平成2年）に南多摩新都市開発本部を多摩都市整備本部に組織変更した時点

で，その後順次に縮小していくという過程です．2002年（平成14年）に統合した時点で，多摩ニュータウンの将来をどうするか，それと，多摩の将来図をどうするかをあわせて，ずいぶんと議論をいたしました．多摩ニュータウンが揺籃期になって少年期があって青年期があるとすれば，多摩都市整備本部を統合した時点は壮年期だというのが，私たちの位置づけでした．ある程度情報関係，教育関係の企業を立地するという意味では，結局はロブソン報告で指摘されたことの通りにきたと思うのです．

行政的に言うと，本来は活用すべき所だった広大な未利用地が残っているという点については，いまだに宿題になっています．そういう意味では，まさに多摩ニュータウンの歴史というのは，東京都政の歴史そのものを反映していました．とにかく絶対的な住宅不足で住宅つくれという時代から，それが同時に生活の質的向上につながり，自然と人間の営みとの関係が最初から議論されたのが多摩ニュータウン．

また，多摩ニュータウンというのはまちのつくりかたとしては，丘陵地帯に土地を開いて新たにまちをつくるというつくりかたをした．この多摩，23区の工場跡地や，国の機関の移転跡地といった，せいぜい10 ha ぐらいの土地を再開発する方法とまったく違って，新たに理想的なまちをつくるという，そういう気分が横溢していた時代にまちづくりを始めた．そういう意味では，私は，多摩ニュータウンの事業，まだまちは発展して変わりますけど，この時点でも一旦まちづくりとして一つの総括をするということが，これからの他の所のまちづくりにとっても，参考になると思います．特に千里ニュータウンがかなり熟れきったという印象が強いし，千葉ニュータウンはもっと遅く始めた．多摩ニュータウンは新住法の開発事業の中でも中間的な位置づけにあるので，もっと多摩ニュータウンは研究すると，掘れば掘るほどいろんなものが出てくるのではないでしょうか．

——「多摩ニュータウンはもっと開発のスピードを上げた方がよかった」という方がいる一方で，「都市というのはどんどん変わって，それが都市の理

想だから，いまのスピードでいい」という，相反する考え方があります．先生は，どちらでしょうか．

青山 新住法の事業が終わったのが2003年（平成15年）ですね．これが何を示すかというと，多摩ニュータウンが今度はまったく違う形で新たなまちづくりを追求できる時代になったということでもある．実際に多摩ニュータウンに住んでいる方がどう思っていたかは別として，新住法時代は一貫して多摩ニュータウンは近未来型まちづくりというイメージだった．東京全体のまちづくりとして，下町や山の手から見たりすると，滅多に白紙の上に書けるということは無いですから．今，21世紀初頭のこの時点で見て，近未来型のまちというのが，多摩ニュータウンにあってもいいと思うんですね．現に，多摩センターは賑やかですよ．また，南大沢で東京都は苦労したんですけど，結局南大沢も良くなってきました．核となるまちがありますから，多摩ニュータウンはおもしろいと思いますよ．

——実験都市という役割をずっと担わなくてはならないですか．

青山 そうです．これからも，それを意識していいと思いますね．

——先生がよく書かれるのは，新しい公共，住民たちがどういう意思決定をしてやっていくのか，どういう新しい知識を得て行政がもっている知識を少しは追い抜いて共同で意思決定をすることが大事だと思いますが，そのあたりで多摩ニュータウンの可能性というのをどう思いますか．

青山 私は，日本の地域の特徴というのは，欧米と比べて，地域コミュニティが非常に強いことだと思うんです．欧米にいくと民族コミュニティ，宗教コミュニティの方がずっと強固ですよ．それに対して，日本の地域コミュニティというのは欧米に比べて地域コミュニティ力が強いんですよ．多摩ニ

ュータウンは特にそういう印象がある．同じ時代に開発され，同じ時代に移り住んで，新しいまちづくりで，開発途上のフラストレーションみたいなものがあって，結束するかどうかは別として，地域についての関心が高い．

——例えば，多摩ニュータウンにいま戻ってきている人がいるんですが，戻り率は他の地域と比べて低いのか高いのか．そこで，若い世代にニュータウンが支持されるかどうか決まると思いますが，具体的なデータで示さないとだめかもしれない．多摩に戻りつつある人が増えているという感じもあり，われわれは，それがどういう人たちなのかと考えた方がいいかもしれない．

青山 流動する人もいれば，戻ってくる人もいますが．実は，高円寺，阿佐ヶ谷，中野，荻窪，東中野もそうですが，いま２代目から３代目に移りつつあるんですよ．あのあたりは，みんな焼け野原だった．それが復員してきた人を中心に次々とバラックを建てて住んでいったわけですね．その人達は既に亡くなり，２代目がリタイアしている状態．流動している人もいますが，少数派で３割とか４割．実を言うと，あの地域でも６〜７割の人は３代目に実権が移りつつあるという状態で，地付きの人という感じなんですよ．サラリーマンや商店主ですけどね．

多分，永山の場合は，昭和30年代の終わり，昭和40年代の初めからですから，今もうリタイアされていると思うのです．２代目がどれくらい残っていますかね．２代目がそこに住んでいると，地付きの人になるんですね．中央線の荻窪〜中野あたりというのは，実は地域のコミュニティとしてはしっかりしているんですよ．みんな戦後に来たのですが，過半数が地付きの人になっている．

——多摩ニュータウンは，初期の頃は賃貸分譲比率は賃貸の方が高かった．それが時代が下ると，分譲の比率が高くなると，そういう人は２代目，３代目になるとかなり戻ってくる，自分の故郷だと思うようになり戻ってくる人

も増えてくるかもしれませんね．

　人口分布を見ると，新住地域と区画整理地域で，区画整理地域は新しいですから若い人が多くなる．新たに入ってきている人が戻ってきている人なのか，新たに住み替えて来ている人なのか，そのあたりの調査は必要かもしれませんね．

　多摩ニュータウンは，おっしゃるように，これからも新しいライフスタイルをいつくる実験の場だったんだということを再確認して，その中で東京都はどう考えてきたのか，今後どういうふうにしようか，それに対して住民自治がどういう新しい提案を出せるかという時期に来ていると考えていいかもしれません．

　また，事業所を多摩にもってきて，職住近接をはかることは変わらぬ課題ですね．これも地域でどういうまちづくりをするか考えないといけないでしょうね．

　本日はありがとうございました．

（2008年3月28日実施）

＜質問者・同席者＞

細野助博・篠原啓一・中庭光彦・林浩一郎

1) 東龍太郎　第4代都知事．1959年（昭和34年）から2期にわたり東京都知事をつとめた．
2) 大崎本一　1932年（昭和7年）生まれ．1958年（昭和33年）入庁後，都市計画局長や建設局長をつとめた．著書に『東京の都市計画』（鹿島出版会，1989）がある．
3) 尾根幹線．調布市原橋左岸橋詰から稲城市の中央を東西に走り，多摩市南側を経て，町田市小山地先で町田街道にいたる延長約16.6km，幅員25〜58mの道路．1969年（昭和44年）5月に都市計画決定されたが，現在は計画された8車線の内，側道部分の2車線が開通している．1974年（昭和49年）4月，沿線の団地自治会は尾根幹線工事用道路の公害防止および一般道路としての使用や団地

内通り抜け車両の締め出しを要望して反対運動が起こり，11月には住民による道路封鎖も起きた．1975年（昭和50年）6月には住民団体から多摩市議会に対して，「計画の廃棄等を求める請願」「工事中止を求める陳情」「一般供用開始の反対を求める請願」が出されたが，1976年（昭和51年）1月には，多摩市議会で「計画廃棄請願」は不採択，「工事中止を求める陳情」は趣旨採択，「一般供用開始の反対を求める請願」は採択された．同時に，地方自治法に基づく次の意見書が東京都知事に提出された．① 幹線（中央部分）についての自動車道路計画は再検討すること，② 諏訪・永山地区の北側側線は緊急時以外の自動車の通行を禁止し，その代わりに南側に生活道路を早急に実現すること，③ 今後建設される住宅や学校は，側道部分から十分離して建設し，緩衝地帯などを設けること（西浦 2007 123-127頁）．また，この尾根幹線が鶴川街道を通じて都市計画道路調布保谷線とつながり環状9号線をなす計画があった．

4) 公明党：美濃部都知事が1972年（昭和47年）7月に創価学会会長の池田大作と会談を行ったことを回想録で述べている．「就任直後の都議会は，社会党が第一党の座にあったものの，社共合わせて五十四議席という少数与党で，私の足元は，まったく危ういものであった．あるいは，四十三年度予算案は否決されるかもしれない．そうなったら，いさぎよく知事を辞めるまでだ．私は本気でそう思っていた．四十二年四月の都議会勢力分野（定数百二十人）は，社会四十五，自民四十，公明二十二，共産九，民社四であった．四十四年の都議選（定数百二十六人）の結果は，自民五十四，公明二十五，社会二十四，共産十八，民社四，無所属一である．共産は倍増したが，社会は第三党に転落してしまった．こうした不安な状況を変えるためには，できることなら公明党を味方に引き入れるしかない，と私は考えていた．同党は，理念として福祉社会の実現をかかげており，政策を中心とした話し合いによっては協調できる見込みがある．社共それに公明を含めた反自民の『与党的勢力の形成』－それは当選直後から，大内先生や小森武君とともに志向していた都議会対策の重要なポイントであった．」美濃部（1979）76-77頁．

その後公明党は言論出版妨害事件をきっかけに1970年（昭和45年）に政教分離を宣言し，1972年（昭和47年）総選挙では党勢が後退する．そのような背景で，1973年（昭和48年）3月に公明党竹入委員長と都知事が会見し，両者協力関係を結ぶ覚書を交わした．以後，都議会において公明党は美濃部都政の与党となった．

5) 1981年（昭和56年）5月，多摩都市計画特別用途地区（特別業務地区）の都市計画決定が行われ「多摩市特別業務地区建設条例」が施行される．また，この年の10月には日本住宅公団と宅地開発公団が統合され，住宅・都市整備公団が発足した．

6) 小森武 1912年（明治45年）～1999年（平成11年）．大陸新報（上海）記者時代に高橋正雄と知遇を得る．ちなみに社長は後に自民党代議士となる福家俊一．

大陸引き上げ後出版社を経営．1955年（昭和30年），財団法人東京都政調査会（理事長高橋正雄，顧問大内兵衛）が設立されると理事となった．美濃部都政時代はブレーンとして美濃部と密接な連絡をとり都政に影響力をもったが，共産党などからは密室政治とも批判された．大陸時代の経験をもとに，社会党左派から自民党までその人脈は広かった．

7) 髙橋正雄：1901年（明治34年）～1995年（平成7年）．東京帝国大学経済学部卒業．1928年（昭和3年）九州大学助教授となり1946年（昭和21年）教授．大内兵衛グループの一人として，美濃部都政のブレーンをつとめる．

第10章

多摩市政20年の当事者として

臼井千秋

<プロフィール>
　1927年（昭和2年）多摩村百草出身．1971年（昭和46年）〜1979年（昭和54年）の2期，多摩村議会議員をつとめた後，1979年（昭和54年）〜1999年（平成11年）の5期に渡り，多摩市長をつとめる．

教育委員から市議会議員までの経緯

——臼井氏ご自身は，ニュータウン計画を，いつ頃お知りになったのでしょうか．昭和30年代後半には「西の方に大きな住宅を造る」という計画はでき上がっていたわけですね．

臼井　私どもは分からなかったです．多摩ニュータウン開発の意思決定の時期，私はまだ村の中央に関係を持っていなかった．ですから初期の様子は，分かりません．私が議会に出ましたのは，1971年（昭和46年）．私は全然その意志が無かったのですが，「和田ミニゴルフ場」の経営をしていた西川実[1]さん（2007年逝去）が議員をされていて，「自分でミニゴルフ場を運営したいので，なかなか思うようにできないから，ぜひ議員を代わって欲しい」と，何回も勧められたんですよ．私の父親や祖父が多摩村の議員をしていたし，祖父は村長もした．父親からいろんな苦労話を聞いていたから，「できるだ

け関わりたくない」というつもりでした[2]．でも，何回も説得をされてね．「それでは，やむを得ないな」ということで，初めて議会に出た．そんな経緯です．

——多摩ニュータウン計画については，突然，計画が上から降ってきたという感じでしたか．

臼井 そうですねぇ．横倉舜三さんは，不動産業のようなこともされていて，土地をまとめて住宅公団やどこかに売る発想もあったから，そういう計画も早くから分かっていたかもしれませんけれどね．私どもは，そんな大きな町の計画があるのは知らなかったですよ．中学の同窓会に行って，立川の友達が「臼井君の所では，すごい計画があるらしいじゃないか」と言われ，何のことを言っているのか分からなかった．村内でニュータウンの話があちこちでされるちょっと前です．1965年（昭和40年）かちょっと前位ですから，私が37, 8歳頃かな．

——ちょうど1960年（昭和35年）あたりから，このあたりの土地の値段が上がったと思いますが．

臼井 そうですね．ニュータウンの買収額はいくらだったかなぁ．畑で坪2,000〜3,000円位ではなかったですか．はっきり覚えていないですけれども．

——そうしますと「耕作しているよりも，売った方がよい」という選択肢も，農家の方によってはあったのでしょうか．

臼井 そういう考えもあったでしょうね．ただ土地は売ったらおしまいで，お金はすぐ無くなりますからね．ほんとに熱心に農業をやっていた方は，な

かなか土地は売らずにがんばっていました．結局，戦後の農地解放で畑一反（991.74㎡），米一升くらいで土地を取得した方が先にどんどん土地を売ってしまいましたね．それであちこちに住宅が建ち始めました．

—— 議員になられるまでの村での役割はどのようなものでしたか．

臼井 1963年（昭和38年）〜1971年（昭和46年）教育委員をしました．私はずいぶん若かったのですが，富澤政鑒市長から「臼井君，教育委員やってくれ」と頼まれました[3]．私は「教育なんて素人だから」とお断りしたのですが「専門家は他にいるから，素人の考えでいいんだ」と言われ，教育委員をやらして頂きました．またその後，農業協同組合長理事をやっていました．

—— 1971年（昭和46年）に議員選に出られるのは，先輩の方々の勧めということですね．

臼井「私の支持していた先輩議員が仕事の都合で議員を辞めたいので代わりにやれ」ということでね．もうやらざるを得ない．私はやるつもりはないから，何回も断っているのだけれども．適当な人が見つからなかったのかもしれません．私のところに何回も来て，とうとう僕は根負けしましたけれどもね．

　選挙に出るとは，正直思っていませんでした．誘いがなければ，絶対やらなかったと思います．昔の議員さんというのは，地域で推薦されて「今度ひとつやって欲しい」と大体が決まっていきましたからね．私の頃までは．私は百草ですけれども，和田・百草が1つのコミュニティになっていますからね．他に出る人はいませんでした．

—— 「議員になることは大変だ」と既によくおわかりだったわけですね．

臼井 爺さんは村長をやっていて,いろんな苦労をした話も聞きましたし.それから,親父が議員もやっていましたから.言わず語らずのうちにいろんなものを感じましたからね.「他人様のことをやるというのは大変なことだな.自分を犠牲にしなければできない」といつも感じていましたから.「できればもっとのんびりした方がいいな」と私は思っていました.

――議員になられて,臼井さんが熱心に取り組まれたことはありますか.

臼井 特に取り組んだことは,その前に教育委員を8年ほどやっていましたから,学校問題には関心を強く持っていました.「多摩ニュータウン開発という理想的な都市を造ろうとしている事業であるから,国が理想としている標準的な学校をつくろうじゃないか」と.当時どこの自治体でも標準的な理想的な規模までなかなか持てなかった.校地の用地面積を含めてね.けれど,こういう状況だから,とにかくできるだけ良いものを造ろうと教育委員会で色んな相談をしました.だから,ニュータウンのなかの学校用地は他と比べ物にならない位広い校地を持っているはずです.ところが,既存地域へ来ると,みんな自分でお金を出さなきゃ土地も買えないし.実際に広い場所もなかったりしたものですから,なかなかそういうわけにはいかない.でも,ニュータウンの中でこれから造る学校なら,まだ周りに何も無いわけですから,市の意向として強い希望を出し,学校規模も確保しているはずです.

住宅建設ストップから「行財政要綱」の締結へ

――いわゆる「住宅建設ストップ(住建ストップ)」を申し立てた後,議会ではどのようなやり取りがあったのでしょうか.

臼井「市が納得できるような条件が出てこないと,ストップは解除するわけにはいかない」という皆考えだったと思います.かなり強硬な姿勢だっ

たと思いますね．

——「学校が大事でお金がかかる」と巷間言われますね．当時の東京の市町村を見ても，木造校舎があった時代に，多摩ニュータウンにはどんどん立派な校舎が建っていった．「立派な学校を建てずに，とりあえずプレハブでもいいではないか」という選択肢もありえたはずですが，立派な校舎を造っていくという方向にありましたね．

臼井 それは，議会の意向がありましたね．私も関西のニュータウンを見ました．プレハブといっても立派なプレハブですが，一応間に合わせで造り，子どもの数が減ったなら壊して元のグラウンドに戻すというやり方をとっていたはずです．私は市長の時に，「プレハブで間に合わせたっていいではないか」と議会に言ったのですが，そこにいた議員は「プレハブなんてとんでもない．他では皆コンクリートでできたのに，ここだけプレハブだなんて，ぜったい納得できない」と．

——それは新住民の議員ですか．

臼井 もちろん．ニュータウンの新設校を造るのですから．議員数もニュータウンの方が多くなっていましたからね．

——1971年（昭和46年）〜1975年（昭和50年）は，新住民と旧住民の議員の数は6対4位ですね．

臼井 そうですね．ニュータウンからは選挙の度に増えたことは事実ですけれども．「行財政要綱」の条件がでてきましたからね．そういう条件でなくては，市の財政では毎年学校造るなんてとてもできませんよ．学校だけ木造だといっても，とても納得できないでしょうね．

—— 1964年（昭和39年），東京都から『南多摩新都市建設に関する基本方針』が出されます．その頃は，後に町の財政が困難になることを，町はそれほど理解していなかったのでしょうか．

臼井 そうですね，あまり．もちろん心配している人もいたかもしれませんけれど．実際に入居をしてみて，あれが必要だこれが必要だということになった．いろんな計算・試算をした結果，赤字になる見通しが見えてきた．これじゃ大変だと，市の方も意識を新たにしたのではないでしょうかね．

—— 1964年（昭和39年）から1968年（昭和43年）位になって危機感を感じたということでしょうか．それとも1971年（昭和46年）に入居が始まってからでしょうか．

臼井 2年位入居した後ですね．1971年（昭和46年）・1972年（昭和47年）に入居して，その頃，市も時間をかけて散々に試算をしたと思うのですよ．考えてみると，人間が住む家だけ造って，人が入ってしまったのだから．住宅以外は他に何も無い．それを短期間で街にするというのは容易なことではない．ですから，市に要求ばかりが来ました．まず「保育園がない」「幼稚園がない」とか．義務教育でない施設に市が金を支出できる状況ではなかったですから．民間で「やっても良い」という人がいたら「是非やってくれ」と言いましたよ．今で言うならば，賢明なやり方だったのかもしれないけれども，事実上それ以外にやりようが無かったですからね．

—— その後，1974年（昭和49年）に『行財政要綱』[4]の締結があるわけですが，その頃の状況を詳しくお聞かせいただけますか．

臼井 教育施設でも，それまでの国の補助制度でやっていたのでは，多摩市は財政的にパンクしてしまう．「これ以上，住宅を造って人を入れること

はできません」という固い意志．市を挙げて，議会も含めて，皆そういう意志をもっていましたね．

「それならば，どうしたらいいのか」ということで，公団や都を含めて市と協議の結果，『行財政要綱』を作りましてね．義務教育では特別の「立替制度」を作りました．全国で初めてそういう制度を作ったんです．当初，学校を造る時の費用は国が一定の補助金を出し，それ以外は形の上では市の借金，つまり起債として残るわけです．そして，返債時期が来て，その借金を返す時には，施工者が補助金を出して，面倒をみましょうというわけです．こういう約束は全国を見ても他ではやっていなかったと思います．それを取り付けて，「それならば何とかやっていけるのではないか」という考え方があったと思うんですね．

——その案を出されたのは市の方からですか．

臼井　協議の結果生まれたと思います．私も議員でしたから，詳しい話は分からないのですが．当然このままでは市は駄目になる．何とか新しい手を打たないと住宅建設を再開できない．公団や都がいろいろ協議をした結果，「こういう方法ではどうだろうか」という線が出てきたのではないかと私は思うのですが．

——多摩市が公団に対して住宅建設ストップを申し立てたことについて，東京都はどちらかと言うと「その通りだ」と，後押しをされたわけですか．

臼井　詳細については分かりません．おそらく，そういう立場を取ってもらわなければ，できなかったと思うのですね．東京都の場合は公団よりも若干条件が良くて，土地についてはたしか無償提供だった．だから土地代金は借金にしないで，市に提供してくれたのだと考えています．建築等の費用は公団と同様起債とし，返債時期に分割返債する．その分は補助金を出して対

処するというものです.

——多摩市にとってはありがたかったでしょうが,一方,一番困ったのは公団でしょうね.

　臼井　そうでしょうね.全国でやっていないことをやらされているということですから.国から(多摩市が)一定基準の補助金をもらうわけですよね.それ以外の起債分は時期がくれば返さなければならない.だから,その返すお金は,公団から市に補助金で出しましょう」という約束だったと思う.

——公団と建設省が相手となるわけですが,建設省は困られたでしょうね.

　臼井　相当悩んだと思いますよ.全国に波及する可能性がありますからね.われわれの小さな自治体を考えたって,「一部落・集落でやったことは,おれの集落だってできるはずだ」ということで,議会が騒ぎますからね.そういう意味では,公団がどういう風にやられたか分かりませんけれど.

富澤市長引退と臼井氏市長選出馬

——1979年(昭和54年)の多摩市長選に出馬し,富澤政鑒市長を破り当選されます.その経緯についてお聞かせ願えますか.

　臼井　1978年(昭和53年)の秋になって「来春の市長選で市長をやれ」ということになったんですよ.私としては農協の組合長をしていましたから,「組合と市の仕事の両方なんてとても無理だよ」と断り続けましてね.毎晩,大勢の方に押しかけられました.当時の議会の主だった人たち.もう皆さん亡くなられていますけれどね.横倉真吉[5]さんや下野峰雄[6]さんなど,大勢の方が来られました.

——その時,みなさんが臼井氏に市長選出馬をお願いされた理由は,どのようなものだったのですか.

臼井 当時の富澤市長が,聖蹟記念館[7]の理事長をやっておられた.実際には早稲田大学の後輩に実務をやらせていたのですが,経理面を含めて問題があったようなのです[8].富澤さんは「個人的な問題があるので,もう来年の市長選は出られない」と市議会の主だった人達に話をしたものですから「誰か後任を探さなければならない」.そういう中で,先輩の議員何人かに出馬を勧められたと思うのですが,どなたも受けなかった.それで,「若いのにやらせよう」という話になったのではないかと思います.

主だった議会の方々に,いく晩も押しかけられ,私もずいぶん断ったのですが.議員の人数も少ないですし,いろんな役を兼ねている方もいますからね.「農協の役員は誰か探すから,それは心配しないで受けろ」という話にまでなってしまいましてね.それで,私も仕方なしに「では来年選挙をやる」ということを決めたんです.あれはいつ頃だったかな.もう涼しくなった,秋も遅くなってからか,年明けか,その辺ははっきりしない.富澤さんは,自民党(多摩)支部50～60人が集まった席でも「自分はもうできないので,他の人にやってもらう」と公言されたんです.けれど,富澤さんはなかなか人柄の良い人だったから,長い間ご支援をしてきた方々が納得しないで,「続いてやれ」とご意見が多かったのではないでしょうか.富澤さんが,大勢の前で「僕はやらないから」と公言した選挙に,また出ちゃったんですよ.それで,私に勧めた主だった年輩の人たちが「臼井君,ばかばかしいから止めちまったらどうか」と言い出したんですよ.「僕だってやりたくて返事したわけではない.嫌だと言うのに皆に勧められて出たわけで,今になって『止めたらどうか』と言われても困る.僕は止められないから,一人でも選挙に立候補する」と言いました.そういう状況でした.

——一方,1979年(昭和54年)の市長選では,革新候補の金芳晴(こんよし

はる)氏[9]が対立候補として出られました．議会の同僚だった金さんが立たれたことについては，どういうお気持ちをもたれましたか．

臼井 市長になって一生懸命，市のためにやってみようという気持ちがあったのでしょうから．出たい人は，選挙ですから出られますから，特にどうという気持ちも持ちませんでしたね．

——票差は僅差でしたね[10]．

臼井 富沢さんが出たからね．その分流れてしまった．

——その頃，後援者には横倉舜三さんがおられましたね．

臼井 えぇ横倉さんにも，一生懸命応援してもらったはずです．

——その時の選挙対策本部長はどなたでしたか．

臼井 どなただったか．おそらく，議会の先輩で，長い経験をもった横倉真吉さんがやってくれた[11]．富沢さんの問題があったので，ものすごく真剣な選挙でしたね．僕はあの時の選挙が一番真剣な選挙だったんじゃないかな．応援してくださった方々も，相当な危機感を感じていらっしゃった．革新の市長が出た選挙は，それまでもあったが，それほど激しいものではなかった．でも，そういう新しい事態の中で，前の市長さんも立候補してしまったわけですから．ものすごく真剣な選挙で，経験できないような選挙をしました．

——当時選挙登録されている方が，新しく入居されてきて，要は人口が3倍になったわけですね[12]．そういう方々は，どちらかと言えば革新に近いと

思われていたわけでしょうか．

　臼井　流れとしてはね．

——それまでの選挙の戦い方では，やり方が違うのではないかと感じられたのではないですか．

　臼井　そうでしょうね．僕は初めてだけども，ニュータウンの中の方へ行ってね．マイクを使って，協力のお願いもずいぶんしましたね．

——どのようなことを住民の方に訴えられたのですか．

　臼井　私どもは，新住宅市街地開発法（新住法）[13)]によって住宅都市を造ろうということで，土地を強制買収されましたからね．それを上手くつくり上げるという発想を僕は持ちましたね．いくら反対をしたって，土地を買収されるのだから，やらざるを得ない．どうせやるなら，できるだけ施工者，当時は日本住宅公団・東京都・東京都住宅供給公社とできるだけ協力をして，しかも早く仕上げよう．そういう気持ちを持ちました．それはなぜかというと，仕方なく土地を買収された多くの年輩の人たちが，街を見ないでポツポツと亡くなられていくんですよね．だから，「皆さんの土地を提供する協力を頂いたおかげで，おかげさまでこういう良い街ができました」という姿をできるだけ早くみてもらえるように努力するのが地元の人間の責任ではないかという考えを私は持った．とかく「ああでもない，こうでもない」といろんな条件をつけて，難しいことを言い，時間を引き伸ばすのが世の中の例ですが．それをしても，結果的に上手くいかないと思った．できるだけ協力するようにして相手の立場に立って物を考えるのと，難しいことばかり言って反対ばかりするのとでは「どちらが，施工者がいい気持ちになって仕事ができるか」を考えると，「絶対協力してやらなければ駄目だ」．そういう考

え方を持ちました．

―― その相手というのは，東京都ですか．

臼井　東京都も公団も住宅供給公社もあるわけです．施工者はスケジュールを作って進めたいから「あれを協力して欲しい．これを協力して欲しい」となる．しかし，1つひとつの事業を進めていく時には，地元自治体の合意というか納得がないと進められないわけですね．そういう意味で，「要望は要望として出すけれども，協力はきちんとするという姿勢を貫こう」と僕はしたつもりです．

―― 「反対ばかりしていては駄目だ」とは，1971年（昭和46年）の住建ストップ[14]も指していらっしゃいますか．

臼井　その時は未だ市長になっていませんから考え方が違っていたし，問題大きすぎましたのでやむを得ないと思っていました．あの時は1971年（昭和46年）から一挙に年に1万3,000人以上の市民が増え，2年入居を続けた．当時，「開発をしていくと，どういうことになるのか」市を挙げて試算をしたはずです．企画を中心にしてね．当時の記憶ですけど，ニュータウンを仕上げるまでに200億円位の赤字が出るだろうというものでした．これでは市はとても成り立たない．

　それもそのはずですよね．山を崩して，何もない所に，人を入れるわけですから．一番困ったのは学校です．毎年，学校を造った．ニュータウンの中に学校を30校作りましたよ．ニュータウンの外側にも3つか4つ造っています．14万5,000人位の人口で，一番多い時は36校でしたね．こんな例は全国どこに行ってもない．それも，小さな分校ではなく，立派な学校ですから．それで，人間が頭で考えるまちづくりの難しさをつくづくと感じたんです．全国の平均数値を見て，「だいたいこの位の人口なら，子どもの発生率

はどの位で，学校がいくつあったら足りる」ということを公団や東京都がしっかり計算をして，学校数と造る場所までセットしていたんですね．ところが，あにはからんや倍の学校が必要になってしまった．20歳代から30歳代の人がやって来て子どもが生まれ，それが全国の児童発生率の倍です．そうすると学校が倍必要になった．

——その時の計画ですと，教育施設は多摩市が完全に負担するというものでしたね．

　臼井　そうです．それで，住宅建設のストップをしたわけです．赤字が200億円も出てしまうということになり，これではとても新しい人を入れられません．それでストップしたわけですね．

——市長選の話に戻りますが，1979年（昭和54年），「出ない」と言った富澤さんが出馬した．対立候補として金芳春さんがいた．この時，革新勢力への危機感はありましたか．

　臼井　それは，あったと思いますよ．特にこの時，「保守系が富澤さんと票を分け合ったら，革新に取られる可能性はある」と皆がすごく心配をしたのだと思うんです．金さんは多摩市議会議員をやっていましたからね．

——1975年（昭和50年）に議員をやられています．そこから，いきなり市長戦に出ることになるのですが．このあたりの経緯はご存知ですか．

　臼井　よく分かりません．この方は自分でやる気があって，やろうと思って出たのではないと思っているのですけれど．本当のことはよく知りません．ニュータウンへ越してきた人ですよ．

鈴木俊一氏を訪ねる

――1979年(昭和54年)選で,富澤さんがいきなり「また出る」と宣言された時の心境はどういうものだったのでしょうか.

臼井 富澤さんは長い間,5期やられましたからね.そういう強い支持者が居て,支持者が強力に「やっぱりまだ続いてやれ」と富澤さんのところに行ったのじゃないのかな.聞いていないから分かりませんけど,これ想像ですよ.それが一番大きな理由かなぁ.いまひとつは,この年の東京都知事選挙に鈴木俊一さんが出た.鈴木俊一さんと富澤さんは,立川の府立二中で同期生なんですよ.僕も同じ学校を卒業したけれども.鈴木さんが「知事選に出る」ということになって「俺もちょっとやってみようかな」と富澤さんが変心したかもしれない.まったくの想像ですよ.分かりません.横倉真吉さんが僕のところに来て「臼井くん,鈴木さんの所行こう」って,来てくれたんですよ.選挙間近,しかも夜ですよね.僕は「えっ」って,びっくりしたんだけど.「とにかく行って話してみよう」ってね.横倉さんとあの時2人だった.永福町の方だという話で行って,夜に家をやっと探し当ててね.鈴木さん居られて.鈴木さんの家にあがりこんで,ゆっくりいろんな話をしました.

――そうですか.どのような話をされたのですか.

臼井 「こういう事情で,こんな状況になっています」という話をしました.その時鈴木さんもああいう人ですから,はっきり断定的なことは言いませんけれども.その後に「選挙の写真を一緒に撮りたいのだけれど,撮らせてくれませんか」と言ったら,「あぁいいよ」と.どういう場所だったのかね.鈴木さんも選挙前ですから,来ていた場所へ僕が行ったのです.一緒に

写っている写真を．今でも持っていますがね．そういう写真を撮る協力はしてくれているから，ある程度そういう意志がなければ，写真だって撮らせないと思うんですけれどね．鈴木さんなんて会ったことのないかなり先輩の人ですから．鈴木さんの家まであがりこませてもらったり，そんな写真まで撮らしてもらった．選挙の時のすごい思い出に残っていますけれどね．

──「富澤前市長が出て，保守が割れている」ということを話されたのではないかと思うのですけれども．その時に，富澤市長もいろいろな問題を起こしているとご説明されて，「応援を頼む」というお話もされたのですか．

　臼井　もうね，どんな話したか．おそらく選挙の話に行ったのだから，そういう話をしたんだと思います．「何か知らないけれど，思いもかけないことになっちゃったな」と思ってね．

──鈴木さんは，同期生の富澤さんを支援されたりはしなかったのですか．

　臼井　富澤さんも一緒に写真撮っているって話も聞いてない．選挙の写真ですから．

──臼井さんを応援するという立場でいられた．

　臼井　鈴木さんはっきりした言い方はされなかったと思っていますけれども．でも，好意的に見てくれたのではないかと思ってはいます．それでなかったら，選挙に使う握手した写真なんかも撮らないですよね．そういうことからすると，好意的に思ってくれていたのではないかと．

──それは，当時の選挙に追い風になったのではないですか．

臼井　そうだと思います．最初の選挙の時かなぁ，選挙カーの屋根の上に乗ってね．鈴木さんと並んで話したような気がしたねぇ．

――臼井さんが市長になられるのが1979年（昭和54年）で，鈴木さんが当選するのも同じ年ですね．

臼井　そうですね，10日位前ですよ．

――知事選の方が前ですね．

臼井　知事選の方が前です．知事が来られて，僕がそこに行って車の上に乗ったのか．そっちが本当かもしれない．忘れましたけど，一緒になってやったことがある気がするんですよ．

――知事選の際に，どのような演説をされましたか．

臼井　覚えてはないけれど，今から考えると「多摩は行政面積の6割が多摩ニュータウン区域に指定をされて，大部分が用地買収をされた．したがって，多摩の行く末はこの6割のニュータウンの街がどんな風にできるかによって決定づけられるんじゃないか．だからこの機会に，できるだけ良い街を，皆に長く住んでもらえるような街を造らなければいけない．そのために一生懸命働かなくてはいけないんだ」．そういう認識だったと思います．新住民に対しても，こちらの既存の地域に対しても私はそういう発想でいました．三多摩出身の鈴木知事の当選で，強力なご支援を御願いしたいと考えていました．

――ちょうど，美濃部さんと鈴木さんの変わり目に市長になられたわけですね．美濃部都知事の時は，議員として間接的に美濃部さんをご覧になってい

た．鈴木都知事とは市長として関わられたわけですが，都政の多摩ニュータウン事業の進め方・スタイルというのは，美濃部さんと鈴木さんでかなり変わったという印象をお持ちですか．

臼井 具体的にこのニュータウンのなかの問題はちょっと私にはよく分かりかねますけど．例えばね，ニュータウン区域の道路．ニュータウンは東西に細長くて，① 尾根幹線と愛宕の南側を通っている ② 中央幹線と北側の外側を通っている ③ 野猿街道から川崎街道に繋がっている道路．ニュータウン計画では「この3本を整備して，細長い東西の交通を確保する」という説明は聞きました．ところがね，美濃部さんは3期やられたでしょ．外側の道路なんてほとんど手付かずです．僕らは「どうなるんだろう」と本当に心配していました．川崎街道の日野・境から桜ヶ丘に向かって100mから200m位ちょっと手をつけた程度で美濃部さん交代ですよね．鈴木さんになって，一挙に関連の計画道路を広げてもらいました．それから多摩ニュータウン計画は，確か最初は人口30万人だった．美濃部さんは「これじゃあもったいないから増やせ」と言って，35万人口に変更した．ところが，「35万はどう考えても多すぎる」ってことで，鈴木さんの時代にまた考え直して，元の数字に戻したはずですよ．そういうこと考えるとね，美濃部さんどのくらい本気になって考えていたのかが，鈴木さんと比較してみると分かるような気がするんですけどね．他の全体のことは，良く私にはわかりません．

臼井市政

——1979年（昭和54年）に臼井さんが市長になられます．その時に富澤市政から引き継いだもの，引き継がなかったものは何ですか．

臼井 今までやってきた行政が，ある時期ばたっと切れて，失くしちゃうなんてできないのが大部分ですよね．だから，やっぱり続けなければならな

い．改善をしていくことはありますけれどね．市長が変わってやめる事ができる仕事は本当に少ないですよね．

―― どちらかというとニュータウン開発も含めて富澤市政を継承する姿勢と考えてよろしいのでしょうか．

臼井 私は，ほぼそういう考え方です．「富澤さんがやっていたことが駄目だから，僕が出てやろう」なんて考えたことはありませんからね．

―― 富澤前市長時代の最後に大きく取り上げられた聖蹟記念館の問題は大変だったかと思うのですが，その処理は臼井さんが市長になられた後に片付いていくのですよね．

臼井 処理といっても，市が処理できないわけですね．財団法人のものですから．結局，財政的な問題を解決するために，富澤さんは「記念館が持っていた周りの土地を東京都へ買ってもらいたい」と言い，東京都が周りの広い土地を買っているんです．何回かに分けてだと思うのですが．それで，都立公園になっているわけです．記念館の建物は，東京都が引き継ぐわけにはいかない．なら，壊すのか．多摩市にとって関係のある建物であるから，壊すのはもったいない．市が買うわけにはいかないけれど，無償で譲ってくれるのなら，市が引き受けよう．その代わり，土地も東京都が全部買うわけだけれど，記念館が建っている所は市に無償で使わせる．そういう条件で良ければ，市は受け取ってもいいとなった．それで，話がついて，約1億円かけて，修理をして市の管理下に置かれている．下手すると壊されてしまう状況だったのですね．

―― やはり「壊してはいけない」とご自身で思われたのですか．

臼井 明治天皇が多摩村に何回も来られた記録の場所ですし，われわれ子どもの時から，何回も遠足に行って，馴染みの深い場所ですから．「これは多摩市民のために残すべきだろう」と思いましたので．私は「市が無償で引き取らせてもらうのなら，後を維持管理をしていく」ということで貰ったわけです．

——市役所について，行おうとしたことは何でしたか．

臼井 「人件費を削ろう」とずっと考えていました．私が市長をやっていた頃，三多摩26～27の市の職員数を人口比で見た時，多摩市は一番少ない方から2番目でした．私が市長始める前，ニュータウンの入居が始まって，とてつもなく人口が増えてきて，1年に50人位職員を雇った時もある．でも，人口と職員数比率を考えた場合，「もう絶対増やすまい」と思っていた．やむを得ざる場合には増やすけれども，「絶対職員数を絞ろう」と考えていたんですよ．

しかし，増やさざるを得ない時があった．今でもあれは失敗だったと思いますが，ニュータウンへ入って来て，子どもが生まれ，小学校へ通い始め，両親が勤めに出かける．家が留守のいわゆる「鍵っ子」たちを預かる学童保育所を「あっちでも造れ，こっちでも造れ」となり，相当の職員数になった．私は「正規職員でなくて，パート，臨時職員でできるはずだ」と言いました．子どもが学校から帰ってきて夕方，親が帰るまでそこで面倒を見ていればいいわけですから．「朝から職員が行って，準備をして，正規の職員の給料でやらなくてもできる仕事．だから正規職員以外の職員でやろう」と考えた．同じような理由で，幼稚園も，保育園もすごく必要になりましたが，市ではとても財政上面倒を見られない．「みんな公立でやれ」と議会では大騒ぎしていました．私は全部我慢をしながら断って，私立でお願いをしたわけですよ．公立は1保育園しか造らなかった．既存の公立1保育園と1幼稚園があります．他に幼稚園・保育園も相当の数がありましたけれど，全部私立でや

ってもらいました．それと同じように学童保育もやってもらおうと思ったけれど，「どうしても正規職員でやれ」と市議会が聞かない．やむを得ず正規職員でやりましたが，一番多い時には，学童保育専門の職員が50〜60人いたのではないですか．だから学童保育を正規でやらざるを得なくなったけれども，私の考えでみると失敗の1つですね．民間に委託したり非正規職員でやればよかった．そういう風に職員の数を全体的に「減らそう」とした．「減らす」というより，「少ない人数で対応しよう」と常に言い続けていました．

── 1979年（昭和54年）の市長当選時の政治的な関心はどこにあったのでしょうか．

　臼井　ニュータウン周辺の出入道路未整備で大渋滞の解消のため，特に多摩川架橋促進を周辺市に働きかけ，大きな運動体として国・都に働きかけ，鈴木知事に大英断で数本の橋，同時着工でその目的を達していただいた．いかにして世紀の大事業であるニュータウン，多摩行政域の半分以上になる街づくりを良いものに仕上げなければいけない．そのために，全力をつくすよりしょうがない．これが一番の関心です．併せて，昔からの地域の場所も同じように整備をし，発展をさせる素地を作っていかないといけない．

──その際，「保守対革新」を大きなテーマとして意識されていましたか．

　臼井　議会対策では常に大きなテーマとして意識しました．議会では年中「賛成」「反対」ですよね．だけども，革新がこう思っているから，われわれは反対のこっちをやろうと考えながら行政の政策をしたことはありません．「何が良いか」だけを考えて，政策の決定をやってきたつもりです．

──当時の国政に保守対革新があった．かなり革新が台頭してきた時に，美

濃部さんが頂点にいたわけですが．それが，かなり下火になったという中で，多摩の地方政治においてもやはり影が落とされていたのでしょうか．

臼井 中央線沿線で八王子以外が殆ど革新市政の時代もあり，革新の影はかなり強いものがありました．私が議員の時と比べて，革新の議員さんは賛成ばかりしていたら，議員になれなかったでしょう．だから，多くが反対です．僕は「半分近くが反対だ」と言いましたが，議会のことを指して言うわけです．ごく当たり前の良い行政を行っているから，「全部賛成」では，やはり議員がどう評価されるか分からない．

——国政の方が「大規模住宅地を造っても，入ってくる方はみんな政治的には左寄りの方だから，保守票が入ってこないんじゃないか」ということをおっしゃっている方もいたようですが．

臼井 例を挙げるとね．「尾根幹線道路で工事反対だ」と，トラックにぶら下がって怪我したとかね．常識では考えられないことばかり．
　地元の人はどうやってきたかというと．この大切な土地もみんな買収されて，提供して．例えば，道路を作る際に道路が当たれば，家を動かざるを得ない．「ニュータウンを造るために，みんな協力してきたんじゃないか．それをお前たち何を言っているんだ」．そういう意見もあるわけですよ．それを聞きながら，我々は年中反対の話を押しかけて聞かされるものだから，「半分が反対だ」という認識になってしまう．あえて言うなれば，利己主義，自己主義ですね．自分中心の考え方で，全体のバランスの中で街ができ上がっていくことを考えないわけですよね．それは考え直してもらわなければいけないと思っていますけれどね．「トラックでみんなで押しかけようか」とか「道路工事で埃が出て，うるさい」とかね．「どのくらいニュータウン造るときに埃が出て，ブルドーザーが出たか」地元の人たちは怒ったわけですよ．そういう別の立場からものを見るとね，向こうの人たちは「自分の権利

だから」と言うけれどね．ちょっと言い過ぎではないかと思いました．

――そういう不満を主張する新住民の方々に，市長としてどのように対応されていたのでしょうか．

臼井　「聞けることは聞けるけど，聞けないことは聞けないよ」と．無理やり押されて，交渉でなんか聞いたことはありません．自分で「これは聞いてもいいな」と思うことは聞きます．例えば，学童保育の問題は議会がどうしても同意しないから，正規職員でやりましたけれど．幼稚園・保育園はどうしても聞けなかったから「それは駄目です」と全部断り通しました．

――市長になられた当時の財政問題をお聞きしたいと思います．「行財政要綱」制定以降，多摩市の財政難はほぼ解消されたのでしょうか．

臼井　どういう風に言ったらいいのだろう．ものすごく改善されていることは事実です．でも，「まったく心配ない」と，「お金が余るほどになりました」ということではないですね．例えば，新しい住居に住民が5,000～6,000人入ってくる．そうすると，すぐ学校を造らなければいけない．僕が一番頭に響いているのは学校関係ですけれども．学校の用地を求めて，建物を造って，体育館からプールを造らなければ一人前の学校として評価されないわけですよね．だから，それを毎年2つも3つもやるんですよ．毎年ですよ．多い年には6校やりました．正直いって，市の財政が成り立つはずがありません．だから，もちろん借金をしますよ．借金だって国が認めた範囲でしか，認めませんからね．市が当時試算したら，200億赤字がでちゃいます．市が積み上げた数字があったわけです．「こんなことやっていたら，市は潰れるから，住宅はもういりません．（住宅建設を）断ろう」と．だから，市が断る理由の一番大きかったのは教育施設が多かったわけですから．「幼稚園だ，保育園だ」っていって言ってくる訳ですから．

その学校施設が「立替施工制度」といって，市が直接税金からお金を出さなくても，東京都や公団が立替えて造りましょうということになった．その中には，もちろん国の補助金が入るんです．20年あるいは30年という期限で学校を使うわけですから，新しい市民の方にも税金を納めてもらって，その税金で借金を返しましょうというのが普通のやり方です．けれども，多摩市の場合，そんなことしていたら街がつぶれてしまう．『立替施工制度』で必要なお金は公団や都に出してもらい，多摩市の借金返済の時期になったら，公団は市へその借金分を補助金として出しましょうという制度です．『行財政要綱』というのはそういう約束だったと思います．そうであれば，市も何とかやっていけるだろうということで，住宅建設ストップを解除して，住宅建設を始めたわけです．

——『行財政要綱』以降はどうでしたか．

　臼井　僕は，改善はされたと思っています．全面的改善というわけにはいきませんよ．市民の要望というのは際限なくあるわけですから．主だった課題は解決をした．

——臼井さんの思いは，やはり開発のスピードを上げて，生活の基盤を整えることがまず先決だということをずっと気にしてこられた市政だったと思うのです．その中で，特別業務地区が認められ，歳入を増やすには企業を，永山だけではなく，多摩センター地区に誘致しなくてはならない．200社くらい集まったと記憶していますけれども．企業を誘致しないと歳入は増えないという思いはおありでしたか．

　臼井　はい，ありましたね．より多くの税金を納めてもらうには，優秀な企業に入ってもらうのが一番良いわけです．多摩市の市民税というのも，平均的にみると他の市と比べてけっこう高い水準だった．今はどうなっているか

分かりませんけれども．僕が現役でいる頃，かなり良い給料を取っておられる方がかなりの数入ってこられているんではないかと想像できるわけです．

——特に，行財政要綱で賃貸に対する分譲の比率を上げましたね．それによって，いわゆる中流の方々が多く入ってこられて，市の歳入が増えたということがありますね．

臼井 それもあるでしょうね．その賃分比率（賃貸分譲比率）の関係は，税収の問題も表には出せませんけれども．内々は市の財政を豊かにしなければ，市民サービスが行き届かないわけですから，できるだけ財政を豊かにしたい．そのためにはどうしたら良いか．そのためには，所得層の高い人に来てもらうということは市にとってはありがたい条件が揃うわけですからね．賃貸比率の問題は早くから議論をされています．

——それは，市側から出した要望ですか．

臼井 そうですね．希望を出したんです．

——都営を20％に下げるということも．

臼井 はい．都営も他の全体的な市の平均位の数字はいいだろうけれども，それよりはるかに超えて特別高く入れるということは，市の色んな財政上の問題を考えてみても，非常に困難になるという判断があったと思いますね．

——それは，富澤市長の時代から，行政も議会も市の一致した考え方だったのですか．

臼井 そうですね．何人か反対があったか知らないけれど．議会で採決す

れば「結構です」ということで，市の一致した考え方だとみていいと思いますね．

—— 1971 年（昭和 46 年）当時から，一致した働きかけをされてきたということですか．

臼井　46 年から入居ですから，時期はいつごろですかね．46 年に諏訪・永山に入って，47 年に愛宕が入っているわけですよね．だから，時期的にはそれ以後じゃないですかね．

特別業務地区

—— 市長になられて 2 年後になると思うのですが，一番問題になっていた特別業務地域の都市計画決定が 1981 年（昭和 56 年）年に行われます．美濃部都知事がいくら押してもだめだったものが，鈴木都知事になって建設省が OK を出した．あれをご覧になりどう思われましたか．

臼井　政府に対し野党的と与党的立場の差，政治力の違いのようなものを感じました．正直言って，美濃部さんがやっていたらどうなったか分かりませんけれども．市としては，やっぱり特別業務地区．一番初めは永山の西の地区です．道路用地含めて 21ha 位あったと思います．ぜんぶ住宅地でした．住宅だけいっぱい造り，朝電車に乗って 23 区の方に働きに行って，夜遅くなって帰ってくる．「『カラスの寝床』じゃないか．昼間がらんとして，昼間人口が減ってしまうような都市では，本当の市にならないよ．全部独立した，自立できる市でないとまずいよ」ということで，住宅地から業務地区に変えてもらおうとしました．業務地区には，商業もあれば，文化的なものもある．大学も多摩に計画が無かったわけですから．それから一般の事務．新しい新市街地に公害を及ぼさない性質の企業を呼べるような場所．こういうことで，

市としてかなり運動しているはずです．多摩センターでも業務地区の確保もできたわけですけれども．あれによって，多摩市はすごく助かっていますよ．

——それまでの建設省は新住法を厳しく解釈して，特別業務地区は認めないということでした．

　臼井　「人間の住む住宅を造るためにみんな土地を強制的に買い上げたのだから，他のものはできない」と言っていました．がんばっていた．「それでは街にならない」とわれわれも発言をしているわけですけどね．

——そういう動きは，多摩市と東京都と公団があって，建設省があるわけですね．この4者の関係が，特別業務地区を設けるにあたって，どういう関係だったのでしょうか．

　臼井　東京都は分からないけれど，公団はかなり市に好意的に働いてくれていると思いますが．これは私が思っていることで，誰かに聞いたということではありませんけどね．

——どのように好意的だったのでしょうか．

　臼井　好意的というのは，市の側にたった立場で判断しようと．「市の言うことも少し聞いてやろう」と．というのはね，最初に言ったように，私は「公団には一生懸命協力しよう」という姿勢です．職員にも言っていましたけれど．「『反対だ反対だ』と自分の言うことだけ言って，相手が言うこと聞いてくれるはずないよ」と．だから「まず協力しろ」と．一生懸命協力して挙句に「こうしてほしい」という問題があれば頼んだらいいじゃないか．そういう姿勢なら，相手も分かってくれるはずだ．僕は，公団には一生懸命協力しましたよ，正直言って．「早く，早くこの街を造り上げよう」と．それは

公団のためではなくて，自分たちの市のためです．あるいは，歳をとって土地を強制買収された農家の人たちがポツポツ皆亡くなってしまうわけです．長い間，草が生えた原っぱのままにしたままで．だから，何とかこの街を早く仕上げて「皆さんに土地を出してもらったおかげでこういう良い街ができました」と，そういう古い人たちに早く見てもらうのが，地元から出た市長の責任だろうと，いつも強く感じましてね．公団の仕事についてはかなり一生懸命協力しました．その代わり，公団からも一生懸命協力してもらいました．そういう相互の関係があるので，公団は「多摩市が言うことなら，しょうがないか」と応援してくれたのではないかと，僕は想像していますけどね．

――公団が市にどのような場面・事業で協力してくださったのでしょうか．

　臼井　パルテノン多摩（多摩市立複合文化施設）の建設の時に，散々僕苦労しましたけれども．あの時はかなり協力してくれました．

――建設省と直接というより，当時の鈴木都政との交渉ですね．

　臼井　そうですね．国との交渉は，都を介してくるわけですけれどもね．だから，パルテノンの時なんかは，建設省と公団とで人事交流やっているから，多摩市が，表向き東京都に行って「こうだ，こうだ」と建設省に交渉して帰ってくる．答えが帰って来る前に，公団が私の方に直接色んな情報を聞かせてくれました．そのくらい協力的な姿勢でやってくれたと私は思います．

――多摩センターの駅前に企業誘致をされようということで，市としてはどういう動きをされたのでしょうか．

　臼井　市としては，公団と協同し，全国の，全国といっても東京近辺でしょうけれども，企業へ宣伝の文章を作って発送したりすることもあると思っ

ています．もちろん，公団にも働きかけて．公団は自分の土地ですから早く売りたいというのが元々でしょうから，一緒になって会社を探すとかね．そういう努力はかなりしてきたはずです．

――やはり，公団と協力をしてというより，公団が主導して企業誘致を進めていたということでしょうか．

臼井　主導的役割は公団が果たしたと言えるでしょう．市でもやったことはあると思いますよ．

――全国の自治体には「企業局」がじっさいに誘致にあたった．80年代では，兵庫とか神戸をモデルにどんどん企業を誘致してきたという話が当時あったわけですけど．

臼井　神戸なんかと比べると孫みたな小さな市ですから（笑）．とてもやっぱり，名前も売れてないし，そういう点ではなかなか難しいこともあると思うのですけども．こういう面白い話があったんですよ．多摩センターの朝日生命の社長だったかな．挨拶に来られた時に，「今度は，多摩の事務所に行ってもらう」って社員に言ったら，「えっ多摩？」って言って皆びっくりしちゃった．「いや，パルテノンがある多摩だよ」と言ったら，「あそこならいい」って言ったってね．「多摩」というイメージが，奥多摩の山の中のイメージが強かったみたいですね．だから，だんだんに「多摩」も名前が出てきていると思うんです．

パルテノン多摩をめぐる自治省との関係

――多摩市としては「パルテノン多摩」の建設にどのように関わられたのか．公団とどのような交渉があったのかお聞きしたいのですが．最初，ドーム球

場案もあったと思うのですね．それから，コンサートホールや郷土資料館いろんな話があると思うのですけれども．その過程はどのようなものだったのでしょうか．

臼井 皆さんご存知の横倉舜三さんはドーム球場にすごく熱心だったんですよ．アメリカまで行って，「初めの頃に建ったドームまで見てきた」って僕らのところにも話があって．それで，僕らもスポーツ施設は，初めの頃一生懸命造っていましたからね．よく話を聞いて，内部でもよく検討しました．だけども結局，最終的にね，ドームとして使えるような広さになるには，数万の人間が一遍に入るわけでしょ．あそこの多摩に来た場合に，そんな大勢の人が大挙する．「一本の鉄道で，何万の人が大挙するってそんな簡単にはいかないよ」とか「東京にドームがあるのにわざわざお客さんが来るだろうか」と．そういう見通しから，「これは無理だな」と判断をせざるを得なかったですね．

――臼井市長は，次にどう動かれたのですか．

臼井 その頃は多摩センターの駅前に「丘の上プラザ」ができただけで，いつまで経っても何にもできない．幾年たっても．しょうがないから，早く企業を呼ばなくてはならない．市もそのための努力をしなくてはまずいだろうと．当時文化施設らしいものは，正直無かったものですから，「思い切って文化施設を造ろうじゃないか．駅から近いし，お客さんに来てもらうのも良いのではないか」と検討を始めた．NHKの専門家も仲間になって協力してもらい，音響などいろんな専門家に設計をしてもらった．

これを多摩センターに造ろうとした時，東京都が「公園面積の3％以内にしろ」「公園の中にあんな高い建物はまずい」．こういう具体的な指導があったのです．面積の問題は，現在のもので済んでいるわけですが，上へ高く出さないようにするためには，下へ掘らなくてはしょうがない．このため，パ

ルテノンの部分の公園の土をすっかり運びだしたんです．それで，下に下げ，東京都は「いいだろう」と許可したわけです．

　その前に，施設を造ることが「良いのか悪いのか」散々議論があったわけです．1983年（昭和58年）か1984年（昭和59年）に，全国で30カ所くらい文化施設をつくろうという自治体があると，自治省地方債課が言っていました．それで，全国平均が30億規模の財源でできるものだったらしいのですが，多摩の場合は72億という数字が出た．それで極端に目についてしまって．自治省は「これは大きすぎる．もっと小さくしなければだめだ．とても起債なんか認められない」というわけです．

　われわれは専門家に相談して，あの規模に決まったわけなのだけれど．今のパルテノンは，肉声で聞こえる最大限の規模だそうです．指揮者の小澤征爾が気に入って何回も来てくれるほど，音響効果もいい．これはわたくしの考えですけれど，施設を小さくしてしまうと，日本で一流あるいは世界的と言われるようなすごく良い演し物を呼んだ時に，一人あたりの切符の値段が高くなってしまう．そうすると，結局見にくくなってしまう．そういう意味では，大きければ大きいほど，切符が多く売れるわけだから，安く見てもらえるはずだ．そういう発想が僕にはあったんです．だから「ホールを小さくしろ」と言われても，何としてもできない．「全体的に規模縮小をすることを考えましょう」と帰ってきて．色々相談して，しょうがないから，現在は一番上にある5階の食堂と市民サロンみたいなものを切って，規模的にはOKしてもらった．現在ある5階はパルテノンで造ったのではく，中央公園が建設中だったからできたのですけれどね．タイミングを僕は計ったのですけど．「上に造ったのは公園の食堂であり，休憩する場所だ」と別の予算を使った．それで，最初に計画したものとそっくりなものができ上がったということなんです．公団に物凄く協力してもらったわけですけれどもね．

　自治省は，次に「多摩市の職員の給料のラスパイレス指数が高い」と言いだした．東京都でずば抜けて高いわけではなくて，皆同じような水準だったわけですけれども，「高い」と．「国のラスパイレス指数より下げないと起債

なんか認めない」．こう言うわけです．「北海道や九州を含んだ全国平均のラスパイレスと東京のラスパイレスを比べて，高い低いといったってそれは無理じゃないか」と僕らは思っていたのですが，起債を認める自治省の地方債課で課長をやっていた柿本善也[15]さんが聞かない．その後奈良県の知事をやった方ですけれど．「では，しょうがない」と帰ってきて．市の職員に協力をしてもらって下げざるを得ない．ところが，払っている給料を下げることは実際問題できないですよ．非常に難しい話．だから，あの当時わずかですけれど，毎年ベースアップして給料が上がっていたのですが，4月にデータを計算するから「ベースアップする時期を半年伸ばそうじゃないか」と．職員組合に話したけれども，聞かないですよ．他市の職員組合も，反対運動に多摩市役所へ応援に来たんですよ．でも，僕は絶対に言うこと聞かなかった．2カ月相談しました．まず幹部職員，課長級以上に「こういうわけだから，給料のベースアップの時期を6カ月延ばしてもらいたい」と僕は頼んだ．幹部職員は喜んではいないけど「やむを得ない」ということで返事をしてくれたのです．

　話が前後するけれど，その前にわれわれ自分の給料を下げなければならない．われわれはベースアップなんて無いわけだから，貰っている給料を下げなければならない．助役と収入役と教育長みんなに集まってもらって「こういうわけで，この事業をやるために，われわれも給料を下げて，職員にラスパイレスを下げてもらうための協力条件ができるようにしなければならない．まず僕が下げるから，みんな協力してくれないか」と．助役も収入役も教育長も「わかりました」と返事してくれた．われわれの給料は議会で決めるわけですから，議会で提案したわけです．市長・助役・収入役・教育長の給料を1年間下げる．最初は給料1カ月5万円だったかな．他の三役が3万円だったかな．数字忘れましたけれど「下げる」と提案した．僕は喜んで議会は賛成してくれると思ったら，議会は反対したんですよ．反対決議ですよ．わたしたちの給料を下げたくても下げられない．これで僕は困ってね．しょうがないから，何カ月か我慢して．それと職員組合と交渉を続けた．それで

もなかなか双方聞かないものだから.

　今度は,関東一円からね,関東一円ですよ.代表がバスで何十台も来て応援ですよ.バスが何十台も並んで,市役所いっぱいですよ.動けないほどなかに入っていましたね.だけど,僕は言うこと聞かなかった.返事をしなかった.「どうしても造ろう」というつもりがあったからね.それで,ある時市の職員の状況を見ていて,ベースアップを6カ月間伸ばすのを,3カ月間で手を打とうじゃないかと.少し強引だったけど,手を打ったんです.それで,市の職員組合も仕方なしに「そこまで言うなら協力しましょう」ということになった.3カ月伸ばすと800人か900人いる市の職員のベースアップが上がらないから,ラスパイレス指数が下がる.他の市はみんな上がるわけですから,下がるのは目立つ.12月の議会になって,僕は市長・助役・収入役・教育長4人の給料は,議会に相談するとまた蹴飛ばされて,否決されちゃうから,市長の先決処分で決めてしまう.相談する暇がなかったという理由は通らないわけですけれど,もう決めたからしょうがないってことで,議会に「こういう風に決めました」と報告した.その時,前の約倍で市長1カ月10万円,助役・収入役・教育長は5万円.1年間減額処分.こういう風に決めましたと報告したら議会が怒ってね.1日議論していました.だから,雑誌に面白おかしく「給料下げるのに反対する議会があった」って書かれてね.話題になりました.僕はそうやって,自治省の「ラスパイレス下げろ」という条件をクリアした.それと東京都の公園内建物の高さ規定をクリアして,4年がかりで造ったんです.

――そこまで,ご苦労して造られた意図はどこにあったのでしょうか.

　臼井 それは市民が活用する文化施設を造ろう.あるいは,世界的に日本で有名な色んな出し物を市民に身近に見てもらえるようにしようという発想ですよね.それと合わせて,当時歴史資料館なんか民具も一緒に陳列してみてもらうような博物館みたいなものも考えていたので,2つも別に造るわけ

にはいかないからまとめちゃおうと．それで規模も大きくなったということもあるわけですけれどね．

――やはり，多摩センターに核施設を造るということが，どうしてもあの地域に，いろんなものを誘致するためには必要だったということですか．

　臼井　そう，僕はそれをすごく大事にしたんです．それで，百貨店関係の新都市センター開発と京王ホテルと三者で話し合って．「お互い大変だろうけど，同じ時期にオープンしようよ」と．多摩市は夢中になってやったんだよ．1987年（昭和62年）の秋にオープンしたのだけど，百貨店が1年遅れて，ホテルはさらに1年位遅れてる．とにかく市も本気になって，あそこに目玉になるようなものを造って，企業を少しでも早く誘致することを考えないとまずいだろうと．公団も多摩ニュータウンは広いし，多摩センターという中心に何かまとまった気の利いたものを欲しかったんですよ．そういう意味でもね，公団は協力してくれた．かなり協力してくれています．1987年（昭和62年）秋に，「パルテノン多摩」がオープンし，「多摩そごう」開業が1988年（平成元年），1年遅れて，京王プラザホテル多摩が開業した．

――この時に，公団あるいは新都市センター開発とかなり協力関係にあったのですか．

　臼井　新都市センターは，百貨店開店で協力を頂き，公団が，かなり本気になって協力してくれました．

――パルテノン多摩が出来たおかげで，商業施設・オフィスビル等の誘致はかなり進みましたか．

　臼井　影響はあったと思っています．

——ちょうどバブルの一番いい頃でしたね．

臼井 中央公園を整備中で，僕はあのタイミングを外したら，まず出来なかったと思うんです．だから「今こそ時機」だから，どんな無理をしてもやってしまおうという意気込みで取り組んだのです．議会も72億円というと，「そんなの造って大丈夫か」とやはり尻込みし，どちらかというと消極的だった．考えてみれば，1年に72億円出すわけにはいかないけれども，4年間ですからね．

——パルテノンを核施設として，京王プラザホテルも，多摩そごう，サンリオ・ピューロランドも出て，多摩センターを商業集積地区として，集客をして盛り上げようという明確な政策意図がおありになった．当時は，バブルが弾けようとは思いもよらなかったと思うのですが．91年あたりから本格的に企業が出てくる一方で，逆に誘致したけれども入っていなかった企業がどんどん撤退していくという時代になった．その10年間も臼井市長はご覧になってらっしゃいます．これは予想もしなかったことだろうと思うのですが，そこをどういう風に乗り切ろうとされたのか．

臼井 そうですねぇ．例えば，そごうは，2006年（平成12年）に撤退しましたけれども．いろんな原因はあるのでしょうが，ニュータウンから見るとバブルの影響で住宅建設も順調にできなかった．したがって，そごう建設の頃に想定していた人口貼り付けが予定通りいかなかったのも，一つは原因かもしれませんね．由木・八王子の方も含めてね．それと，企業が非常に難しくなったというのは，多摩センターだけでなくて，全国で相当苦労していて．われわれは「ぜひ来て欲しい」という願いを込めていたけれども，なかなか進出する企業は現れなかった．われわれも正直言ってどうしていいかわからない．われわれの力じゃどうにもならない問題なのです．

そういう中でも，最近多摩センター周辺に3つとか4つとか公団から土地

を買収して企業が進出するという話を聞いていますので，ようやく景気がよくなったことが形に現れはじめたのかなと期待を持ちながら喜んではいるのですけれどもね．

——ただ，臼井市長の在任中には，けっきょく果実を刈り取ることはできなかった．

　臼井　そうですね，十分にはね．それでも，多摩市の元々の財政規模は大きくないから，今まで入っていた大手の法人税でものすごく助かっているんですよ．正直言ってね．

長期市政を振り返って

——20年間という長期間市長選挙戦を勝ち抜けた秘訣は何だったのでしょうか．

　臼井　まぁ1つ言えることは，ここに生まれて，市長をやって，仮に失敗ということはあるかもしれないけれども．不正っていうかね．公職にある人間が世の中から批判されるような不正なんてことだけは絶対やるまいと．それをやって，ここから逃げ出すなんてことは僕にはできない話だから．それはもう常に心がけていましたね．絶対どこからでも指さされないよう責任を果たそう．それだけはね，どこ行っても僕は言えるつもりでいます．ただ，選挙に勝つ秘訣というか．それはとにかく精一杯自分の仕事に取り組むということだろうと．自分の好きな言葉に「至誠通天」って言ってね．とにかく全力をつくしてやれば相手の気持ちにも通ずるはずだと．それを信じてやろうと．僕はほんとに真剣にやってきたつもりです．1年間通して，こうやって1日家で休んだことは数えるほどしかなかった．土曜・日曜・祭日ぜんぶ引っ張り出されて，僕は呼ばれない所は出て行くのは好きではないから行き

ませんけれども，呼ばれれば無理をしてでも出て行かないといけないというつもりでやっていた．休日無いですよ．20年間，休日無いですよ．それだけは，精一杯やることはやろうと．だけど，おかげさまで病気をして休んだということもないし．よく務まったなぁと自分でも思っていますけどね．

── 99年（平成11年）に引退を表明される時は，どういう状況だったんですか．

臼井　まだ続いてやれという話がすごくあって．大勢に何回も呼び出されてね．だけども，5期一生懸命やって，実際には疲れているし．たまたま前の年の8月に，人間ドックで病気が見つかって．その治療をしよう．医者にも相談したら「続けていたら責任持てないから」と言われたしね．病気を理由に，僕は引退を決意しました．

── 最後に一言だけ，これは個人的なお話で結構なんですけれども．多摩ニュータウン事業が2006年に終了し，最後まで完成しなかったわけですけれども．それについては，私人としてで結構ですけれども，どのような思いをもたれているのでしょうか．30年以上それにかけられてきているわけですけれども．

臼井　一言で表現すれば残念だった．市としては，とにかくできる限り急いで街を造り上げようという努力をしてきた．稲城や八王子よりもはるかに早い時期に事業が進んできた．完全には終わってないけども．経済的にも余力があった時期だったりするので．早くやったのが，良かったか悪かったか私には判断しにくいけれども．仕事が多く進んだってことは結果的には良かったんじゃないかと．僕は考えてはいるんですけれどもね．早いために多摩の色んな具合の悪い所を次の地区では参考にして，また改善された仕事が出来ているだろうと思います．でも，稲城市へ行くと大きな建物ばっかりですよ

ね．多摩に来てみると，大きいのはまだ当時多くなかったけれど，住棟間隔がたっぷりしている．土地を十分使って．それは，やっぱり時代の空気を反映していると思うのですよ．色んな意味で，総合的に判断すると，多摩の場合は建て替えもしようと思えばやりやすいわけでしょ．住棟間隔があるから．そんなことも勝手に考えると，早い方が良かったんじゃないかな．

――逆に，今建て替え易い時期が来ているという風にとってもよろしいのでしょうね．そういう意味では，街は成長していくものでしょうから，これから何代もかけてニュータウンも成長していくということですね．

　臼井　そうですね．建物の規模や何かは当初は小さかったけれども．国の全体的な要請だったと思うんですよね．東京に集まってくる若い大勢の人の住宅を確保したいという時代だったから．その時代に応えなきゃならないのが，国の政策でしょうから．やっぱりこれはやむを得なかった．ただ，そうは言うものの受け入れた自治体から見ると，ああいう開発というのは，団塊世代を産んじゃうのですよね．一番初めは，学校が全国の倍も必要になって．老人がものすごく増える．そうすると，次々に団塊の世代で色んな課題が出てくる．そういうことを無くすためには「大中小色んな住宅を混ぜた開発をしていれば良かったな」という思いも無くはないです．だけど，その時の国の要請に応える1つの事業が，多摩ニュータウン事業なのだからやむを得ないと言えば，やむを得ないのかもしれませんけれどもね．

　　　　　　　　　　　　　　　（2007年10月21日（日）・11月4日（日）実施）

＜質問者・同席者＞
　中庭光彦，篠原啓一，林浩一郎

1) 西川実　大正11年多摩村和田出身．多摩村議会議員（昭和34年～46年3期：無所属）．
2) 臼井千秋氏の祖父・丈助氏は，明治5年多摩村百草出身．大正10年～14年村議．昭和5年～8年村長．父・恒助氏は，明治30年百草出身．昭和22年～30年村議（2期）を務めた．
3) 富澤政鑒：明治43年多摩村連光寺出身．昭和22年～30年村議会議員．昭和34年～54年多摩村／町／市長．早稲田大学理工学部卒．
4) 『多摩ニュータウンにおける住宅建設のあり方と地元市の財政問題の解決策について（答申）』．74年10月，東京都・公団・地元自治体による「東京都南多摩開発計画会議」で制定．それは多摩市からの一連の要望を受け入れたものだった．すなわち，(1)「計画目標人口41万人に合わせて，道路，下水道等の都市基盤整備は行うけれども，居住人口は計画目標人口の80％に抑え33万人とする」．(2)「緑とオープンスペースを住区面積の30％まで増やす」．(3)「賃貸住宅と分譲住宅の割合を45対55とし，都営住宅の割合が20％を超えないようにする」．(4)「住宅の規模は3LDKと3DKを主体とする」．(5)「学校用地の無償譲与，校舎等の建設への補助金交付，児童館・公民館などの公益的施設用地の譲渡にあたって基準価格から30％減額し，建設は立て替え施行して償還の金利を抑制するなどの財政措置」が定められた（多摩市史通史編：889）．
5) 大正2年多摩村関戸出身．村議会議員（昭和34年～50年3期：無所属）．
6) 村議（昭和34年～54年4期：無所属・自民党・民主クラブ）．
7) 明治天皇が明治10年代に多摩村連光寺に4回狩猟に訪れたことを記念し，1930年（昭和5年）に建設された．御猟場にゆかりの深い元村長・富澤政賢氏は，大正期に民力修養運動で史跡保存が奨励されたことを契機に，御猟場を史跡として保存し，合わせて地域開発をすすめようとした．元宮内大臣・田中光顕（1843-1939）は，富澤ら地元関係者だけでなく，沿線開発に積極的であった京王電鉄も計画に巻き込み，記念館を実現させた（多摩市史通史編二：16）．
8) この詳しい経緯は横倉（1991　113-132頁）に記されている．1977年（昭和52年）富澤市長が降り出した1億6千万円の手形（名義：多摩聖蹟記念会会長富澤政鑒）決済ができず，横倉氏が手形の連帯保証人になり，その後も決済されなかったことから横倉氏の土地が差し押さえられたことを指している．その後，多摩聖蹟記念館をめぐるずさんな経営が明るみに出，市議会でも問題化した」（細野・中庭　2008）．
9) 1994年（昭和19年）生まれ．日大理工学部卒．運輸省港湾局，三井建築事務所に勤める．多摩市議会議員（昭和50年～54年1期市民クラブ）．社会党・共産党は多摩市初の革新統一候補として金氏を擁立．市の革新政党・労組などで組織された『明るい革新多摩市政をつくる会』は社会・共産両党，自治労，都教組，都保育所労組などの関係団体で構成されていた．
10) 昭和54年市長選：臼井千秋氏（14,126票），金義春氏（12,620票），富澤政鑒

氏（8,728票）．

11) 富澤氏の選挙本部長をつとめてきた横倉真吉氏が，臼井氏の本部長になったことに昭和54年選の保守陣営の複雑さがあるとしている（朝日新聞多摩版1979. 4. 15）．
12) 有権者数は昭和46年19,639名，昭和50年39,047名，昭和54年52,164人と増大．
13) 1963年公布施工．新住法により「大都市周辺で公共事業として宅地造成を行う場合には，土地収用権を備えた全面買収方式で行うことが可能」となった（多摩市史資料編：551）．
14) 1968年8月，多摩ニュータウン5・6住区（諏訪・永山）の造成が完了し，公団は多摩町との住宅建設に向けて協議を開始．しかし，公団が直面したのは，公共・公益施設の建設および維持管理に要する経費負担の問題を東京都・公団が抜本的に解決しないかぎり，住宅建設の着工は承諾できないという多摩町の強硬な姿勢だった（東京都南多摩開発本部1987）．71年4月から3年間，多摩ニュータウンの住宅建設は座礁する．
15) 柿本善也　1938年生まれ．奈良県大和高田市出身．1962年東京大学法学部卒．旧自治省に入省．自治大学校校長を経て1990年奈良県副知事に就任，上田繁潔知事の辞意表明を受け1991年11月の奈良県知事選挙当選．

第11章

用地提供者の開発利益

横倉舜三

<プロフィール>
1923年(大正12年)多摩村落合に生まれる．1950年(昭和25年)多摩村農業協同組合常務理事，1955(昭和30年)多摩村村会議員．1963年頃より，多摩ニュータウンの用地買収の地元取りまとめ役として中心的役割を果たした．1975(昭和50年)多摩市議会議員当選，初代議会運営委員長．1979(昭和54年)臼井千秋市長選選挙対策本部副本部長．1982(昭和57年)多摩ニュータウンタイムズ社主就任，現在にいたる．

唐木田の横倉家

　横倉　多摩ニュータウンというのは，面積が約1千万坪という非常に広大な面積です．なぜ，こういう大きな開発ができたのか．土地を持っていた方が，農業を全部やめて，協力したわけですけれども，こういう方がなぜ土地を売却したのか．公団などは，もう地主さんの話はほとんどされておりません．

　諏訪，永山が，大体50万坪ぐらいですが，そこを最初に私達が手掛け始めたんです．その時でも200人ぐらいの地主さんがおりまして，それを一軒一軒，高村旭という相棒と二人で歩いて訪ね，3年ぐらいかけて，まとめたんです．皆さんが，私の話を聞いてくれて，だんだんと協力してくれたわ

けです．

　私が動けたのには，その背景となる理由があるのですが，それは大分前に遡る．遡るというのは，私はこの農村地帯で，土地の地域組織の世話役を代々やっていたということです．

　私個人の話になってもいいですか．いま府中カントリークラブになっている場所の南側に私の生まれた家があります．この地域が唐木田で，乞田川最上流の水源地です．そこに横倉家があった．当時は横倉一族で唐木田の集落をつくっていたようです．横倉の本家がありましたが，私が生まれたのは本家ではなく，「新家」という屋号がついているんです．新家というのは分家ではないんです．本家の跡取りである長男が（本家を継がずに）別れ，新しい家を創設したことで「新家」と言っているんです．

　どういうことかと言うと，昔，本家で家事手伝いをしている女と，本家の長男，つまり後の新家の初代が仲良くなってしまったわけです．当時，そういうことは許されないことで，親が「勘当しよう」ということになったらしいのですが，長男ですし，女性も優しく気立てもよく，勘当するわけにはいかない．そこで，とにかく一応，見せしめのために，分家ですけれども，「新家」，つまり本家の財産の半分を持って，今の私が生まれた場所に分かれてきたんです．

　ところが，その当時は，長男と弟とでは，ものすごい違いがありましたから，集落でも，長男の言うことが一番重きを置かれたんです．本家から分かれたけれども，それが長男だったので，集落の本家より，長男の言うことの方が通るようになってきたわけです．そうすると，実権は新家の初代，つまりうちの先祖が持つようになったということです．私はその6代目です．

　このように，その当時から，横倉の新家は地域の世話役を代々するような家柄だったようです．本家の資産を半分持っていましたから．しかも，私の家の裏の土地は，現在の府中カントリーのクラブハウスのところまで続いており，小田急の操車場の辺は，全部一帯の裏表が，うちの土地だったんです．その後，隣に，うちから分家が出たんです．今は4代目になっていますが，

生糸で儲けまして，多摩の一大財閥にのし上がった分家です．その分家は資産を持っていたんですけれども，うちの周りにはほとんど土地を持っていない．

そういうわけで新家では，お寺のこと，地域のこと，お宮のこと，そういうことに関わり合いをずっと持ってきた．私の家が動くと，「協力をしなければいけないのだろう」というような雰囲気があったようです．私が，永山などの地域の地主さんに声をかけ，実際にはゴルフ場をやろうとして府中カントリーを最初にまとめたわけですが，協力してくれた裏には，そういう目に見えない力が加わっていた[1]．

私は，村会議員をしましたけれども，もうその当時は，座っているだけで当選するような時代でした．そんなように，長い間にわたって家として地域の役割を果たしてきたことが，ニュータウンをまとめる一つの大きな後ろ楯になってきたのではないかなと今思っているんです．

私が『多摩丘陵のあけぼの（前・後編）』（多摩ニュータイムズ社，1988・1991）に書いた時代は，まさに高度経済成長時代です．農業なんかやめても，とにかく人が集まって，近代都市をつくって，そこに住もうという時代でした．今は「あけぼの」ではなく，生産行動が無くなって，ニュータウンは衰退していく．このままいくとスラム化するのではないかというところまで来ている．最近もちょっと書いておりますけれども，そんなことが言われております．

桜ヶ丘開発

——ニュータウン計画の動きが始まるきっかけは，「府中カントリーと桜ヶ丘団地だ」とおっしゃられています．その頃の動きについてうかがえますか．

　横倉　府中カントリーができたことがきっかけで，多摩ニュータウンはで

きたと私は思っています．今はニュータウンの真ん中にある府中カントリーがそのまま残っているわけですね[2]．他にも東京国際カントリー倶楽部が入り込んでいたんですけれども，その半分ぐらいは，ニュータウンのために買収されているんです[3]．でも，府中カントリーだけは，私の方でまとめ，誘致した．

なぜ誘致したのか．

戦後，八王子は生糸とか繭の織物の集積地でしたが，その背景にあった多摩丘陵は大養蚕地帯でした．その養蚕が，石油が出回ってきたり，人造絹糸が出てきたり，あるいはビニールとかプラスチック系のものなどができてきたことによって，壊滅したんです．

私たちが1945年（昭和20年）の秋に兵隊から帰ってきた当時，食糧が非常に逼迫していましたので，米を作ろうとした．ところが，多摩丘陵は桑畑なんですよ．ですから，その桑畑で陸稲（おかぼ）をつくって，米の代わりのものを作ろうとした．戦後，食糧難でしたから，米が一番高かったわけです．ところが，何年か作るうちに，米ではなくて，野菜など現金収入の道を図らなければいけなくなった．そこで，乳業の酪農，養豚，養鶏，あるいは野菜，いろいろな仕事を試行錯誤した．でも最終的に養蚕に勝る産業は見当たらなかった．そこで多摩村が，桜ヶ丘に団地をつくり，あの15～16万坪を無理に京王さんに買ってもらったわけです．1956年（昭和31年）のことです．今の京王電鉄があるのは，桜ヶ丘を京王さんが買ったということにあるんです．

私も，桜ヶ丘の地主さんと交渉する開発委員にはなっていたんです．実際には，村長が率先してあそこをまとめた[4]．「多摩の養蚕はなくなったけれども，もうしようがない．高級住宅地か何かにせざるを得ないだろう．一部，あそこの山に団地を開発してやろう」という動きになってきました．たまたま，村役場に，おじさんが京王に勤めている職員がおりまして，その辺を通して，京王にお願いして買ってもらった．京王は，仕方なしに坪500円で買ったんですが，それが造成もしないうちにどんどん値上がりした．桜ヶ丘

4丁目にいろは坂がありますが，あそこは坪250円で買い，売り出した時は，坪5万円でした．近所の人は「京王さんは，やっぱり先見の明がある」と言いましたね．

いま一カ所，木崎物産がまとめた所があります[5]．京王電鉄が，「桜ヶ丘駅前を買収してくれ」と，木崎物産に1億円出し，その金で，木崎物産は桜ヶ丘ではなく，平山城址公園をまとめたんです．これには京王も怒りまして，「とにかく城址公園の土地は全部よこせ」ということになり，京王の土地となった．それがまた利益を生んだわけですよ．ですから，あの新宿の高層ビル，京王プラザホテルを建てたのは，多摩と城址公園のおかげだと私は言っているんです．

背中に頼る農業からの脱却を願った

　横倉　このように桜ヶ丘を最初に，多摩の開発が始まり進んだ．私は，1955年（昭和30年）に多摩村の議員になりました．そして，私の住んでいる唐木田の方も何とか開発しなければいけないと考え，府中カントリーの誘致をしようと，率先して取りまとめに当たったわけです．

　なぜ府中カントリーを誘致したのか．

　多摩地区は丘陵ですから，畑は傾斜地で田んぼは段々．山では雑木林を切ったり，炭を焼いたり，薪を切ったりと，全部背中に頼っているわけですよ．背中に頼る農業を，近代農業に切り換えていかなければいけない．それには金が要るんです．ではその金をどうするか．農協へ行けば，金は借りられた．ところが，農協は土地を担保に取るわけです．担保に取られて返す見込みがあるのかといったら，なかなか返す見込みがない．そこで，住まいから遠い土地の一部を，とにかく売る．それで目をつけたのが，いま府中カントリーのある場所です．

　府中カントリーのある場所は，由木村と多摩村です．由木村に話をしたところ，「あそこは遠いし，日陰だし，まぁ売ってもいいんじゃないか」とい

うことになって、ゴルフ場を誘致することにしたんです。

でも、私の家では、おやじが反対をした。「絶対に売ることはいけない、代々先祖からもらった土地を売るわけにはいかない」。でも、私が話を進め、議員をやっている立場もあるし、「地域を発展させなければいけないから、とにかくあそこをまとめよう」ということとなり、約1年で、かなりの土地がまとまりました。

ところが、買収の用地代金を近代農業に使おうとしたんですけれども、「うちでは息子が大学へ行く、オートバイを買う」とか、奥さんは「テレビが欲しい、洗濯機が欲しい」とか、生活の向上には役に立ったんですけれども、農業の近代化にはほとんど向けられなかったんです。

――当時、いくらぐらい集まったのですか。

横倉 府中カントリーは総額で1億2,300万円でした。一坪を350円で売っているんですよ。ですから、その当時、第1回目の会員権は30万円ですけれども、大体900坪売らないと、会員権は買えなかった時代なんです。桜ヶ丘の団地が坪500円で、その後、3～4年経っていますから、それだけ違いがある。値段が安いわけですね。

――よく1年間でまとまりましたね。

横倉 それはもう、ある程度、協力をしないと、まぁ、信用されたのか、しないのか。昔からの地域組織の組合「五人組」というのがありますね。それが非常に強固なわけですよ。そこから除外されて村八分になるわけにはいかないから、やはり協力をする。結局は私の家が代々やっているものですから、組合に必ず呼ばれ挨拶をしたり、今は結婚式はあまりなくなりましたけれども、葬式の場合は最後をやってくれとかいうことで、お付き合いする。そういう組織があったんです。

諏訪・永山の土地をまとめた頃

　横倉　第二府中カントリーを造るつもりでまとめ始めた頃，今度は，うちの方がそれを買い取らなければならなくなり，銀行を歩いたりしました．結局，最終的に住宅公団と東京都が両方とも来まして，「うちの方で，こういう計画があるのでやらせてほしい」という話が実際に始まってきたんです．

——住宅公団と東京都から話が来たのは，いつごろですか．

　横倉　1963年（昭和38年）の暮れから，1964年（昭和39年）の初めですね．

——『多摩丘陵のあけぼの』(1988) の中で横倉さんは，1964年（昭和39年）に河野一郎建設大臣が開発を決定したかのように伝えられているが，事実は「その3年前に，高村さんたちによって開発決定がなされていたことを，ここではっきりと明言しておく」という趣旨を書かれています．実際に，公団あるいは東京都から計画が持ち込まれるというよりも，むしろ「横倉さんの方で土地をまとめ上げて逆に持っていったんだ」という記述になっています．東京都首都整備局からニュータウン構想策定依頼が公団にあったのが，1963年（昭和38年）です．このあたりの話が，地権者の方には，どういうルートで話が伝わってきたのか，正確にうかがいたいのですが．

　横倉　私たちが土地をまとめている話が，公団や東京都にかなり流れていたことは事実なんです．それは国会議員の木崎とか，そういう連中が，うちの方のことを知っていますから．その当時，百草団地の方が早かったんですが，そういう話をまとめているという情報が，どうも公団や東京都には大体入っていたみたいですね[6]．
　それで河野建設大臣がヘリコプターで見たというのは，あそこをまとめて

いるというような動きがあったので，実際に飛んで，「ああ，やっぱりあそこは空いているな，あそこだったらいいだろう」という判断をしたのではないか[7]．その当時は，もう既に動きがあったんですよね．

――「あった」ということですか．それとも，横倉さんが「あったという確証をお持ちだった」ということなんでしょうか．

横倉 実際に，諏訪，永山の話を始めたのが1961年（昭和36年）ですからね．1961年（昭和36年）から1963年（昭和38年）まで約3年かかっているわけです．その3年間というのは，もちろん私の方は一銭も収入はないし，府中カントリーに売った金を使っていた．それで，地主さんが200人ぐらいおりまして，手紙を出し，一軒一軒，みんな個々にお願いに歩くんですが，実際に行った所に「売ってほしい」と言ったことは，ほとんどない．ただ，行くだけなんです．

――「お願いします」と言わないんですか．

横倉 言わないです．自分もわかっていますし．何人かは，「そろそろ返事をしなければいけないだろう，実際には，そういう返事をしてもらえばいいですよ」ぐらいのことだったんです．

――200人の地権者を3年ほどでまとめるには，かなりのご苦労があったと思います．最初の地権者の反応はいかがでしたか．

横倉 最初は，とにかく歩くだけですから．そうすると，「一番大地主のあそこのうちはどうなったんだ」と，どこへ行っても聞かれるんです．大地主というのは貝取の伊野さんという方で，山林を約5～6万坪持っておりました．自分のことよりは，他人である大地主のことを聞くんですよ．私の方

は「ああ，あそこはまぁ，何とか話は進んでいます」と言って，逃げてはいたんですが，一番強硬なのがその伊野さんでした．「土地を売ってはいけないという家訓がある」と言っていました．伊野さんを口説かないと，この土地はまとまらない．

それで一番の近所の方に「伊野さんのところで，一番困っていることは何だろう」と聞くと，「嫁さんをもらわなきゃ．おやじさんが亡くなって，息子さんの嫁さんを探しているけれども，あそこの家につり合う家柄の嫁さんがいない」と言うんです．「それを世話すれば，返事をするんじゃないか」．「あぁ，そうか」と．それで実際には，私の親戚から娘をお世話して，私が親戚になったんです．それで口説いた．それでなければ，返事がもらえなかったんじゃないでしょうか．

いま2軒，大変なのが，稲城の富永さんと，小山の萩原さん．この3大地主さんが返事をしたことによって，ニュータウンができたということじゃないですか[8]．

——結局，多摩ニュータウンの用地買収は，何年から始めて，何年ぐらいで終わったんですか．

横倉　3年から4年ぐらいですね．昭和36年（1961年）から始めて昭和39年（1964年）ぐらいまでです．

——ニュータウンの計画地域のどれぐらいを手掛けられたのですか．

横倉　私は，諏訪，永山，貝取だけなので，大体40万坪ぐらいですね．あそこだけで，200人ぐらいの地主さんがおりましたけど，2人で1日に5軒歩いても，全部歩きますと半年ぐらいかかる．すると，その間に相手の気が変わってしまうわけです．ですから，最後は二人で手分けをして歩いた．農家はいつでも会えるわけではないんです．昼間なんかに行ったら怒られま

すからね.「この忙しいのに」と.こっちが頼んで,「買ってくれ」と言うのだったら,いつでも会うけれども,「欲しいんだ,譲ってくれ」と来るんだから.家が一番空いているのは,夕飯を食った後ぐらいです.そうすると,1日に1軒しか歩けない.

そんなことで,おもだった話は,もう会合の時だけ.個人の所は,手紙でやりましたけど,「どこのうちが,もう承諾をした」とか,どういうわけか全部知れ渡ってしまう.ニュータウンはかなり広い面積ですけれども,親戚や何かがありますので,永山の一部分で行われることが,南大沢,多摩境の方まで全部知られているんですよ.親戚から続いていてね.ですから,4年間の買収で,最初の3年間が一番大変で,あとはもう一遍に行った.それはもう既に自然に宣撫工作ができていたんですよ.そういうところが,いかに昔からの親戚網とか連絡網ができている.

私がどう歩いているのかを,親戚は全部知っているんです.これが恐ろしい.ニュータウンの取りまとめに大きな貢献をしたというのは,そういうことです.今だったら,こんなに伝わっていかないんじゃないか.新聞とか口コミの両方で伝わっていってしまうんですから.

今から思うのは,土地を売って金が入りますから,農民の生活が変わってきたんです.私が,これを取りまとめるのに,お金の使い方を教えてしまったところに一番問題があるのかなと.料理屋に毎日行っているんですから,「金というのは,こんなに使い道もあるんだ」ということを農民に教えてしまったということです.

ところが,後に,私自身が会社をつぶしてしまったわけですが,そういうものも伝わるのが早い.だから,「あの真似をしてはいけない」ということになった.「商売をやって損をしたらしいから,商売をやるのは,よほど気をつけろ」と,地主さんの中に流れていたんです.ですから,せっかく区画整理の中にニュータウン通りができ,そこはみんな地主さんが持っているわけですが,みんな自分で商売をやらないんですよ.結局,ビルが建って,1階から全部貸している.本来は,1階ぐらいは自分で商売をして,それから

上を貸していくものなのに．ところが，「商売をやると，横倉みたいになるからやめろ」というようなことで，街はできたけれども，地元の人が実際に商売を手掛けなかった．そして結局，息子さんはサラリーマンにしてしまったところに問題がある．話が余計なところまでいきましたけど，そうではないかと思います．

公団と東京都の対応

——社主の取りまとめの動きに対して，日本住宅公団の窓口はどのような対応だったんでしょうか．公団の窓口は，どちらだったんですか．

横倉 木崎茂男です．木崎が「公団があそこの土地を欲しいと言っているから，（こっちはまとめてあるんですけれども）まとめたところを持ち込んだらどうだ」と言ってきた．木崎物産の社長です．衆議院は一期．もちろん，自民党系で，奥多摩の成木村の村長をやった人ですから．その人が衆議院に落選した結果，不動産業になったわけです[9]．それでそういう情報を聞いてきて，うちの方の情報を持って「公団に行ってみろ」と言って．自分では連れて行かないんですよ．私の方が直接行きましたら，慌てたのは課長ですよ[10]．

——公団に行かれたのはいつのことですか．

横倉 1963年（昭和38年）1月4日です．高村と一緒です．いま一つは，東京都がある．これもまた別のルートですけれども，東京都から話があったんです．そっちへも行った．両方行きまして，最終的には1月4日に公団へ行った時に，「うちの方は公団とやろう」ということに決めたんです．なぜそうしたかと言うと，公団の課長が「遠い所をおいでいただいて」ということで，私たちは二人とも農家ですから，昼をごちそうになるというのは，何というのか，すごくその当時は……．九段の1階の社員食堂に連れて行かれ

て，食事もして，「ひとつよろしく頼む」ということであったわけです．「では，うちの方も，できるだけ協力しましょう」という感じで帰ってきたんです．それであとは地主さんのおもだった人に相談しまして，「公団ならいいだろう」ということになって，公団に決めたんです．

　今度は，東京都に行きましたところ，待たされました．東京都は不動産業者がおりまして，その人が，課長かなんかに話した時に，なかなか話が違うし，仲介の人は儲けようとしていますからね．その手数料のことで，すったもんだしていましたから，最初にちょこっと会って，名刺を置いてきた程度なんです．それで私たちも，「東京都は，人をばかにしているな」と怒って，それで公団の方に決めたんです．感情で決めたんですけれどもね．

——二つで，条件の違いはあったのですか．

　横倉　その当時は，まだ，そこまで条件は出ていないんです．とにかく，当時は開発をやるか，やらないかという程度です．

——仲介業者の名前は，覚えていらっしゃいますか．

　横倉　『多摩丘陵のあけぼの』に書いてあります[11]．公団の方は木崎，これははっきりしていますからね．

——その後，公団と一緒に，どういう動きをされ始めたんですか．

　横倉　公団は，「とにかく開発をしたい．こういう計画があるんですが，今は法律ができない限り，買収することはできない．新住法が1963年（昭和38年）にできたんですか，法律ができてから買収をする．それまでの間，おたくの方がまとめているのだったら，まとめてお金を払って，契約して，一括で買う」．ところが，うちの方は，それだけの余裕，力はありませんか

ら，日興不動産を中に入れたんです．日興不動産が地主さんに払う．地主さんに払った代金は，日興證券が振り出した手形に，農協がそれを割って払ったという形です．ですから諏訪，永山については，地主さんたちは，新住法の適用を受けていないんですよ．だから，同じ地主でも，諏訪，永山の地主さんと，豊ケ丘，落合，別所とは全然違うんです．税法上の特典は受けられなかった．そういうことがありますね．

虫食いにされないように動いた

――新住法を適用された豊ケ丘あたりの地主さんは，多分喜んだと思うんだけれども，諏訪，永山は「ちょっと早く売ってしまって失敗した」という反発はありましたか．

　横倉　ありました．私は，諏訪，永山をまとめて，あとは公団に任せ，協力はもちろんしていました．どういう協力かですけれども，公団が開発をすることになったら，ニュータウン区域の中に一斉に業者が入り込んできた．高村と私の二人で，もうその時に会社をつくり，そうした業者を全部撤退させる仕事をやっていたんです．そうしなかったら，もう虫食い状態になって，おそらくこれは成立しなかったと思う．その中で，唯一残ったのが，東京都住宅供給公社で，落合地区を手掛けていたんです．これはそのままやりましたけれども，馬引沢に，馬引沢団地という団地がある．これだけは買収して，区画整理をして，もう売ってしまっているわけです．これは新住法からも除いているはずです．だから，未だにあそこは開発が逆に遅れている，そういう地区もあります．
　なぜ，他の業者を入れないようにしたかと言うと，とにかく「公団が買う」と言ったので，業者はそれより安くあるいは同じ値段で買っておけば，公団に高く売りつけることができるわけですよ．そこで儲けられるというので，業者が一斉に入ってきた．

そこでこれを阻止するために，当時，「売るためには代替地が欲しい」という地主さんがかなりいたんですが，その人たちに業者を向けたんです．つまり，私たちは「ぜひ代替を買っておきなさい」と，私の方は勧めたわけです．「売るだけ売ったら，あとは困るよ．土地は，なかなか後で買えるものではないから，代替を買いなさい」と．その代替地を買う方に，全部業者を向けたんです．ですから，公団は，何もしなくても土地がまとまってきたし，業者が入り込まなかったから，同じ値段で買えた．そうでなかったら，値段を相当崩さないと買えなかったのではないかと思いますね．

そういうことをしておきながら，今現在は，地元の不動産業者をほとんど使っていないという，いろいろ不満というか，問題がありますけれどもね．今，現時点では．

――当時，不動産業界は，少し法的に問題のあるところもありましたでしょう．妨害はなかったですか．

　横倉　そこが不思議なもので，多摩の不動産業界は，かなりの業者がうちの方の言うことは聞いてくれていた．

――この時代，地価が上がっている時代ですね．不動産はいいビジネスだと言って，暴力団のような素性のわからないものが不動産業者という形で入ってくる可能性は多々あったと思うんです．それを防御するのに，いろいろな工夫があったと思うんですけれども，どうですか．

　横倉　今度は地主さんとは別に，不動産業者を呼んで．呼んでというのは一杯飲ませて，「食事をちょっとしないか」，「あそこの家が代替を欲しがっているから」と．「うちの方は地主さんを紹介するから．あそこの地主さんのところに行って，代替を勧めなさい．必ずあそこは買うから」ということで．業者には，「そのかわり，この区域内，公団のテリトリーの中には買収をし

ないでくれ」ということは，逆に全部頼んであります．それもみんな言うことを聞いてくれたんです．それがちょっと不思議だったと思っています[12]．

——そこまで横倉さんがなさるのは，ニュータウンに対する思い入れもあると思うんです．というのも，本来ならば，そういうことは開発する公団がすべき仕事であって，横倉さんがやることではない．おそらく横倉さんは，経済的なものをかなりつぎ込んだと思うのですが，そこまでする必要があったのかどうかを聞きたいんです．

横倉 最初，府中カントリーがゴルフ場をつくるということで買収を始めた時，「ゴルフ場というのは金がなくてもできる」ということがわかったんですよ．府中カントリーは，地主さんに「全部土地がまとりましたよ」と言ったら，すぐに会員を募集した．30万円で会員募集して，最初は300人の会員が一カ月ぐらいの間に集まったんです．その金で，地主さんに金を払ったんですよ．「それなら，おれだってできるじゃないか．よし，永山では自分たちでゴルフ場をつくって利益を上げよう」と，最初はそういう魂胆で始めたんですよ．

ところが，3年経っても一向にまとまらない．話は聞いてくれるし，飲んだり食ったりはしてくれる．けれども，返事というか，契約まで持ち込めないんですよ．それはなぜかと言ったら，同じ農民同士に儲けさせるのが，どうも納得がいかないみたいだったんです．「話はするけれども，おまえを儲けさせるわけにはいかないから」と．

ちょうどたまたま，公団との話がついた時に，地主さんに話に行ったんです．「大体，公団と話がつきそうだから，公団の方に，この開発をやってもらおうと思う」と言ったら，「もうおまえ，やめた方がいいよ．いくら公団とか何とか言ったって，もうそんなに長くやって，地主さんもしびれを切らしている」，だから「やめなさい」と言われたの．これにはかなりのショックを受けまして．そのときに私は，「いや，3年もかかったら，これはもう

損得ではない．これをものにしなかったら，私は何のために始めたのか．だめになったと笑われ者になるだけですから，これはもう金なんか全然関係ない．とにかくまとまりさえすればいい．損得はなし．儲けも何も要らない」と，地主さんに話したら，それが効いたみたいで，バタバタバタと承諾が得られたんです．大きい仕事は，余り細かい損得を考えてはいけないなということも，そこでわかりました．その時に，私はもうやめるわけにはいかないということで，強情だけど，「やめません」と意志を貫いたんです．それで，地主の方も「まぁ，しようがないな」と，結局，協力してくれることになったようです．

土地の力を知らない

——代替を求めた地主も，その後，農業とか炭焼き，養蚕は続けていたわけですよね．

横倉 いや，土地を放したら，農民はやはり生きていけないですよ．私もそうですが．いかに土地が大事かということです．
　富永さんという地主が稲城におります．ニュータウンの新住法に引っかかって，約10万坪近く，強制収用された方です．24代も続いている旧家が収用法に引っかかった．収用されると金が口座に振り込まれた．職権登記ですから，印鑑，権利書も何も要らず所有権が移ってしまいますから．それで「おれは絶対に売っていない．だから，振り込んだ金も使わない」と言っていたんです．ところが，さすがに5，6年経つと，あの当時で億単位の金ですから，利息がどんどんついてきてしまうわけです．利息がつくと，税金を納めなければならない．それで，その金全部で代替を買ったんです．静岡県の方に10万坪ぐらいの土地です．土地を管理するには，向こうへ行って，ちゃんと住まいをつくって，稲城にも，もちろん家はありますけれども，両方を行ったり来たりしている．

ところが，公団の土地の管理を見ていると，30年も経っているのに，未だに草を生やして刈っているだけ．土地の力を全然知らない．だから，とにかく総裁でも何でも，ニュータウンに来て，ちゃんと未利用地を見てもらわなければいけない．「中に入ってはいけません」なんて書いたってだめ．土地を空けっ放しにしたって，誰も持っていきやしないんだから．「空いている所は車を置いてもいいよ．使う時に空けてもらえばいいんだから」というくらいでないと．そういう地域に土地を持っている人は，「地域の人が生活できるような土地を利用してください」と言っているわけですよ．だから，落ち葉とかも，「ただで掃いて，持っていっていいですよ」とか．

——今の地主の方々は，ご子息などが継いで，もう代替わりしているわけですね．

　横倉　そうです．代替わりして，もう息子さんはサラリーマンです．

——ただ，農家を継いでいないから，代替わりをする時に，相続税が相当かかるでしょう．

　横倉　残っているのは，家屋敷と区画整理の所だけだからね．今は，多摩と由木の地域の地主さんは，かなり苦しい生活状態になっていると思います．なぜかと言ったら，この開発によって，家・建物や植木，屋敷の補償金が全部出た．その補償金と地代によって，家を建て替えたわけです．みんなそれぞれが立派な何千万の家を建てた．ところが，所得は，息子さんが働いてくる収入だけで，その家が持ちこたえられなくなってくる．そういう状態がおきてくる．

　今，地主さんたちはどういう考えを持っているかと言うと，「おれたちは，この多摩ニュータウンという大きな新しい街をつくって，開発をする，一番もとの土地を提供した．一番大きな役割を果たしたのだから，もう何もしな

い．表には出ない」．表に出れば，リーダー役になるので，自腹を切らなければならない．自腹を切らなければ，だれも言うことを聞いてくれない．そういうことから，みんな表に出ないで，引っ込んでしまった．だから，多摩市のように，長野県の方が市長になったり，議員も，元からの人たちはおそらく二人おりますけれども，あとは全員ニュータウンの人です．地元の人はならないのですよ．その辺のことも，問題があると思いますけれども．

開発は自殺行為だった

——横倉さんは1955年（昭和30年）から1959年（昭和34年）の間，多摩村の村議会議員でもいらっしゃったわけですね．公団等の開発プランが徐々に議会を通じて，いろいろ聞こえ始めてくる．自分の取りまとめた所に，こういうものがつくられるというのが，だんだんわかってくる．新住法が制定された1964年（昭和39年），翌年あたりから，そういう動きがどんどん活発になっていくんですけれども，そこら辺の記憶をうかがいたいんです．

横倉 全国でも稀な，こういう大規模な住宅団地をつくったことは，私たちも誇りを持っていたんですよ．農民もそれに協力をしてきた．成田空港の買収が，ちょうど同時に行われ始めたが「成田は未だにまだ滑走路ができていないじゃないか．こちらはもう，とっくに終わっているよ」と．そんなに協力をして，新しい街ができた．もちろん道路とかも，今まで考えられなかったような．普通だったらスプロール化して，虫食い状態の地域になってしまうところに，整然とした街ができたことで誇りを持っていたのです．

ところが，考え直してみると「おれたちは，何のためにニュータウンに協力したのか」と．金だったら，そんなに．あの当時，買収したのは，山林は平均5,000円ですから，そんな金ではない．養蚕という産業がなくなり，この開発によって30万人もの人々が集まってきたら，農業をやめても何か仕事がいっぱい出てくるだろうという期待を持っていたわけです．公団の考え

方に左右されてしまった地元の人々はもう土地を持っていませんから，そういう産業に携わることができなくなってしまった．

　ですから，今，地主さんは，やはり「これは自殺行為だった」というように思い始めている．先祖が言っていた，「土地は売ってはいけない」．でも，最初は，国家的開発，公的な開発ということですから．最初の考え方と今の考え方は，もうほとんど変わっていると思います．最初は，「土地というのは，国の土地だから，最終的には国が使うということだったら，それはしようがないだろう．職業をやめても，多くは国のため」，そういう考え方が，この地域にはあったということです．

——生活補償のご心配が最初に出たのが，1965年（昭和40年）で，例えば「東京都南多摩新都市開発事業連絡協議会」（通称：南新連協）を東京都，事業施行者，地元市町村で設置して，生活再建措置が課題になります．この頃，地元で，とにかく公団との間で，こういったものを解決していかなければいけないということを，言われ始めているわけですが，そこらあたりの動きを少し教えていただけませんか．

　横倉　地主さんは職業をやめるわけですから，生活再建のための措置を講じて，ほかの団地を見学に行ったりした．商売をやる人は，「お店をつくったから，そこで商売してください」ということでやったんですが．諏訪，永山，落合，いろいろなところで団地の商店街がつくられ，そこで商売をやるようになったんですけれども，それがもう全部失敗しているわけです．失敗するということは，地主さんは全部損をしているわけです．とにかく，街づくりが進まないうちに，地主さんたちの生活再建をしましたから，大型店が次々に出てくると，そちらに客が取られていく．車社会になり，大型店の方にどんどん移動していってしまうわけで，団地商店街では商売にならない．結局，失敗してきたということでしょうね．

多摩市議会議員として

——村会議員をされた後，1975年（昭和50年）にもう一度多摩市議会議員になられますが，なぜ議員活動をされようと考えられたのでしょうか．

横倉 私の議員歴ですが，最初は1955年（昭和30年）の5月から1959年（昭和34年）年の5月までの4年間．これが村会議員です．それから1975年（昭和50年）の5月．これもみんな同じ時期なんですが，4月の選挙で5月から任期が始まるわけです．1979年（昭和54年）の4月までですね．これが多摩市議会議員です．

用地買収のめどがついてきますと，工事に着工をするわけですが，全体の買収が終わらなくても，永山地区は既に工事に入っていたわけですね．それで，今の南多摩開発事務所が多摩市役所の真南の傾斜の所に事務所ができた．買収の時は公団にも用地課長というのがおりまして，その方がいろいろ相談に乗って，買収の仕方なんかも時々は話した．ところが，買収が済みますと，ほとんどとりつくしまがなくなってきたんですね．話を聞いてもらうような，とにかく地元地権者の意見や声が通じなくなってきた．

例えば，ニュータウンに30万人の都市ができるのなら，多摩センター中心地区に当然商業が集積される．そこに地元の人たちが，土地を売った人も，かなり金を持っている人も，「共同で商業ビルか何かをつくりたい」と．「おれたちは農業をやめたのだから，職業をそこで変えよう」ということでお願いに行っても，どこにお願いに行っていいかわからない．たらい回しにされて，結局，日興不動産という不動産会社が買収に参加をしましたから，そこの取締役に頼んで，「公団にちょっと話をしてくれ」ということになった．陳情書を出したんですけれども，どうなったかわからなくて，うやむやで回答がない．「これは，何か肩書を持っていないと，話が通っていかない」と思い，「もう一度，市会議員をやらなければまずいな」と考えたわけです．

第11章 用地提供者の開発利益 273

　買収が終わると，公団というのは「商取引が終わったんだから，あとは所有権が移ってしまえば，地主さんは関係ない」という考え方と思ったわけです．ところが後になって気がついたのですけれども，実際には多摩センターの中心地区はもう既に用地の用途がかなり確定していたんですね．それで，地元の人たちが入る余地がもうなかったから，回答ができなかった．結局それは，新都市センター開発という公団の子会社としてできた．かなり計画が進んでいたのだと思います．

　とにかく用地を売って新しい都市ができる．そのときに，何かの役割を地元の人も果たさなければいけない．それには今までの職業の代わりに，商売になる施設の管理とか，何か入り込まないといけないということがあったんですが，ほとんどできなかった．そういう意味で，肩書を持って交渉に入ったほうが楽だと思ったわけです．

　もう一つは，1971年（昭和46年）に入居をしてきた人たちにとって初めてとなる，市長と市議会議員選挙が1975年（昭和50年）4月にあったわけです．ニュータウンから大体12～13名は立候補するだろうと思われていて，実際には12人が当選した．そうすると，今までの多摩市の議会が新しい人たちでほとんど占められてくる．これは「古い人が少しいなければいかん」ということで，「いま一度，やらなきゃいけないな」と．それと，私の事業があんまり思わしくなかったこともあります．そんないろいろなことがありまして．実際にあの当時，新しい議員が当選したのは，永山と愛宕と諏訪，それから百草，これが12人ぐらい．その当時，たまたま1975年（昭和50年）には26人から30人に議員の定員が増えたんですね．そういうことから，ニュータウンからかなり当選し，それも永山が集中的に多かったんですよ．今でも多いですけれどもね．そういうことで，昔から地元の意向を議会にも残しておかなきゃいけないというようなことがあったということなんです．

——立候補された時はニュータウンの新住民の方も十数名出てくるだろうという予測があったということなんですけれども，それに対抗して，地主たち

も政治的な力を持ったほうがいいというお気持ちはあったんですか．

　横倉　力というよりは，古い人もいないと．新しい人だけだと過去のことがわからないだろうから．ほとんど様変わりしてしまうような格好だったわけです．でも，実際に12人ぐらい変わりましたし，その次の選挙には，またバッと変わりましたからね．その次の選挙では半分以上，現在は地元の人は2人ぐらいでしょうね．そんな状況ですから．

開発利益のゆくえ

――公団と東京都が大きな開発利益を得ましたけれども，横倉さんの目からご覧になって，それは多摩ニュータウンに還元されたとご判断されますか．

　横倉　当然，開発利益があることは，地元でも土地の売却を承諾しているわけですから，ある程度予想をしていた．開発をすれば，必ず開発利益は地元にも還元されるであろうということで，皆さんが返事をしているわけです．最初は，一番地元の人たちが苦労をしていたということは，背中に頼る農業でしたから，車が入る道路とか，農道とか，農地というか，平らになったところとか，そういうものが整備されるということが，非常に今まで懸案であったわけですよね．それが一気にできてくるわけですから，これは大きな利益だったと．
　ところが，だんだん時がたってきますと考えが違ってきているわけです，今ではね．それは，自分たちの農業という職業をなげうって用地協力をしたわけですから，職業がなくなってくると，補償金や何かで移転をして，立派な家を建てましたけれども，息子さんの給料ではそれが維持できなくなってきたというような現状が今かなりある．あと区画整理で残った土地に建物をつくったり，マンションをつくったり，アパートをつくったりしましたけれども，それも空いてきたりしていますから，これも銀行のローンを返すのが

かなり骨になってきている．ほんとうに開発利益があったのか疑問に思ってきている面がかなりありますね．地元の人とすれば，還元をされたとは思えない．実際には新しく入ってきた人たちは，マンションを買ったり，所有権を持つことができますから，そこではかなり還元をされたのではないか．地元の農民は何人でもないですけれども，この人たちはかなり問題がある．

　その当時農業をやっていた人たちは，開発が行われていくことによって，農地がなくなってきますから，農業の収入はなくなってくる．遺跡調査会がする遺跡の発掘にはそうした奥さん連中がみんな出ていた．農業をやっている人にはちょうどいいんですよ．あれがそのつなぎをずっとしてきた．農家の収入のかなりの役割を果たしてきたんですよ．地元の人たちは，開発で今現在のような状況になるということをあまり予想していなかっただろうな．私たちもこういう状況はなかなか考えられなかった．とにかく新しい町ができてくれば，それが一番．30万の人たちが集まってくれば，何か仕事がいっぱい出てくるだろうと．結局仕事をなげうったわけですから，代わりの仕事があればいいわけですから．でも，農民には代わりの仕事がなかなか見つからない．ですから，その当時の農家の人たちや，我々の年代は別の仕事に転換ができない．だけど，息子さんたちがみんなサラリーマンになったりしていますから，それで生活を支えている地元の人たちは，今になって考え始めている．

——開発がある程度進んできて，今は二代目の方がサラリーマンになって困られている．二代目の方は50代，60代の方なんだろうと思うんですけれどもその方たちはかなり前から，30代ぐらいのころから，このままでは仕事がどうもないという気持ちはおありになったんでしょうか．

　横倉　開発が進んでいますから，自分の代は自分で仕事を見つけなきゃならないという，既にそういう準備はしていたわけですよ，実際には．もう農業はできないというのもわかっていますから，ただ，おやじさんたちが，ど

こかへ畑か何かやっていないと，なかなか生活できないという．それは遺跡調査会がかなりカバーをしていたということ．今度は息子さんの代は，個々にみんな勤め先も別だし，いいところに勤めている人はもちろんいいし，非常に難しい差がありますからね．一概には言えませんけれども，そんなことが耳に入ってはきますけどね．

——横倉さんが土地の買収に携わられたのも，最初の思いは農家の近代化，つまり農業がもう少し楽になってくれればいいという思いが最初にあったということでしたね．その転換がうまくいっていれば，つまり，開発利益を自分たちの農業投資に回していれば，この地域は，開発されずに残っていた，あるいは別の開発の仕方があったんでしょうか．

　横倉　今のような開発はなかったと思いますね．それで，いろいろな形，だけれども，今のような形の開発ではないけれども，開発は進んできたと思うんですよね．例えば売らない人がいるんですよ．土地を絶対売らないという人がいる．そうすると，そこのところを除外して，やりやすいところが開発されてくる．桜ヶ丘も，やっぱり開発されるわけですよね．

行財政問題の頃は動かなかった

——初期入居の後，1974年（昭和49年）に行財政要綱がまとまるまで，開発が1971年（昭和46年）にストップするわけですね．この時，開発を引っ張られてきた横倉さんの中では，いろいろな思い，ご苦労があったと思います．
　結局，これで開発すれば，暮らしがよくなるだろうと思って，初期入居で新住民も入ってきた．ところが，実際，多摩市も立ち上がってみると，学校の問題，自治体の財政負担の問題，鉄道の問題，医者は足りない，行政区域もどうするんだと問題が噴出し，多摩市議会では，「このままでは建築を受

け入れませんよ」と強硬な態度をとられるわけですね．議会の中でも財政をどうやって乗り切るんだろうという，いろいろな動きがあって，行財政要綱にまとまっていくのだろうと思うのですが，そのプロセスというのが，わりと今までの記録にはさらっとしか書かれていませんでした．その頃の横倉さんの動きについてお聞かせいただけますか．

横倉 ほとんど私は動いてないんですよ．どうしてかというと，買収が終わって，うちのほうの仕事はもう終わりましたから．次に，どうやってこの町，新しい都市で仕事をやって生きていくかということで，村長の富澤さんが，「とにかく自分の仕事，経験をしておけ．新しい町ができた時に，そこへ入ってすぐ仕事ができるように．そうでないと，都心からの経験をした商業都市に地元の人は入れないよ」と．すると，桜ヶ丘でやる以外にないわけですよ．桜ヶ丘の駅前で，何か商売を．そっちにかなり重点を移したために，その間に市の総務課長の長谷川というのから時々様子を聞いてはいたんです．「しようがないから，とにかく建築がストップしても何でもいいから，公団とか東京都から援助してもらう以外にないじゃないか」というようなことは言っていましたけれども．そうかといって，やめるわけにいきませんからね．私は自分の仕事のほうに専念をするということで，その当時，桜ヶ丘でも新しい商売は非常に難しかったんですよ．実際にはそっちに専念していたものですから，あんまりこっちにその当時は関係しなくなっちゃうんだけど．それで，またストップした後，議員になりましたからね．

——専念したとはいえ，自分が取りまとめた土地ですから，完全にストップさせるわけにもいかないし，いろいろなご相談は受けていたり，いろいろなお話は入ってきていたんじゃないですか．

横倉 入ってはきたけど，その時はあんまり親身になって，「それはもうおまえらのやることだから，役所のやることだから，それでやれ」というこ

とで，あんまり相談は．報告は受けていたんですけれども，「しようがねえだろうな」というような感じでした．

—— 1971年（昭和46年）に多摩市では新たな住宅建設には応じないという態度をとりましたね[13]．

横倉 それで，実はその当時，1971年（昭和46年）ごろは，私が特に忙しかったのは，山梨の都留市に都留カントリーというゴルフ場を始めたんです．これは，府中カントリーを残すということになったんですけれども，方々から，おれたちの生活の場の農地まで取り上げておいて，あんな人の遊び場を残すなんてちょっとおかしいという声があがっていた．「あそこも買収しろ」ということで，非常にゴルフ場の役員の連中が心配をして，場合によったら，あれもニュータウンの中に組み込まれる可能性があるから，どこか他を見つけておいてくれというような話があって[14]．本来は，別の新しいゴルフ場をつくろうということで永山を始めていたんですけれども，今度は「府中カントリーの代替としてどこか探してくれ」という．それで，都留カントリーは，私が山梨で畑を見つけていた時に，「あそこにかなりの場所があったから，今どうなっているんだろうな」と見に行って，都留市の市長に話をしたら「ゴルフ場だから，歓迎する．ぜひやってくれ」というようなことになって．あれを始めたということで，こちらのことは放っておいたというような感じが……．都留カントリーは，当初は唐木田観光という私の会社で始めたんですよ．後で都留カントリーという名前に名称変更をして，うちが支えきれなくなったんで，売却をしてしまった．あれは1975年（昭和50年）にオープンしたんですけれども，1970年（昭和45年）からかかっていたものですから．ほとんど1日おきぐらいに山梨に行っていましたから．都留市の市長選や何かも一緒に手伝ったりしちゃったもんですから（笑）．

—— 府中カントリーを多摩ニュータウンのセンターにするべきだというの

は，ロブソン報告にも盛り込まれていますね．1969年（昭和44年）ですね．もうその頃からこれはあぶないというような思いはあったわけですか．

　横倉　うん．実際にはそれを強力にどこかで見つけてくれと頼まれたわけじゃなくて，「じゃあ，おれのほうもやってもいいや」と思うから，ちょっと動いて……．

市議会議員時代

――もう一度議員になられるのは，1975年（昭和50年）ですね．行財政要綱が前年にとりまとめられ，開発が再スタートした時に，ちょうど軌を合わせたように議員になられた．そこで今度はやはり多摩ニュータウンと真っ正面に向き合って，これからということになる．

　横倉　とにかくそこでまた動き出すということになるわけですよ．議会にも，ニュータウンに新しく入居してきた人も今度は参画していますから，今までの議会とは全く違うわけですよ．もう全然考え方が違いますしね．ですから，そこで夜中までもかなり随分やりましたけれども．その時は，実際には気合が入っていたわけですよ．「これから新しい町をつくろう」ということですから．「つくっていく」という意味では，新しく入ってきた人たちにとっては「自分たちの町」ですから，砂ぼこりの所へ入ってきて，何とかいい町にしようということで，一番気合いが入っていた時じゃないでしょうかね．それから後，多摩の市民祭が1975年（昭和50年）に始まったんですが．6回目まではやったんですけれども，ここがニュータウンの一番の最盛期じゃないんですかね．

――議員になられたときの議会構成ですが，新住民の方と地主たち，旧住民の方との比率はどの程度だったのでしょうか．まだ地主の方が過半数だった

んですか．

横倉 過半数でした，まだ．ニュータウンの中でも保守系の方がいましたから，16対14か，そんなところでしょう．

──4年ごとに地方選があったわけで，1971年（昭和46年）3月に入居した新住民にはちょうど1975年（昭和50年）まで選挙はなかった．南多摩郡のままで，初めてなんですね．その前の議員構成の段階では，新住民は投票してなかった．その間，次の入居がなかったから，諏訪，永山，愛宕ぐらいしか人がいない状態で選挙に入った．人口は初期入居であっという間に倍ぐらいになったんですよ．それで市になったわけだから，3万いるかいないかぐらいからいきなり5万を超えるという[15]．だから，人口構成的には何となく半分ぐらい新住民．それで，確か私の記憶は13対17とか，そのぐらいの感じです．新住民のほうは，政党色が強いから，分かれちゃって，力はあんまり出ないんですよ．

横倉 議長，副議長という主な委員長とか，全部保守系がほとんど握っていましたから，まだまだ市長は安泰だったんですね，実際にはね．ただ，最後は市長の問題が起きちゃったんでね[16]．

──それまではある程度気心が知れた中で，何が問題で，ここを押せば，こうまとまるなというのがわかったような議会だったんじゃないかなと思うのですが．

横倉 そうですよ．議論はしましたけれども，最終的な採決は必ず市長側の議案が通ってましたから．予算が通らないなんていうことはなかったもんですからね．

——そこに新住民の代表が入ってこられて，決まり方は変わりましたか．

　横倉　決まり方は時間がかかった．

——しかも，自分たちの地主たちの議論が向こうにわかってもらえなかったとか，そういうようなこともあったんですか．

　横倉　そうですね．そういう面でわかってもらえない面がかなり．やっぱり多摩の過去のこともわからなかったから，いろいろな議論をしないと納得がいかなかったんでしょうね．だから，ほとんどが大体質問ですから．

——その頃のことで，何か記憶に残られているエピソードはありますか．

　横倉　1979年（昭和54年）の市長選で，市長候補に出た，金芳晴氏．当時，各市が革新になりつつあった．町田，日野がそうだし，いよいよ多摩が革新になるという，本当にきわどい所だったわけで，危なかったんですよ[17]．あれが変わっていれば，また実際には相当大きな変わり方をしていたんじゃないですかね，多摩の政治も．本来は当選をしそうだということだったんですがあそこで金氏が落ちたので，臼井さんが当選した．あの当時，まだ市長の立会演説会というのがあったんですよ．今はないですけどね．立会演説会に現職の富澤さんと臼井さんと，それから金さんの3人が出ていたんですよ．富澤さんと臼井さんがかち合って，食い合っていますから，金さんがかなり強かったんですよ．ところが，金さんが立会演説会で失敗したんです．原稿を飛ばしたんだよ，1枚．それで，楽屋に入るのは候補者1人について1人きり．だから，3人の候補者と，あと3人1人ずつついているの．私は臼井さんの付き人で楽屋に入っていたんですが，金さんが演説終わって帰ってきたら，怒られているわけですよ，原稿を飛ばしたから．それは共産党なんですけどね．共産党から大分怒られて，それからガーッと落ちちゃった．自分

本人の気合が下がって．聴衆はそれほどわからなかったですけどね．本人が「だめだ」と思い込んだのかどうか．そうでなければ当選したかもしれない．ちょっとのことで変わってくるんですよ，やっぱり．臼井さんは，初めはあんまりうまくなかったのに，「すごくよかったよ」て言ったら，喜んで気合いが入った．で，臼井さんが逆転をしていったという．ちょっとの気持ちの差ですよね．そこについている人というのは非常に大事なんですよ．富澤さんはあそこで出なければよかったのが，出てきたからね．

―― 結局，ほんとうは臼井さんに引き継ぐはずだったのに，富澤さんが土壇場でまた出ちゃったから，保守票が2つに割れてしまった．これは絶対革新だと思われたんですね．

　横倉　かなりまでいっていた，革新に．

―― また議員のころの話に戻りますけれども，当時，学校と病院が足りなくて，もめていましたね．学校が少ないことについては，どう思われていたんでしょうか．

　横倉　行財政要綱が決まったんで，学校へ補助金を出して，起債もできる市になったから，それで安心した．ただ，本来，一時的には子供が増えるけれども，やがて減るということがある程度までわかってたんですね．

―― その当時，ある程度分かっていた？

　横倉　もちろん計算では．けれども，それはプレハブというわけにいかないんで，その当時．本来はプレハブでもよかったんですよ．ところが，そうはいかない．新しい住民が入ってきた時は，それでも子供は非常に大事な財産ですから，それで勉強する場所は立派な近代的なやつじゃないと，議員が

承知しなかったですね．議員が，「地域は学校が基本ですからね」と．

——それはやっぱり新住民の議員がということですか．

　横倉　そう．古い昔の人たちは，「とりあえずのやつだったらプレハブでもいいんじゃないか」というような意見も結構あったんですよ．あったんですが，新しい人たちの子供たちを預かるのに，やっぱり新しい町ですから，学校が近代的なものでないと．やっぱり学校が一番大事だったんじゃないですかね．

変動する多摩の政治

——私が疑問なのは，1975年（昭和50年）頃非常に活気があったという議会ですが，公団と地元議員との関係というのはどのようなものだったのでしょうか．例えば議員と様々な旧公団とのつながりというのがあったのか．ニュータウンの初期はそういうことがあったのではないかと思うのですが．地元の議員たちには，先の開発のめどは知らされていたのですか．

　横倉　公団から議会には知らせていますよ．ところがそれを受けて，農民自身が理解できない．「どこの時期にいつごろ造成をします」とか，非常にわかりにくい．自分たちの住まいがどうなるかということがまず落ち着いていないわけですから．とりあえず区画整理に移らなくてはならない．4, 5年そこへ移っていますから，その間は全く地域社会から外れたような格好になった．

——そうすると，例えば地主の議員さんたちの方で，「計画をこう変更してくれ」とか，「もっとこういうふうにしてくれ」ということを仮に陳情しようと思ったとき，市を通してなのか，あるいは公団に直接なのか，その2通

りしかないと思うのですが，実際の受け皿はどうなっていたんですか．

横倉 既にその時は多摩の政治自体，昔からの政治が壊れ始めてきた．ですから，議員それぞれが後援会というのは持っているんですけれども，その後援会が地域で推して出てきた地域代表ではない．なくなってきちゃったんですよ．政党の関係の代表であったり．ですから，地域の問題が起きても，動く議員が誰で，誰がそこの問題を解決するのかは責任がないんですよ．もう既にね．だから，地盤を持った議員がもう少なくなっちゃうわけですよね．

票は候補者が出ると，だれかに投票しなきゃならないから，だれかに投じているわけですけれども，だれが投票したかがわからない．だから，議会報告なんかは，報告する相手がいないんですよ．昔は全部地域で推していますから，そこだけに報告をしてればいいわけです．多摩は8つの村から出てくるわけですよ．ですから，1つの村から2人ずつ議員が出てきていると，16人ですから，ずっと16人だったんです．それで，すべてを出すと，今度は1人オーバーですから，落ちるわけです．大体地域割がちゃんと完全にできていた．だから，他から票を取りに来たら，辻に運動員がいて，夜なんか火を燃して，そこから入ってくるのを防いでいたとか，私が最初に出ていた時はそういう時代でした．だから，完全に地盤があるんですよ．

——都会議員は誰ですか．

横倉 最初に浜西節郎氏．日野の古谷氏というのがその前に出ていたんですけれども，多摩からも出せということになって，多摩で初めての都会議員が浜西氏なんですよ[18]．それはまた利権や何かで大分稼ぎがあったんで，評判はあまりよくなかったんで，まあ，しようがないですよね．あと，稲城で白井さんが出てきて，白井さんはまじめな人ですから，あの人はまあまあ．稲城はまたちょっと違うんですよ．稲城は政治基盤を持っている人が半分以

上いますから，まだまだ．政治の基盤がない人が議員ですから，本人が意見を言ったりしゃべっていますけれども，これって，ほとんど通用していないんですよ．

だから，政治を立て直さないとだめですよ，多摩は．政治は，公団とか，この開発がもたらした最大の欠陥なの．

——根はそこに発しているんですね．

横倉 そうです．それは公団の責任でも何でもないんですけれども，やりようがないんですよ，こういう新しい人が入ってきているんだから．結局，新しい組織をつくり上げるよりしようがないんです．新しいコミュニティをどうしてつくるか．これにかかっているんですよね．政治家が昔から地盤，看板と言いますから，その3つがそろわないと，政治家ではないんですよ．だから，今の人たちは政治家じゃないんです．みんな給料取りだから．昔は自分で仕事を持っていますから，2期，3期も4期もできないんですよ，自分の仕事がおかしくなっちゃいますから．それが本来の姿です．アメリカだってそうですよね，みんな仕事を持っていますから．今はそれが職業だから．だから，当然，議員なんかほんとうの政治をやったら2期もやったら疲れますからね．4期も5期も務まるはずがないんです．それができるということは仕事をしてないということです．

——各地区から2人ずつで16人といったときの地区というのは，挙げていくと，8つ以上ですけれども．

横倉 今は8つ以上です．その前は関戸，連光寺，貝取，乞田，落合，和田，寺方，一ノ宮，これだけでした．開発によって新しくできたのが桜ヶ丘，聖ヶ丘，馬引沢，愛宕，永山，諏訪，豊ヶ丘，山王下，中沢，唐木田です．その前の議会は全員無所属ですよ．

――政党に属してなかった.

横倉 そうです．多摩に政党が持ち込まれたのは，昭和50年代ですね．政党に入っていても，全然力にはなりませんでしたからね．圧倒的に無所属が多かった．八王子と稲城はまた別です．多摩だけが政治をなくしたんです．

――八王子はいまだにそういう地盤，看板が生きているわけですか．

横倉 まだ生きている．でも，無いところもありますよ，もちろん．全体の議員の中の3分の2ぐらいがそういうものを持っている．あとの3分の1ぐらいは，新しい．自分で手を挙げて，誰かが投票してくれたから当選したという人がいますけれども．稲城も半分ぐらいは地盤を持っている人でしょうね．多摩は全くない．結局，政治をなくした町といのうは滅びていくんです．多摩が一番先に滅びる．でも，日本人は必ず誰か気がついて，何とかしなくてはならないという人が出てくる．多摩の場合はかなり時間がかかるだろうと思いますが．でも，出てくると思いますよ．

1980年代の動き

――80年代後半から90年代は実際どのような活動をされていたのか．まず，年代の古い順に携われたお仕事についてお話しいただけますか．

横倉 1975年（昭和50年）には，前回話したような議員に出ましたけれども，それまでは議会運営委員会というのはなかったのですよ，多摩には．やっぱり議運をつくらないといけないと．

――新しい方が十数名当選されてきたということがあるわけですね．

横倉 そう．その時の議会で議会運営委員というのをつくったのですよ，初めて．当初言い出したら，「自分で委員長になれ」ということになってやってきた．大変だったのは，夜が明けるまでかなり何回も議会をやりました．質問が多かったり，新しくできる町ですからいろんな意見がありましたね．それと同時に，議会運営委員では予定をつくるわけです．いつまでにどれとどれ，議案はこれを審議する，一般質問はいつからいつまでとか全部組むわけです．ところが，一般質問が長くて日程をオーバーするわけですよ，どうしても．でもその日程を消化しないと次がまた遅れる．どんどん遅れていってしまいますから，絶対日程を崩すわけにはいかないということで，夜明けまで随分何回もやりましたけれども．

　それから，議会の中で都議選が，今まで多摩では都議は出ていなかったのですよ．今までは日野，多摩，稲城という選挙区でしたから日野からほとんど出ておりまして，多摩では出せなかったのですね．ところが，多摩で今度は出せということになって，浜西節郎，ご存知ですか．多摩で初めて都議に出した．元市議会議員で，私一緒に当選をしていたのですが，広島の大島から多摩へ来ていた人で，多摩出身の人ではないのです．ただ，奥さんの実家が多摩で，「横倉」という資産家なのですよ．それで私が会館をやっていた時に事務として時々手伝ってもらった．それで議会の中で私とも話して，「私は都議に出る」と言うから，「じゃあ，やれ」ということで私が応援をすることになって，都議との関係をすることになってしまったのです．

　それから，市長選．臼井市長は，1975年（昭和50年）に一緒に議員になっておりますが，富澤前市長が「辞める」と．辞めるというのではなく，実際には選挙に出たのですけれども．それと革新の金さんの3人が出まして，結局，私は臼井さんをやることになりました．なぜかと言ったら，ほかの議員の人たちはみんな自分の選挙がある．その時は市長選と市議選が一緒ですから，市長選は議員をやめた人とかが支援しないといけないけれど，そういう人がいない．私は1979年（昭和54年）に立候補をやめましたから，「市長選を専門にやりましょう」ということで，それからずっと関わることになっ

てしまった．

——最初は副本部長ですか．

　横倉　ええ．その次か何かに本部長になったのです．その次かな．それで後援会長というのがいるのです，これにまた．これは別の人がやっていました．

——後援会長は地元の方？

　横倉　ええ．議員で貝取の下野峰雄さんと言うのですけれども，これが臼井さんの後援会長ということで，私が実務上ほとんどやっていたということになります．
　そのほかに1982年（昭和57年）年に自民党の支部長．その当時「ニュータウンタイムズ」は1981年（昭和56年）の秋に始まって，1982年（昭和57年）に支部を受けているのですけれども，新聞を発行していく上には，広告をもらったり，運営をしていかなければならない．そのためには営業だけではいけない．地域の顔役になっていないと記事も書けないし，またそういう情報が入ってこないのです．そのためにやっていなければいけないということで実際には受けたのだけれども，他の者にはそんなことは言っていません（笑）．そんなことで，臼井市政2期目になる．

——はい，1983年（昭和58年）．

　横倉　その時から多摩に共産党の宮本委員長が住んでいましたから．

——宮本顕治さん，多摩に住んでいたのですか．

　横倉　ええ，多摩ですよ，ずっと．今でも[19]．宮本さんは，衆議院の場

合はやりますけれども，地方議員の応援演説，街頭演説は絶対にやらないのです．やったことがないのですけれども，多摩では都会議員の選挙とか市長選に応援に出てきたのです．それと対決したわけです．自民党ですから対決せざるを得ないのです．宮本さんにかなり勢いがついていたというのは，日野は革新市政，共産党市政でしたから．それと町田がそうでしたね．次は多摩だという方向で動いていたので，これと対決せざるを得ないということで，臼井を守り通したということがあるのです．

都議選の選挙対策本部

――戻りますけれども，1985年（昭和60年），浜西節郎都議会議員の選挙対策本部長ということで，これは浜西都議の3期目ですか．

　横倉　3期目ですね．

――「斉藤さんとの対決」というのは，対立候補ですね．この方は共産党ですか[20]．

　横倉　いや，これは自民党系なのです．浜西も自民系です．

――まとめ切れなかった？

　横倉　そう，まとめ切れなかった．それでも公認候補は浜西なのですよ．斉藤というのは，保守系の何人かが推して出て，これは公認ではない．でも議員をやっていました，議長までやりました人ですからかなり強力だったのです[21]．でもとうとう浜西が……．それで中曾根総理を呼んできたりしたということで，永山五丁目の商店街のところに動員をして，中曾根さんの応援を得た．それによって現職が当選をしたという結果があるのです．中曾根

さんを引っ張ってくるには，政党が動かないと引っ張ってこられなかったのです．やっぱり政党ですからね．斉藤さんは公認をしていませんから，そういう大物が応援に来るということができなかったわけね．それで負けたということになります．

——中曾根さんは当時首相で，都議選に応援に来ること自体すごいことですね．

横倉　すごいことなのです．それでそれぞれ衆議院もこちらから出て，斉藤さんのほうについているのと浜西さんについているのと衆議院が分かれているわけですよ，同じ政党でありながら．中曾根さんを頼んで応援に来させようと思っていると，その議員が中曾根さんをとめてしまう．だから何回も来るということを決めたのです．応援に行きますということを決めておきながら，全部つぶされているのですよ．同じ政党ですから．つぶされたのですけれども，最後は内緒でもう無理に頼んで．一人うちの党員の役員を自民党本部に送り込んで，「中曾根を引っ張ってくるまでは絶対に帰ってこなくていいから毎日行け（笑）」そのくらいの気持ちで．それで政治が大きな役割を果たしたのですけれども，今はそういう選挙はなくなってきたのです．関心がなくなって．関心と言ったって，議員自身がもう職業になってきていまして，職業を応援してもしようがないからね．政治家ではなくなってきていますから，こういう勢いはだんだん薄くなってきたということでしょうね．

——当時は多摩市ですと，衆議院議員はどなただったのですか．

横倉　多摩市はいないです．伊藤公介氏は町田です．それからこちらは西多摩です．町田と多摩の選挙区になったのは，まだ何回でもないですからね．この当時は，まだ選挙区が日野，こちらの八王子か何か全部含めていたと思います．

――中曾根さんを呼ぶのを邪魔したというのはどなただったのですか？

　横倉　それは石川要三さんだったっけ．衆議院の西多摩から出ていた．石川議員が斉藤さんのほうについていた．こちらは伊藤公介ですね．これもまたおもしろい選挙なのですよ．

　石川要三が全部とめてしまうのですよ．この当時は，町自体，村が選挙でかなり盛り上がっていた時代で，新聞記者は絶対にほかの者に合わせなかった．私だけ会って聞いていました．内々の戦略は新聞記者には一切言わないのですけれども，「選挙区どうですか」と言ったら，「浜西が負けることはない．勝ちますよ．当選はしますよ」．「何で当選するのですか」ということを聞いてくるわけですよ．材料がないではないか．向こうは結構強い．逆に勝っていますよと言っているわけ，相手が．「いや，そんなのは心配ない．勝つ」．作戦を教えろということで来るのだけれども，中曾根さんを呼んでいますなんていうことを言ったら，もうすぐ流れてしまいますから．最後はもう情報合戦ですからね．選挙を始めると，そういうところに何かはまってしまうようなところがあるのです．

――当時は，票固めはどのようになされたのですか．

　横倉　票固めは，もうそれぞれ組織をつくっていますから．市内全域．役員名簿が全部できています，もう末端までかなりの細かい．

――それは党員ですね．

　横倉　ええ，地域党員ですけれども，その当時はまだ組織が機能していた．今は全くそういう組織は組めませんけれども．

――主に旧住民の方ですか．

横倉 そう，旧住民が主体.

――もう党員の方は全部把握していて，誰は誰の支持だということが全部読めましたか？

横倉 そう．それは昔からの五人組の組織が生きているのですね．そういうところに力があるのですよ．日本の力というのは，そこですからね．その力が今なくなりましたから，どうなるのかわかりません．

――そうすると，逆にそういう地域に根を張った地元の方ではない新住民の有権者がどんどん増えてくると，選挙を預かる横倉さんとしては，だんだん仕事がやりづらくなってくるということはありませんでしたか．票固めがしにくいとか．

横倉 票固めは全くできない，今．もう既に20年近くたっていますけれども，その間に情勢は全く変わりましたね．

――そこをもう少しわかりやすく教えていただけますか．どういうふうに変わって，横倉さんにとって何がしづらくなって，何が苦しくなってきたのですか．

横倉 やっぱり地域の組織，コミュニティがないということ．それは生活様式が全く変わったということなのです．今までは地域の皆さんと協力しなければ生活が成り立たなかったわけですよ，一人では．でも今は全部町ができましたから，別に隣の人，近所の人に協力してもらわなくても生きていけるわけですよ，金とか仕事があれば．その当時は，もう既にその変わり方をしていましたけれども，それでも今までの流れがずうっとあって，地域の人たちが，「あの人が話してくれたのだったら協力せざるを得ないだろう」と，

それぞれに顔役が地域にはいるわけですね．その顔役は決して自分のために動くのではなくて，地域とか人のために動いている人たちです．そういう人でなければ顔役になれませんから．それと自腹を切る人．必ず何かをやっても，人を呼ぶ時はお茶を飲んだりすることもあるわけですよ．そういう時はおれが金を出すから．呼んだ以上は全部お茶代はその人が持つとか．細かいことですけれども，そういうのをやって初めて地域のコミュニティができ上がってきているわけだから，それをなくしたというのは……．これを取り戻すのはなかなか難しい．だからNPOや何かでいろんなコミュニティづくりが始まっていますけれども，昔のような組織にはならないし，力にはなっていかない．それは離れていますから，人たちが．地域の隣近所がまとまっていないですから．

　関東大震災のような大きな災害とか天災が起きた時に初めてコミュニティがまたでき上がると思いますね．今のままでいくと自分だけで生活できるのですから．頼らなくても，まとまらなくても，顔役の言うことを聞かなくたって生活できるわけですから，そう簡単にはできないだろうと思います．だからそういう組織がなくなる，落ちるところまで落ちるということが逆に大事なのかもしれない．昔はこうだったけれども，何とか違った形のものをつくらないとまずいのではないかということがあって初めてできる．だから新しい町は，何か住民が困るような出来事が起こらないといけない．悪くなることは間違いない，このままいけば．そのときに初めて日本人は気がついて，何とかしなければいけないだろうということで，最終的には，やっぱり落ちるところまで落ちなければ解ってもらえない．

――横倉さんがまだ選対本部長をやられていた時，何人ぐらいの顔役が横倉さんの頭の中に入っていたのですか．

　横倉　50，60人はいたのではないですか．あの当時，私が当選した時の議員は30名です．30名で過半数が同じ会派だったわけですよ．私が議運の

委員長をやっていたのですけれども，そのこと自体をまとめて，今度は代表者会議というのがあるのです．代表者，革新もいるし，共産党もいるし，公明党もいるし，そういう者との議会を運営していくために代表者会議というのがあるのです．こちらは十何人か固めてこなければ何も発言できないですよ．ほかのところも大体17名から18名は完全に固めていましたから．

　今は自民党会派というのは無い，多摩に．議会の中に．自民党公認で当選をした人がばらばら，3人とか4人がみんなひとり会派．だから力が出ないです．これは都議にも責任がかなりある．自民党の支部長をやっているのは今都議なのですよ．都会議員．これが力がないということなのです．その調整力が．そうかと言ってあまり文句を言ってもいけないので黙っていますが．

――1996年（平成8年）に自民党の多摩支部長を辞任されていますね．このときのいきさつをうかがえますか．

　横倉　この時はもうかなり党員も少なくなってきている．党員をやめる人が．まず，入る人がいないね．抜ける人というのではなくて死ぬ人が多い．

――自然減ですか．

　横倉　自然減．入る人がいないから増えていかないのですよ．その増強をやってもなかなか新しい人が入ってこない．恩恵はないのですからね．何の恩恵も，入ったって．会費を納めるだけ．それとムードが上がらないから，そういう地域全体の雰囲気が．都議選候補者に協力，「あの人を出さないと多摩には不利になるからどうしても当選させよう」と，そうしたらみんなが協力してきて盛り上がるわけですよ．全然選挙が盛り上がってこない．そうすると党員が増えない．選挙を盛り上げるということは支持者を増やすわけですから．

――党員の数というのは当時どれぐらいだったのですか．

横倉　400名ぐらいいましたか．一番盛んな時はそのぐらいですよ．その他に，党員でなくても，選挙になるとまた別なのですよ．誰かに投票しなければならないですから，その時に支持者を増やして投票．投票数はだから党員の数よりずっと多いです．

——やめられたころというのは，これが300名ぐらいになっていましたか．

　横倉　いや，もっと．150名ぐらいになってしまったのではないですか，せいぜい．

——400名ぐらいだった頃というのは，85年，中曾根さんが応援に来た頃とかはそうですか．

　横倉　そうです．その当時ですね．

——党員の中で，新住民の方の割合というのはどれぐらいだったのですか．

　横倉　2割か3割ではないですか．そんなものですよ．それでもニュータウンの中に人がかなりいましたから．今日もその当時の人が来ていたのですけれども，今はもう選挙はあまり．その当時はかなり活躍した人が，「もう年だからだめだ」なんて言って，なかなかね．そういう新しく入ってきた人たちとのつき合いもありますけれども，少ないですね．選挙で知り合ったのはかなり長続きするのですよ，交流が．選挙というのは．同じ人を推すわけですから，一人の人を．同志になるわけですからね．

——逆にいろいろご苦労もされるわけですよね，同じみこしを担ぐために．

横倉 だから選挙というのは，一人当選をさせるという意味よりは，民意をまとめるという1つの大きな役割を果たして，自分の郷土を守っていくということが基本で，その代表としてこれを出そうということになるのです．簡単に誰か人を選び出すということだけではなくて．

――そうしますと，昔，例えば農村の中で寄り合いがありましたね．同じようなこと，例えば横倉さんが選対本部をやられた時には，旧住民の方，地元の方の所に行って，「今度選挙に出る浜西は，今度こういうことをやろうとしているからぜひよろしく頼むよ」ということを寄り合いにはかったなんていうことが，80年代でもそういうことはありましたか．

横倉 選対会議とか選対本部とか集会とか，もう毎回のようにやるのですよ，集めて．それは集まってくるのです．今は集まらない，それが．声をかける人がいないですから．一人でかけたら大変ですからね．何人かが一斉にかければサッと何十人の人に声がかかるわけですけれども，今は何人も．集まってきた人が何人かをまた，地元というのはみんな代表，それぞれ地元の顔役ですから，帰ったらまた「だれだれをぜひこの次の会合に出てもらうようにしてくれ」とか，こちらから直接はほとんど歩いていないのですよ．だって頼まれてやっているわけではないから．こちらも商売，仕事というか．ですからそういう会合の時にだんだん会合の賦役を増やしていく，会合をしていく．わかっていますから，名簿を見るとこういうところにも話をしてくれとか声をかけろと言う．声をかけないとやっぱり義理でもかけるようになるのかね．かけないと，おまえのところ全然出てこないではないかというようなことになるからね．

――モチ代を配ったりもされたのですか．

横倉 いや，配らない．選考の過程で，例えば浜西が都議に初めて出たと

きに，同じ市議会議員の中から出したほういい，出たいという人がいるのかと言ったら，2人名乗りを上げたのです．浜西といま一人．では，どちらを選ぶか，どちらを候補者にするか．会派がまず推薦をしたのですよ，議会の．2人出たからどちらかに絞ろう．そのときに選挙資金がちゃんと出せるところを選んでいる．浜西は大島の出身ですけれども，奥さんの実家が資産家なのです．奥さんのところ，実家がいいから面倒を見るから困ったときは……．本人も「最悪の場合は親のほうに頼んで出してもらうから」と言う．では，そちらにしようということで簡単なのですよ．

——そこをちゃんと周りもわかっているわけですね．

　横倉　そうです．臼井さんのときもそうです．選挙資金は全部確認をしているのですよ，担ぎ出す前に．臼井さんの場合，私がたまたま議員の文教委員で臼井さんと一緒だったので，内緒に農協の部屋に呼んで，選挙にみんなが推すと言っているけれども，金は大丈夫かと確認しているのですよ．「何とか大丈夫です」．「では，みんな応援しなくても大丈夫だな」と言ったら「大丈夫です」．実際には全部応援を出したのです．そのとき議員が大体1人最低10万円から，私は最初50万円ぐらい出しているかな．議員の人たちですよ，推薦をしている以上，金を出さなければ．ですから運営は大丈夫なのです．本人も金はちゃんと用意していますからね．

　私が村会議員に出たときも何もしないで，とにかく金だけは．参謀の会計がいて，「金は大丈夫か」と言うから「まあ，何とか」．「では，とりあえず何十万出せ」．出しておくと，それだけでもう後はどんどん進んでいってしまう．選挙というのは，富の分配という意味もありますから，何もない人は選挙期間中に選挙事務所にどんどん来てお昼を食べたり，1杯酒を飲んだり，何をしていっても，もう食い放題．毎日来て食事している人がいっぱいいるわけですよ．それは選挙運動をやっているわけではない．でもしようがないのですね．だから選挙が始まると，あそこに行けば何でも食えるとか飲める．

今は飲まさないですけれどもね．料理は何でも出ているのです．だから地域でもかなり財を築いて残してきた人は，必ず次は村会議員に目をつけられる．金を使わせられるのですよ．その地域が潤うわけですよ，分配をするから．一人の人がまとめてしまってはいけない．そういう循環をしていたのです．

――横倉さんが支部長をやめられたころというのは，もうそういう選挙のスタイルではなくなっていたでしょうね．

横倉 こういう習慣はもう完全になくなってきている．選挙違反が多いことと，選挙の規制が強くなってきているわけですよ．金を使ってはいけない，酒を飲んではいけないとか，個別訪問してはいけないといろんな規制が増えてきましたから，だんだん選挙から離れてきています．

――やめられた時は，小選挙区になっていましたか．

横倉 なっていましたね．今は議員は商売ではなくて生活の糧に出るような形になってきましたから，だれも面倒を見る者もいないし，また自分から自腹を切ることもないし，大体選挙事務所を開いても人が集まらないんじゃないの，今．だから選挙は全くこの20年でもうガラッと変わりましたね，様子が．これがいい変わり方をしているのかどうかは，ちょっとわかりませんけれども．

土地を育てることが基本

横倉 私は，今までの多摩の農業ではなくて，違う形の農業を残すべきと言ってきた．緑とか，それから農業という生産，土地の利用というのを．公団は土地から生産されるものを知らないのではないか．建物を建てたりするだけの土地だと思っている．とんでもないです．尾根幹線の真ん中，ああい

う所が農民にとっては全くもったいないと絶えず思っている．口にはあまり出しませんけれども，何てもったいない．何かに使えるのではないか．あのカヤだって．カヤの屋根のうちがなくなりましたから要りませんけれども．土地というのは，どういう風にでも生かすことができるし，また面倒を見れば何でもできてくるわけですね．特にここは気候が温暖である．寒くもないし，暑くもないし，土質も関東ローム層．どんなものでも作物はできるわけですよ．こんな所を，それをある程度生かす場所をこの中につくっておくべきだ．

　私はこの開発の時は若かったのですね．だからあまりそんなことを考えなかった．今になるとつくづく思いますね．土地を生かす方法はマンションを建てるだけではないということを，この町で見てもらう．種をまけば芽が出てくるのですからね．こんなに不思議な土地はないのですよ．だから農業をやっていたら，いくら泥まみれになろうと何であろうとちっとも，何か楽しみなのですね．生育するのを見ている．

　今「町を育てる」と公団が言っていますけれども，土地を育てることが基本だと思うのですよ．それから始めていかないと，町を育てるなんていうことは，本来はちょっとね．町を育てるには土地を育てれば自然に町になってしまうのですよ．

　土地が基本ですからね．この土地のありがたさ．それで今，私が最後，できるかどうかは別として，地主さんたちの記念碑をつくろうという運動を始めようとしているわけです．これは多摩に入ってきた人たち，多摩に住んでいる人たちの力で，行政とか公団とか東京都の面倒を見てもらわないで，自分たちの腹を痛めた，やっぱり自分の町は自分で腹を痛めないとほんとうの町はできないのですよ．腹と言うと，前には腹巻きというのをしていましたから，腹巻きの中に金を入れていたのですよ．今はポケットがあるから入れますけれども，腹巻きの中から金を幾分なりと出さないと．そういう施設をつくるということが地域，郷土を愛する心を育てていく．何もそういうものが多摩センター，多摩ニュータウンにはないのです．何かつくらなければい

けないと．住んでなくてもいいのですけれども，たとえ100円でも1,000円でもいいから出して，「あれはおれが1,000円出してつくったのだよ」というものがあっていい．ないといけないのですよ，やっぱり．うちの会社も「自分のものは構わず持ってこい．会社の中に置け」と言っているのですよ．自分のものを置いてあると，その親睦感がわいてくるのですね．

――愛着ですね．

横倉 愛着がわいてくるのですよ．だから自分で払う．子供だけではなくて金も出して．女性が自分の腹を痛めたのだからかわいいと思うのと同じ．それで，最後は公団なり東京都が地域に対して何かを．でもこれは住民が要望したものを残していくべきだと思っています．例えば資料館とか，住民の手でつくったものを何か．もう昔からの物がどんどん消えていっていますから，そういうものを．

――わかりました．3回にわたりどうもありがとうございました．

＜質問者・同席者＞

① 2006年12月19日(火)：細野助博，中庭光彦，成瀬惠宏，西浦定継，松本祐一，田中まゆみ，細野ゼミナール学生

② 2007年1月16日(火)：中庭光彦，成瀬惠宏，西浦定継，田中まゆみ，中川和郎，岡田ちよ子

③ 2007年2月20日(火)：中庭光彦，田中まゆみ，林浩一郎

※初出 細野助博監修, 中庭光彦編著 (2008)『横倉舜三 オーラル・ヒストリー：多摩ニュータウンの開発史料の発掘とアーカイブ作成に向けた枠組の構築報告書 No.1』中央大学政策文化総合研究所・多摩ニュータウン学会を抜粋して掲載．

1) 府中CCは横倉氏が土地とりまとめを行った最初の経験であった．土地買収が始まったのは1958年（昭和33年）6月．「地主側は二十一人の交渉委員を選出し，さらに多摩村からは横倉幾三，横倉舜三，由木村からは村野保三，谷合昇の四氏が代表となって交渉した結果，次のような価格で売渡すことになった．山林三百五十円，畑五百円，水田七百円（何れも坪当り）買収面積は当時で27万坪と言われ，買収総額は一億二千三百余万円であったという．現在多摩ニュータウンの区画整理地内の三十坪か五十坪の代金である」横倉（1988）47頁．
2) 府中カントリーのオープンは1959年（昭和34年）11月3日．
3) 1961年（昭和36年）10月オープン．現在は町田市下小山田町．
4) 当時の村長は杉田浦次．横倉氏は村議会議員だった．
5) 木崎茂男を社長とする会社．木崎茂男は1917年（大正6年）生．1955年（昭和30年）～1958年（昭和33年）の間，東京七区選出の衆議院議員を務めた．1955年3月の選挙では日本民主党から立候補したが，同年11月の保守合同により自由民主党所属議員となった．日本民主党は1954年（昭和29年）11月に改進党，日本自由党，自由党鳩山派によって結成された．総裁は鳩山一郎，幹事長は岸信介で，河野一郎は同党の重鎮．この55年の総選挙185議席を獲得して第一党となった．
6) 「百草団地の方」というのは，府中カントリー第二コースの計画が消えた後，現在の百草団地地区にもゴルフ場の話が進み，土地買収交渉にも入っていたことを指す．横倉（1988）79頁．
7) 横倉（1988 77-78頁）では「時の建設大臣，河野一郎氏（首都圏整備委員長）がヘリコプターに乗って，多摩丘陵を視察したことによって始まったという説が真実性をもって伝えられている．だが，この時期は，昭和三十九年一月上旬であって，その後まもなく，五月二十八日に東京都首脳会議において，南多摩新都市建設に関する基本方針が決定されているのである．だから，私たちが，現在の諏訪・永山・貝取地区の取りまとめに着手してから三年も経過していたのである．その時は既に，諏訪永山地区約五十万坪の土地は，買収が完了していた時期でもあり，新住法による大規模開発に対する地元対策が進められていて，開発はすでにその緒についていたといっても過言ではなかった．河野建設大臣がこの開発を決定したかのようになっているが，事実は，その三年前に，私たちによって開発決定がなされていたことを，ここはっきりと明言しておく」と記している．
8) 横倉（1988 113-114頁）には，地主について，次のように記されている．「永山地区で最初に協力の方向に動いてくれた地主さん達は，加藤猛雄さん（地主会長），馬場益弥さん，佐伯信行さん，馬場一郎さん，小磯仲一さん，根岸一重さん，市村馬之助さん，根岸為治さん，馬場金治さん，佐伯勝利さんなどに続いて馬場碩治さん，春美さん，馬場清吉さん，小林嘉幸さん，市村仁三郎さん，市村喜久雄さん，石井高治さんなどである．一方，貝取，瓜生地区の地主さんたちも同時に協力を打ち出してくれた．理解を示していた下野峰雄さんを始め森久保力

造さん，伊野市郎さんなどほとんどの地主さんからも協力をいただいた．最も関心がもたれ，注目されていたのが，多摩市唯一の大地主・伊野英三の帰趨であった．何しろ貝取の買収予定地の半分位を持っているという，先祖代々の名主である．変化の激しい時代に財産を維持してきた意志は強いものがあった．当然，買収に当たっては多くの地主さんとは考えを異にしていた．多摩ニュータウンの中心部である多摩の大地主が伊野さんであり，東の大地主は稲城市坂浜の名門・富永重芳さん，この人も難問中の難問，とうとう収用委員会にかかるという大物である．西の大地主は町田市小山町の萩原康夫さん．この人も元堺村切っての名門，屋敷は塀をめぐらし門構えの財閥である屋敷内に製材所を作り，ニュータウンに売却した山林の材木も自分で製材したという．この三大地主がこれまで多摩丘陵の自然を守ってきたとも云えるし，多摩ニュータウンを造ってきたともいえる．」

9) 木崎茂男について，横倉（1988　94頁）では「社長の木崎氏は国会議員当時の顔を生かして，住宅公団に大規模住宅団地の開発用地を持ち込み，用地の確保が可能になった時点で，住宅公団が買収するという業務を主力としていた」と記している．当時，元政治家が大規模住宅開発のブローカーとして存在していたことは興味深い．

10) 横倉（1988　96頁）には「三十八年の二月始め頃だったと思うが，木崎氏の案内で，九段の住宅公団を訪れ，首都圏開発本部の長谷川課長に会い，永山，諏訪地区を買収する意向のあることを確認した」とある．

11) 横倉（1988　93頁）では「小金井の小泉という開発会社の社長であった．この人は，東京都がこの地域一帯を住宅都市として計画したことから，東京都の住宅局に話を持ち込んだらという話を持ってきた」とある．

12) 横倉（1988　110-111頁）では，この間の動きを次のように記している．「三十八年に入ってからは，住宅公団も買収の意向を明らかにしたことから，いよいよ，おおづめの段階になってきた．その頃，東京都が大規模な多摩ニュータウン基本構想を持って具体的準備に入っていることが判明したことから，都の住宅供給公社なども買収の意向を表してきた．その頃すでに買収を終えていた．現在の馬引沢団地は田園都市㈱が造成工事に入るという状況にあった．また落合地区を国際開発㈱社長・岸平八郎氏が買収に着手していた．そのほか各地で不動産業者が一斉に動き出した．個々の農家に出向いて行って，我々より高く買い取るからと言って切りくずしも入ってきた．特に不在地主と言われている，府中市に住む地主さん達のところにはかなりの働きかけがあったようだ．これから一時的に入って来た業者を整理することも私達の仕事となってきたのだ．私達は地元住民であり，地域の発展開発を願う地主でもあるところから，不動産業者の調整の役割も出来たのだと思っている．もし，価格のつり上げ競争が激しくなれば，虫食い状態となり，結果的には用地の確保はむづかしくなり，現在のような大規模開発は不可能であったろう．住民の開発反対や，計画反対が起きることになり，現在の成田空港と同じような運命をたどったかもしれない．いま一つ，この買収業

務が成功した原因があると思っている．それは，地元の取りまとめに奔走し，最終的には住宅公団が開発に当たるということで地元の人達も納得していた．」住宅公団への信用が，横倉氏たちの業者介入調整の後ろで大きな力となっていたことがうかがえる．

13) 多摩市は1971年（昭和46年）4月に17住区の住宅建設に合意して以降は「地元自治体の財政負担，鉄道の早期開通，総合病院の開設，行政区画の変更」の四問題が解決されない限り，住宅建設の協議（二十六条協議）にはいっさい応じないという態度をとった．多摩市史編集委員会（1999）888頁．

14) この話の背景には，1969年（昭和44年）10月に出されたロブソン第二次報告がある．この報告で「多摩ニュータウン計画は，当初の発想においては根本的に誤りであった．通勤者のための住居都市として計画されるべきではなかったと思う．衛星都市とみた場合には，都心部からの距離は十分の遠さをもっていないし，妥当な短距離の通勤も可能にしない位置にある．いずれの観点からみても不満足なものである」とした上で，「計画の根本的な誤りを是正する最良の方法は，現在新住宅市街地開発区域に含まれていないゴルフ・コースを取得することである．このゴルフ場は，多摩ニュータウンのシティーセンターとすることが可能である．」と述べられている．このゴルフ・コースが府中カントリーを指していることは疑う余地がない．ロブソン（1969）16頁．

15) 多摩市史編集委員会（1998　956-957頁）によると，1970年（昭和45年）の人口総数は29,061，世帯数が9,602．1975年（昭和50年）の人口総数は63,928，世帯数は20,019．

16) 富澤市長の聖蹟記念会問題（1978年，昭和53年）．

17) この年の多摩市長選挙には臼井千秋氏，金芳晴氏，富澤政鑒氏の3氏が出馬した．得票数は臼井氏が14,126，金氏が12,620，富澤氏が8,728で，接戦だった．

18) 古谷氏とは古谷太郎氏のこと．日野市長を務め，1973年（昭和48年）都議選までは自民党候補として立候補し当選していた．但し，革新都政下であったこともあり，1973年の得票数は36,623票で，2位の社会党候補・山田俊一氏は30,324と，僅差であった．次の1977年（昭和52年）都議選では，古谷氏の後釜として多摩市議会議員だった浜西氏が立候補する．推薦人として古谷太郎氏，富澤政鑒氏，加藤貞二氏（前稲城市助役・ニュータウン対策特別委員長），斉藤明氏（専修大学教授・多摩市議会建設常任副委員長），酒井清氏（明星大学教授・多摩市都市計画審議会委員）の名が連ねられている．浜西氏の他に，黒沢はじめ氏（日本共産党），上野公氏（新自由クラブ），小林久枝（社会市民連合）の4氏が立候補．得票数は浜西氏34,470，黒沢氏29,264，上野氏28,799，小林氏10,970であった．浜西氏の得票数の内，多摩市分は12,326，日野市分は15,539であった．東京都選挙管理委員会（1978）より．

19) 宮本顕治氏は2007年（平成19年）に死去．

20) 1985年（昭和60年）の都議会議員選挙では南多摩選挙区（定数1）より浜西

節郎（自由民主党），斉藤道雄（無所属），黒沢はじめ（共産党）の3名が立候補した．得票数は浜西氏が19,976で当選．斉藤氏は18,692で僅差，黒沢氏は14,928と落選した．この時，浜西氏の推薦者には，安倍晋太郎，鈴木俊一，森直兄（稲城市長），臼井千秋の各氏，斉藤道雄の推薦者には石川要三，臼井千秋，森直兄の各氏が名を連ねている．東京都選挙管理委員会（1985）．

21) 1977年（昭和52年）〜1981年（昭和56年）の2期にわたり多摩市議会議長を務めた．

参考文献一覧

新井美沙子（2001）「市民社会における市民・議会・行政の役割」（『多摩ニュータウン研究』No.3）2-12頁

荒居宏（1972）「多摩ニュータウン開発の現況と問題点」（『不動産研究』14巻1号）31-43頁

飯島貞一（1986）『工学博士・飯島貞一還暦記念 著作・座談選集―工業立地30年の記録―』

飯島貞一（1991）「第7章第4節 産業基盤の整備」（通商産業省，通商産業政策史編纂委員会『通商産業政策史第7巻』財団法人通商産業調査会）300-330頁

飯島貞一（1993）「第7章第1節 産業立地政策」（通商産業省，通商産業政策史編纂委員会『通商産業政策史第11巻』財団法人通商産業調査会）3-72頁

飯島貞一（1996）『飯島貞一の仕事 1982～1996 著作・座談選集 Volume 2』

飯島貞一（2002）『それはいつもチャレンジだった―産業立地と地域開発―』パンセ出版局

飯島貞一，宇都宮綱之（1963）『日本の臨海工業地帯―航空写真・地域開発計画・コンビナート計画―』通商産業研究社

石田頼房（1994）「住宅行政」（東京自治問題研究所・『月刊東京』編集部編『21世紀の都市自治への教訓―証言みのべ都政』教育史料出版社）196-207頁

石田頼房（2004）『日本近現代都市計画の展開』自治体研究社

石本馨写真・文（2008）『団地巡礼』二見書房

伊藤滋編（1972）『苦悩する土地』東洋経済新報社

伊藤滋（2006）『昭和のまちの物語』ぎょうせい

伊藤光晴，篠原一，松下圭一，宮本憲一編（1973）『岩波講座現代都市政策4 都市の経営』岩波書店

伊藤光晴，篠原一，松下圭一，宮本憲一編（1973）『岩波講座現代都市政策5 シビル・ミニマム』岩波書店

伊藤光晴，篠原一，松下圭一，宮本憲一編（1973）『岩波講座現代都市政策7 都市の建設』岩波書店

伊藤光晴，篠原一，松下圭一，宮本憲一編（1973）『岩波講座現代都市政策9 都市の空間』岩波書店

伊藤光晴，篠原一，松下圭一，宮本憲一編（1973）『岩波講座現代都市政策11 都市政策の展望』岩波書店

今村都南雄（1995）「多摩ニュータウン開発事業の特徴」（中央大学社会科学研究所編『地域社会の構造と変容―多摩地域の総合研究―』中央大学出版部）281-306頁

上崎哉（2002）「都市政策領域における『住宅建設』概念の意味と作用について㈠―

公庫,公団,千里・多摩ニュータウン等を手がかりとして―」(『早稲田政治公法研究』70号) 119-150頁
上崎哉 (2003)「都市政策領域における『住宅建設』概念の意味と作用について(二)―公庫,公団,千里・多摩ニュータウン等を手がかりとして―」(『早稲田政治公法研究』71号) 187-219頁
内田青蔵,大川三雄,藤谷陽悦編著 (2001)『図説・近代日本住宅史』鹿島出版会
宇野健一 (2006)「1周遅れのトップランナー? 多摩ニュータウン稲城地区」(『多摩ニュータウン研究』8号) 12-23頁
エンツリー・ハンドブック・グループ (2008)『まるごと八王子の歩き方』エンツリー
大河原春雄 (1969)『建築行政三十年』相模書房
大来佐武郎編 (1967)『地域開発の経済』筑摩書房
大田直史 (2004)「要綱の法的性質」(『ジュリスト増刊法律学の争点シリーズ9 行政法の争点第3版』有斐閣) 46-47頁
大本圭野 (1983)「わが国における住宅運動の歴史」(『ジュリスト増刊総合特集30 現代日本の住宅改革』有斐閣) 172-179頁
大本圭野 (1991)『証言日本の住宅政策』日本評論社
オズボーン・F.J.,ホイティック・A.著,扇谷弘一,川手昭二訳 (1972)『ニュータウン―計画と理念―』鹿島出版会
勝村誠 (1998)「多摩ニュータウン開発計画の決定過程について―政策史学の構築と歴史情報の公共利用にむけて―」(『多摩ニュータウン研究』1号) 13-31頁
加藤田歌・上野淳 2004「多摩ニュータウン・集合住宅における単身高齢者の居住様態」(『多摩ニュータウン研究』6号) 33-41頁
川上秀光 (1983)「ニュータウン開発の大都市対策としての位置づけ」(『都市計画』129号) 18-27頁
川手昭二 (1970)「新住宅市街地開発事業とその問題」(『都市問題』61巻8号) 66-79頁
川手昭二 (1974)「E・ハワードの『田園都市論』と日本の都市建設について」(『建築雑誌』89巻1086号) 875-879頁
川手昭二 (1980)「戦後日本のニュータウン政策における港北ニュータウンの位置付け 上」(『都市問題研究』32巻2号) 130-147頁
川手昭二 (1980)「戦後日本のニュータウン政策における港北ニュータウンの位置付け 下」(『都市問題研究』32巻3号) 112-125頁
川手昭二 (1980)「多摩ニュータウンにおける土地利用計画の機能」(『総合都市研究』10) 78-90頁
川手昭二 (1983)「我が国におけるニュータウン開発の経緯と今後の動向」(『都市計画』129号) 11-17頁
川手昭二 (1997)「多摩ニュータウンの開発事業史的意義」(『宅地開発』163号) 11-

20頁

北川圭子 (2002)『ダイニング・キッチンはこうして誕生した～女性建築家第一号浜口ミホが目指したもの』技法堂出版

橘川武郎・柏谷誠編 (2007)『日本不動産業史～産業形成からポストバブル期まで～』名古屋大学出版会

櫛田光男,川手昭二編 (1970)『土地問題講座5 都市開発と土地問題』鹿島研究所出版会

建設省五十年史編集委員会 (1998)『建設省五十年史 I, II』社団法人建設広報協議会

工配法20周年記念事業実行協議会 (1993)『工業再配置政策20年の歩み—国土の均衡ある発展をめざして—』

国土交通省住宅局住宅政策課 (2008)『住宅経済データ集』住宅産業新聞社

国土庁 (2000)『国土庁史』

後藤田正晴 (1998)『情と理 後藤田正晴回顧録 上・下』講談社

小長啓一,飯島貞一 (1993)「工業再配置促進法制定とその背景：小長啓一氏に聞く」(『産業立地』32巻2号) 2-8頁

小林日朗 (1972)「多摩ニュータウン開発の現状と問題点」(『地域学研究』2号) 95-114頁

今野博 (1976)「ニュータウンの系譜と制度の問題点」(『新都市』30巻2号) 4-9頁

山東良文 (1997)「国土政策と首都圏整備行政の変遷」(『戦後国土政策の検証 (下)』総合研究開発機構) 209-264頁

下河辺淳 (1994)『戦後国土計画への証言』日本経済評論社

住宅・都市整備公団史刊行事務局 (2000)『住宅・都市整備公団史』都市基盤整備公団

自由民主党都市政策調査会 (1968)『都市政策大綱』自由民主党広報委員会出版局

シェリング,トマス C.,細野助博監訳 (2009近刊)『個人的動機の社会的結果』勁草書房

新沢嘉芽統・華山謙 (1970)『地価と都市政策』岩波書店

鈴木俊一 (1997)『回想・地方自治五十年』ぎょうせい

鈴木俊一 (1999)『官を生きる～鈴木俊一回顧録～』都市出版

鈴木成文 (1988)『鈴木成文住居論集 住まいの計画住まいの文化』彰国社

総合政策研究会著・土屋清監修 (1965)『地域開発と大都市問題』ダイヤモンド社

高田一夫 (2000)「行政計画における多摩ニュータウンの位置付けと問題点」(『多摩ニュータウン研究』2号) 65-70頁

高橋賢一 (1998)『連合都市圏の計画学—ニュータウン開発と広域連携—』鹿島出版会

高橋正雄 (1980)『八方破れ・私の社会主義』TBSブリタニカ

高比良正司 (2009)「日本におけるNPOの現状と課題」(広岡守穂編『NPOの役割と課題2 NPOによる地域活性化』中央大学研究開発機構) 10-34頁

高山英華（1987）『私の都市工学』東京大学出版会
宅地開発公団（1981）『宅地開発公団史』
竹下譲（1987）「宅地開発指導要綱にみる中央・地方関係の変遷」（『都市問題』78巻10号）37-47頁
竹中一雄編（1970）『住宅産業』東洋経済新報社
田中角栄（1972）『日本列島改造論』日刊工業新聞社
田中啓一（1988）「開発利益の帰属問題の現状と課題」（『転換期の開発政策—開発利益の帰属問題—』ぎょうせい）1-30頁
多摩町誌編纂委員会（1970）『多摩町誌』多摩町役場
多摩市史編集委員会（1999）『多摩市史　通史編二近現代』多摩市
多摩市史編集委員会（1998）『多摩市史　資料編四近現代』多摩市
多摩ニュータウン学会（2007）『多摩ニュータウン研究　特集アーカイブを作ろう！』9号
多摩ニュータウン学会（2008）『多摩ニュータウン研究　特集「郊外」の再発見！』10号
多摩ニュータウン学会（2009）『多摩ニュータウンアーカイブ2007-09第1編　草創期～中興期の夢と苦悩を知る』
田村明，二宮公雄（1997）「浅田孝の戦略」（日本都市計画家協会『都市計画家』春号）6-7頁
田村明（2006）『都市プランナー田村明の闘い～横浜＜市民の政府＞をめざして～』学芸出版社
田村明（1983）『都市ヨコハマをつくる～実践的まちづくり手法～』中央公論社
塚田博康（1992）「証言1967～1979みのべ都政物語20ジャーナリストの眼(1)」（『東京』115号）24-29頁
土山希美枝（2007）『高度成長期「都市政策」の政治過程』日本評論社
角本良平（1966）『通勤革命—交通戦争に終止符を打つ—』三一書房
東京都（1971）『東京の住宅問題』
東京都（1994）『東京都政五十年史　事業史1』
東京都住宅局（1978）『住宅30年史—住宅局事業の歩み—』
東京都首都整備局（1972）『多摩連環都市基本計画案—概要—』
東京都首都整備局都市計画第一部南多摩新都市計画課（1968）『多摩ニュータウン構想—その分析と問題点—』
東京都新都市建設公社まちづくり支援センター（2001）『東京の都市計画に携わって—元東京都首都整備局長・山田正男氏に聞く—』
東京都選挙管理委員会（1978）『東京都議会選挙の記録　昭和52』東京都選挙管理委員会
東京都選挙管理委員会（1985）『東京都議会選挙の記録　昭和60』東京都選挙管理委員会

東京都南多摩新都市開発本部（1985）『多摩ニュータウン開発計画資料集。』
東京都南多摩新都市開発本部（1987）『多摩ニュータウン開発の歩み』
東京問題専門委員第二次助言（1968）『多摩ニュータウンについて』
東京問題専門委員第二次助言（1968）『多摩ニュータウンについて―補論的資料―』
独立行政法人都市再生機構（2006）『多摩ニュータウン事業史―通史編―』
トンプソン，ポール，酒井順子訳（2002）『記憶から歴史へ―オーラル・ヒストリーの世界』青木書店
中庭光彦（2001）「コミュニティネットワークにおける組織化の分析」(『多摩ニュータウン研究』3 号) 29-44 頁
成瀬惠宏（2006）「多摩ニュータウン開発事業の"軌道修正"」(『多摩ニュータウン研究』8 号) 24-34 頁
西浦定継（2007）「尾根幹線はなぜあんなに広いの？」(『多摩ニュータウン研究』9 号) 123-127 頁
西岡久雄（1991）「第 9 章 工業再配置と『地方の時代』」（通商産業省，通商産業政策史編纂委員会『通商産業政策史第 15 巻』財団法人通商産業調査会）241-322 頁
NPO 法人西山卯三記念すまい・まちづくり文庫（2000）『西山卯三とその時代』
西山卯三（1947）『これからのすまい～住様式の話～』相模書房
日本建築学会（1989）『集合住宅計画研究史』日本建築学会
日本住宅公団 20 年史刊行委員会（1981）『日本住宅公団史』日本住宅公団
日本生産性本部（1958）『産業立地―産業立地専門視察団報告書―』
日本政治学会年報（2005）『オーラル・ヒストリー』岩波書店
財団法人日本地域開発センター（1972）『地域開発 特集多摩連環都市計画について』94 号
日本都市計画学会（2001）『都市計画：日本都市計画学会五十年史』233 号
財団法人日本立地センター（1991）『産業立地 30 年のあゆみ』
野々村宗逸（1983）「ニュータウン開発と法制度」(『都市計画』129 号) 72-81 頁
ノース，ダグラス・C.（1994）『制度・制度変化・経済成果』晃洋書房
パットナム，ロバート，河田潤一訳（2001）『哲学する民主主義』NTT 出版
浜口隆一（1947）『ヒューマニズムの建築』雄鶏社
早坂茂三（1987）『政治家田中角栄』中央公論社
原彬久（2000）『戦後史のなかの日本社会党』中央公論新社
原彬久（2003）『岸信介証言録』毎日新聞社
日笠端（1997）『コミュニティの空間計画 市町村の都市計画 1』共立出版
広岡守穂（2009）「学びから一歩踏み出す～生涯学習とソーシャル・キャピタル」(広岡守穂編『NPO の役割と課題 1 学びとエンパワーメント』中央大学研究開発機構) 5-29 頁
広岡守穂「生涯学習と現代民主主義に関する一考察」(『法学新報』第 114 巻 1.2 号) 1-25 頁

藤井信幸(2004)『地域開発の来歴―太平洋岸ベルト地帯構想の成立―』日本経済評論社
ペッカネン,ロバート,佐々田博教訳(2008)『日本における市民社会の二重構造―政策提言なきメンバー達―』木鐸社
ペリー,クラレンス・A.,倉田和四生訳(1975)『近隣住区論』鹿島出版会
北條晃敬(1980)「多摩ニュータウンの建設計画と課題」(『総合都市研究』10号)69-77頁
北條晃敬(1992)「証言1967～1979みのべ都政物語17都市計画行政(上)」(『東京』111号)24-31頁
北条晃敬(2002)「多摩ニュータウン 計画・構想の段階から―多摩ニュータウン開発事始めの回想記」(『多摩ニュータウン研究』4号)61-69頁
北条晃敬・千歳寿一(1968)「多摩ニュータウン計画とその問題点」(『新都市』22巻3号)43-46頁
細野助博(1995)『現代社会の政策分析』勁草書房
細野助博(1997)「多摩ニュータウンを学ぶことと育てること」(『宅地開発』163号)40-47頁
細野助博(2000)『スマートコミュニティ』中央大学出版部
細野助博(2001)「中央省庁再編の政策分析―合併の政治算術―」(『計画行政』24巻2号)28-36頁
細野助博,矢部拓也(2001)「多摩センター地区活性化に寄せる世代間格差」(『多摩ニュータウン研究』3号)13-28頁
細野助博監修(2003)『実践コミュニティビジネス』中央大学出版部
細野助博,中庭光彦,矢部拓也(2003)「少子高齢化時代の郊外居住」(『多摩ニュータウン研究』5号)8-37頁
細野助博監修,中庭光彦編著(2008)『横倉舜三オーラル・ヒストリー:多摩ニュータウンの開発史料の発掘とアーカイブ作成に向けた枠組の構築報告書No.1』中央大学政策文化総合研究所・多摩ニュータウン学会
本間義人(1983)『現代都市住宅政策』三省堂
本間義人(1992)『国土計画の思想』日本経済評論社
本間義人(1999)『国土計画を考える』中央公論新社
本間義人(2004)『戦後住宅政策の検証』信山社
マクナマラ,ロバート(2003)『果てしなき論争』共同通信社
升本達夫(1963)「新住宅市街地開発法について」(『法律時報』35巻10号)21-27頁
松下圭一(1971)『シビル・ミニマムの思想』東京大学出版会
松下圭一(1987)『都市型社会の自治』日本評論社
美濃部亮吉(1979)『都知事12年』朝日新聞社
御厨貴編(1994)『シリーズ東京を考える1 都政の五十年』都市出版
御厨貴編(1995)『シリーズ東京を考える3 都庁のしくみ』都市出版

御厨貴（1996）『東京―首都は国家を超えるか―』読売新聞社
御厨貴（2002）『オーラル・ヒストリー〜現代史のための口述記録〜』中央公論社
御厨貴編（2007）『オーラル・ヒストリー入門』岩波書店
御厨貴・中村隆英編（2005）『聞き書　宮澤喜一回顧録』岩波書店
監修・聞き手：御厨貴，聞き手：伊藤隆，飯尾潤（2000）『渡邊恒雄回顧録』中央公論社
インタビュー・構成：御厨貴・渡邊昭夫（1997）『首相官邸の決断〜内閣官房副長官石原信雄の2600日』中央公論社
南多摩開発局事業計画課（1969）「多摩ニュータウンの計画記録」（『住宅公団調査研究期報』25号）1-13頁
宮崎勇（2005）『証言戦後日本経済―政策形成の現場から―』岩波書店
村田麻友子（2009）「子育てと女性の社会参画とまちづくり」（広岡守穂編『NPOの役割と課題3　仕事おこしとまちづくり』中央大学研究開発機構）75-88頁
元山隆（2005）「コーヒー・マスターの目から見た風景」（『多摩ニュータウン研究』7号）53-59頁
山岸紘一（2001）「多摩ニュータウンの開発史」（『多摩ニュータウン研究』3号）72-87頁
山田正男編著（1974）『変革期の都市計画―現代経済社会における土地計画上の諸問題―』鹿島研究所出版会
山田正男（1973）『時の流れ・都市の流れ』鹿島研究所出版会
UR都市機構（2006）『多摩ニュータウン開発事業誌―通史編―』独都市再生機構東日本支社
横倉舜三（1988）『多摩丘陵のあけぼの（前編）』多摩ニュータウンタイムズ社
横倉舜三（1991）『多摩丘陵のあけぼの（後編）』多摩ニュータウンタイムズ社
横倉舜三（1992）『筆舌　変わりゆく多摩のそのときどきに』多摩ニュータウンタイムズ社
横山裕幸（2004）「つるまき・まちひろば計画」（『多摩ニュータウン研究』6号）46-52頁
読売新聞社編（1972）『日本列島改造論批判―わが党は提言する―』読売新聞社
羅一慶（2008）『日本の市民社会におけるNPOと市民参加』慶應義塾出版会
リリエンソール，D.E.，和田小六訳（1949）『TVA―民主主義は進展する―』岩波書店
ロブソン，ウィリアム・A.（1969）『東京都政に関する第2次報告書』東京都企画調整局
ロブソン報告研究会（1969）『ロブソン報告の研究』
渡辺良雄・武内和彦・中林一樹・小林昭（1980）「東京大都市地域の土地利用変化からみた居住地の形成過程と多摩ニュータウン開発」（『総合都市研究』10号）7-65頁

多摩ニュータウン関係年表

年	社会の動き	中央省庁	東京都	日本住宅公団	多摩市、八王子市、稲城市、町田市	多摩ニュータウン事業における左記連携の動きならびに交通等
1955年（昭和30年）	10.13 社会党統一。11.15 自由民主党結成。	4. 住宅建設十箇年計画策定。12. 経済自立五カ年計画策定。	4.27 都知事選安井誠一郎三選。4. 都営・市町村営住宅の大量建設に着手。	7.25 日本住宅公団発足。	4.1 多摩村下川原地区、府中市編入。4.30 多摩村長選に杉山浦次当選。八王子市長選に小林吉之助当選。5.1 稲城村長選茶一郎再選。	
1956年（昭和31年）	12.23 石橋湛山内閣成立。	4.16 日本道路公団設立。4.20 都市公園法公布。4.26 首都圏整備法公布。7 首都圏整備計画策定。	11. 首都圏整備計画による都営住宅十箇所計画決定。	3.19 初の入居募集開始。11.9 全国初の公団住宅年札公団住宅（三鷹市）完成。	2.13 聖蹟桜ヶ丘〜落合中沢間、京王バス路線開通。	8.17 京王電鉄が多摩村に大住宅地を建設する構想を発表（現桜ヶ丘団地）。
1957年（昭和32年）	2.25 岸信介内閣成立。	4. 住宅建設五箇年計画策定。12 新長期計画策定。			2.24 八王子市長選野口義造当選。3.20 都知事勧告より多摩・由木両村合併勧告が出される。村議会は合併反対を堅持。4.1 稲城村、町制施行。	
1958年（昭和33年）	5.16 テレビ受信者数100万突破。6.12 第二次岸信介内閣成立。	4.24 新下水道法公布。4.28 首都圏の近郊整備地帯及び都市開発区域の整備に関する法律公布。7. 首都圏整備委員会が第一次首都圏基本計画策定（グリーンベルト設定）。		8. 多摩平・晴海高層アパート入居開始。ステンレス流し台採用。	2.1 町田町は鶴川・忠生・堺の3村を合併し、市制施行。12.25 都の合併案に反対する多摩村・由木村・日野町・稲城町の4町村が合併研究協議会を結成。	
1959年（昭和34年）	10. 大和ハウスがプレハブ住宅第一号。	3.17 首都圏の既成市街地における工業等の制限に関する法律公布。	4.23 東京都知事選挙で東龍太郎当選。		2.8 東京カントリークラブがゴルフ場建設（現府中カントリークラブ）。	

313

年	社会の動き	中央省庁	東京都	日本住宅公団	多摩市，八王子市，稲城市，町田市	多摩ニュータウン事業における左記連携の動きならびに交通等
	「ミゼットハウス」発売.	3.20 工場立地の調査等に関する法律公布.				
1960年(昭和35年)	7.1 自治省発足. 7.19 池田勇人内閣成立. 12.8 第二次池田勇人内閣成立.	9.29 初の工業立地白書「わが国工業立地の現状」発表. 10. 下水道整備十箇年計画策定. 12.27 国民所得倍増計画を閣議決定.	7. 東京都住宅局設置. 8.23 東京都住宅公社設立(旧東京都住宅協会). 12. 首都整備局が南多摩地域における集団的宅地造成計画の事前調査に着手.		4.30 多摩村長選挙で富沢政鑒当選. 5.1 稲城町長選挙一郎三選. 10.3 京王帝都ゴルフ場建設.	
1961年(昭和36年)		3. 新住宅建設五箇年計画策定. 6.26 通産省が工業適正配置構想発表. 工業の地方分散化, 所得の地域格差の解消を目標. 8. 建設大臣が住宅対策審議会に対し, 住宅開発の積極的推進を図るための措置を諮問.			12.13 多摩村は由木村との合併に賛成と都知事に回答し, 方針転換. 2.24 八王子市長選挙に植竹圓次当選. 7.26 京王帝都電鉄が多摩村に上水道建設費用を寄付.	
1962年(昭和37年)		4 宅地制度審議会設置. 5.1 水資源開発公団設立. 5.10 新産業都市建設促進法公布. 5 住宅対策審議会答申. 6 建設大臣が宅地制度審議会に対し収用権について諮問. 10.5 全国総合開発計	2.1 東京都宅地開発公社設置(旧東京都住宅協会). 東京都の常住人口一千万人突破.		4.10 京王桜ヶ丘団地で宅地分譲開始. 5. 多摩村上水道が給水開始.	

年表　315

年	社会の動き	中央省庁	東京都	日本住宅公団	多摩市、八王子市、稲城市、町田市	多摩ニュータウン事業における左記連携等の動き並びに交通等
1963年(昭和38年)	12.9 第三次池田勇人内閣成立。	閣議決定。7.12 新産業都市13ヶ所、工業整備特別地域6ヶ所決定。7.11 新住宅市街地開発法公布。	4.23 都知事選東龍太郎再選。12.10 多摩地区開発計画まとまる。	12.20 第一次地区選定を決定し用地買収開始。	2.9 多摩村地主会が、日本住宅公団の団地を誘致する陳情を村長に提出。5.1 多摩町長選挙で富沢政鑒再選、稲城町長選で高橋昌太郎当選。	
1964年(昭和39年)	10.10 東京オリンピック開催。11.9 佐藤作内閣成立。11.15 千里ニュータウン事業開始。12.21 電力局方針、需給不安解消発表。	1.12 河野一郎建設大臣が「多摩地区開発計画案」を了承し、現地視察。	5.28 東京都首脳会議において「南多摩新都市建設」に関する基本方針を決定。8.6 水不足で第四次給水制限。東京サバクに流行語に。9.30 防衛施設庁が東京都、都市計画案を南多摩区域から除外することを要請。10.東京都市計画地方審議会は多摩丘陵の2,962ha について新住宅市街地開発事業をの都市計画決定すべきことを議決。12.7 東京都住宅局が用地買収議案を都議会提出し、買収着手開始。		4.1 多摩村が町制を施行し多摩町に。8.11 由木村が八王子市に合併。9.23 多摩町議会全員協議会において新住法の開発区域指定に対し条件付き同意。12.4 多摩市、八王子市、稲城町、町田市、多摩町で南多摩ニュータウン協議会（会長：富沢多摩町長）を結成。	3.南多摩総合都市計画案策定委員会が報告書「南多摩」第1巻発表。6.3 京王相模原線（京王多摩町中央～稲城中央、小田急多摩線（喜多見～稲城本町）路線免許がおりる。7.25 三多摩地区給水対策連絡協議会において、多摩ニュータウンの水道用水のための開発用水を利根川水系から充足することを決定。
1965年(昭和40年)	12.28 北ニュータウン事業開始。	6.10 地方住宅供給公社法公布。6月 首都圏整備法改正（グリーンベルト棚上げ）。	2.住宅局計画部課にニュータウン担当係設置。7.住宅局開発部（組織改正により計画部から移行）に新住宅市街地係務所を多摩町内に。	6.30 神代団地第三住宅に初めてバスタブ式型風呂釜を設置。8.1 南多摩開発事務所を多摩町内に。	2.12 八王子市長選で植竹圓次再選。5.11 南多摩ニュータウン協議会が、既存集落の開発区域からの除外、地元自治体の財政への配慮などを求める。	1.25 都副知事・関係局長、新住事業施行者、地元市町長で構成する「東京都南多摩新都市開発事業連絡協議会」設置。2.日本都市計画学会新住

年	社会の動き	中央省庁	東京都	日本住宅公団	多摩市、八王子市、稲城市、町田市	多摩ニュータウン事業における左記連携の動きならびに交渉等
			開発課設置。9.「多摩新都市建設に関する要綱」策定。12.28 多摩ニュータウン新住宅市街地開発事業の都市計画決定がなされる。	に設置。	必要望書を都知事に提出。	宅市街地計画策定委員会が「多摩ニュータウン開発計画1965」を策定。9. 第1回南多摩新都市開発事業連絡協議会開催。用地買収基準を統一することに及び専門部会の設置を決定。11. 南多摩新都市開発事業連絡協議会において「南多摩新都市街地開発事業に伴う土地等の提供者の生活再建措置」が制定され、用地買収基準、用地補償基準、生活再建基準、補償基準、措置基準等が定められる。
1966年(昭和41年)	7.4 新国際空港建設地を成田に決定。	7. 住宅建設五箇年計画を閣議決定。	4.1 住宅公社と宅地開発公社が合併し、東京都住宅供給公社発足。11.25 首脳部会議において、多摩町・町田市域210haを新住事業区域から除外し、土地区画整理事業として施行することを決定。12.1 南多摩新都市開発事業本部発足。12.24 新住宅市街地開発事業区域の変更及び土地区画整理事業を施行すべき区域の都市計画決定がなされる。	4.1 日本住宅公団法を一部改正し、新住宅市街地開発事業反び工業用地造成事業を追加。5.1 南多摩開発事務所を名称変更し、南多摩開発局発足。7.1 日本住宅公団法を一部改正し、流通業務団地造成事業を追加。7. 多摩ニュータウンの造成工事に着手。	2.7 多摩町既存集落地域の住民が、多摩ニュータウン計画区域から既存集落を除外する請願を提出。2.21 多摩町議会が都知事に、既存集落の除外に対して意見書を求めた意見書を提出。	7.13 京王相模原線(稲城中央-相模中野)、小田急多摩線(稲城本町-一城山)の路線免許がおりる。11. 第2回南多摩新都市開発事業連絡協議会開催、既存集落区域の取り扱いを協議。

年表　317

年	社会の動き	中央省庁	東京都	日本住宅公団	多摩市、八王子市、稲城市、町田市	多摩ニュータウン事業における左記連携の動き並びに交通等
1967年（昭和42年）	2.17 第二次佐藤栄作内閣成立。	6.1「宅地開発又は住宅建設に関連する利便施設の建設及び公共施設の整備に関する了解事項」（五省協定）。	1.13 東京都住宅供給公社に、南多摩新都市開発事業推進本部設置。4.15 都知事選挙美濃部亮吉当選。5.31 都知事が都立大学の多摩ニュータウン内移転構想を発表。8.22 都知事が多摩ニュータウン視察。12.23 多摩都市計画事業施行規定が制定される。		1.30 新住法に基づく最初の地元説明会開催。5.1 多摩村長選挙で富沢政鑒三選、稲城町長選で高橋昌三郎再選。5.6 区画整理区域内の土地所有者753名が、区画整理事業にともなう測量（減歩率）に反対の請願を、多摩町議会に提出。6.29 八王子市議会派遣代表者会議が多摩町落合楢原地区住民が、多摩町議長あって対策特別委員会を設置。11.27 多摩町落合楢原地区住民が、多摩地区除外を求める陳情書を提出。	2.4 京王相模原線（京王多摩川一稲城中央）の工事認可。12.14 小田急城山線の起点を、喜多見から百合ヶ丘に、路線変更する免許がおりる。
1968年（昭和43年）	5.26 自民党が「都市政策大綱（中間）報告」を発表。6.10 大気汚染音規制法公布。12.24 筑波研究学園都市事業開始。	6.15 都市計画法公布。10. 首都圏整備委員会が第二次首都圏基本計画決定。	4.9 東京問題調査会発足。10.12 東京問題調査団が多摩ニュータウン視察。10.25 東京問題調査会専門委員会第二次助言「多摩ニュータウンについて」発表。11.26 知事・副知事・関係局長で構成する「南多摩新都市開発事業推進委員会」設置。12.2「東京都中期計画」を発表、ジビルミニマムを設定。		11.6 多摩町議会が「ニュータウン対策特別委員会」設置。12.1「多摩町がニュータウン開発事業対策本部」設置。12.11 多摩町落合地区住民が、焼却場設置に反対し、請願書を多摩町議会長に提出。	7. 第三回多摩ニュータウン連絡協議会開催。下水道事業の費用負担割合の決定等。
1969年（昭和44年）	5.13 千葉ニュータウン計画閣議決定。	5.30 新全国総合開発計画閣議決定。	1. 第1回南多摩新都市開発事業推進委員会開催。	6.2 新住宅市街地開発事業の起工式。	2.9 八王子市長に植竹圓次三選。	2.8 多摩土地区画整理事業計画の決定が公告される。

年	社会の動き	中央省庁	東京都	日本住宅公団	多摩市、八王子市、稲城市、町田市	多摩ニュータウン事業における左記連携の動き並びに交通等
	事業開始. 5. 26 東名高速道路開通.	6. 3 都市再開発法公布. 10. 3 通産省産業構造審議会に住宅産業部会設置.	未着手区域の開発方針等協議. 2. 7 ロンドン大学名誉教授のウィリアム・A. ロブソンが多摩ニュータウンを視察. 3. 31 新宿副都心の土地売却完了. 5. 第二回南多摩新都市開発事業推進委員会開催, 西部地区の開発方針等を協議. 7. 2 東京都公害防止条例公布. 9. 25 ロブソンによる「東京都報告書」(ロブソン報告)発表. 12. 24 都知事と日本住宅公団総裁の間で「南多摩新都市の建設と経営について」覚書を交換.		5. 21 多摩町はじめ都知事等関係機関に「新住宅市街地開発等に伴う地方公共団体に対する財政援助について」陳情書提出.	3. 6 稲城町・多摩町・町田市・八王子市・相模原市・城山町・津久井町より構成される京王帝都新路線建設促進実行委員会が, 新路線早期建設を要望する要望書提出. 3. 新住事業施行者間で河川改修に要する費用負担に関する協定締結. 6. 25「東京都南多摩新都市開発事業新都市連絡協議会」に名称変更. 9. 第二回南多摩新都市連絡協議会開催, 都市センター計画について協議. 11. 8 小田急多摩線(新百合ヶ丘~黒川)の工事認可. 12. 28 京王相模原線(稲城中央~若葉台)の工事認可.
1970年 (昭和45年)	1. 14 第三次佐藤栄作内閣成立.	9. 16 通産省産業構造審議会住宅産業部会「住宅産業および住宅産業政策のあり方」答申.	2. 24 知事と日本住宅公団総裁, 新都市センター(株)社長で「都市センター(株)の運営に関する覚書」を交換. 7. 開発基本計画を交換. ニュータウン宅地造成事務	3. 31 新都市センター開発(株)発足.	6. 10 聖蹟桜ヶ丘駅前に「京王桜ヶ丘ショッピングセンター」開業.	1. 22 知事, 副知事, 新住事業施工者, 八王子市・町田市・日野各市長, 稲城町長で構成する「東京都南多摩開発計画会議」が設置される. 「南多摩新都市連絡協議会」は吸収廃止. 2. 第二回南多摩開発計画

年表

年	社会の動き	中央省庁	東京都	日本住宅公団	多摩市、八王子市、稲城市、町田市	多摩ニュータウン事業における左記連携の動き並びに交通等
			所及び多摩区画整理事務所設置。多摩ニュータウンの位置付けを住宅都市から自立都市へ転換、企画調整・実施機能の強化。 10. 26 公害局発足。 11. 知事、副知事、関係局長で構成する「多摩ニュータウン推進対策会議」を設置。南多摩新都市開発事業推進委員会開催。第一回関連公共公益施設の整備状況、5,6住区の住宅建設等。			会議開催。専門委員会から住宅建設の早期着工に関する最近措置案等の報告。 2. 第三回南多摩開発計画会議開催。暫定措置案に関する協議書の取り扱い。 2. 13 東京都南多摩開発計画会議で、多摩ニュータウン内の学校用地等の多摩町への無償提供等決定。 3. 31 新住宅市街地開発業の施行区域に馬引沢地区等34haを編入する都市計画変更がなされる。 5. 第四回南多摩開発計画会議。新都市センター（株）を構成員に追加。 6. 第五回南多摩開発計画会議。関連公共公益施設の整備及び維持管理に関する専門委員の使命等。
1971年（昭和46年）	7. 1 環境庁発足。 8. 16 ドルショック。 8. 18 為替変動相場制移行決定。	3. 第二期住宅建設五箇年計画閣議決定。	2 東京都住宅供給公社が南多摩開発事業を設置。 3. 11 住宅白書「東京の住宅問題」発表。 3. 13「広場と青空」東京構想発表。 4. 11 都知事選挙で美濃部再選。 告. 多摩ニュータウン水道条例施行により、地方公営企業としての本部発足。また、多摩ニュータウン		3. 26 多摩ニュータウン第一次入居開始。諏訪団地に1,182戸、永山団地に1,508戸が入居。	2. 3 生活再建措置者講習会開催。 4. 1 ニュータウン区域内最初の学校である多摩町立南永山小学校・永山中学校が開校。 5. 1 多摩町長選挙で冨沢政鑒四選。稲城町長選挙で森直兄当選。 11. 1 多摩町、稲城町で市制施行。多摩市、稲城市となる。 11. 30 多摩市が住宅建設のた	3. 26 京王バスが多摩ニュータウン内で運行開始。 4. 1 京王相模原線が京王多摩川駅から京王よみうりランド駅まで開通。 8. 第六回南多摩開発計画会議開催。 整理事業等について。 11. 新住宅事業施行者間で清掃工場建設の費用負担に関する協定を締結。

年	社会の動き	中央省庁	東京都	日本住宅公団	多摩市、八王子市、稲城市、町田市	多摩ニュータウン事業における左記連携の動き並びに交通等
					ウンド水道条例施行により、知事部局に水道部下水道課設置。6. 開発本部に多摩ニュータウン施設管理事務所を設置。7. 6 多摩ニュータウン乗り入れ私鉄への建設資金援助を決定。9. 28 知事「ごみ戦争」宣言。	めの4条件（①行政区画 ②財政問題 ③多摩新線開設 ④病院建設）を提示（住宅建設ストップ）。
1972年（昭和47年）	6. 11『日本列島改造論』刊。7. 7 田中角栄内閣成立。9. 29 日中国交正常化。12. 22 第二次田中角栄内閣成立。	6. 16 工業再配置促進法公布。8. 9 通産省、新産業立地構想を公表（工業再配置への新税導入）。8. 10 産業構造審議会第一回開催。10. 20 工業再配置促進法に基づく地域指定決定。12. 25 産業構造審議会「住宅・都市産業及び関連する都市産業の発展の方向と必要な施策」を施策答申。	5. 19 多摩連絡都市基本計画発表。11. 28 第1回世界大都市会議参加メンバーが多摩ニュータウン視察。12. 開発本部に西部区画整理事務所を設置。多摩ニュータウン宅地造成事務所、多摩ニュータウン区画整理事務所を、東部区画整理事務所、多摩ニュータウン管理事務所にそれぞれ名称変更。	3. 15 多摩ニュータウン第二次入居開始。愛宕団地に1,342戸入居。	4. 1 南諏訪小学校、東愛宕中学校開校。4. 多摩市「宅地等開発に関する要綱」施行。4. 永山地区に多摩消防署開設。6. 26 多摩市の価格差土地買収価格の是正を求める市民が、土地買収価格を多摩市議会長あって請願を提出。7. 4 多摩市が、土地買収差是正に関する請願を都議会に提出。8. 24 八王子市が用地買収する不均衡是正に関する請願を都議会に提出。	8. 2 京王相模原線（若葉台一多摩中央）及び小田急多摩線（黒川一多摩中央）の工事が認可。9. 30 京王相模原線の延伸工事及び小田急城山線の延伸工事に着手。12. 12 由木土地区画整理事業計画の地元説明会開催。
1973年（昭和48年）	10. 16 OPEC原油価格70%上げ。		2. 東京都と多摩市の間で清掃工場の管理運営に関する協定締結。11.「都営住宅建設に関する地域開発要綱」制定。	9. 26 永山地区センターの第一次入居者75名内定。	2. 11 八王子市長選後藤徳一当選。4. 1 多摩清掃工場が多摩引き継がれ操業開始。6. 21 永山中学校給食センター操業開始。	3. 新住事業施行者間で鉄道新線建設費用負担について覚書交換。第七回南多摩開発計画会議開催。地元市における財政問題検討のための

年表

年	社会の動き	中央省庁	東京都	日本住宅公団	多摩市、八王子市、稲城市、町田市	多摩ニュータウン事業における左記連携並びに交通等
					6.25 用地買収価格差問題について「生活再建センター」を設置することで関係地権者との合意成立。11.27町田・多摩両市の行政区域変更が告示され、町田市小野路町・下小山田町・上小山田町の一部が多摩市に編入されるとともに、多摩市落合の一部が町田市に編入される。	専門委員の設置を協議決定。
1974年(昭和49年)	12.9 三木武夫内閣成立。	6.25 国土利用計画法公布。6.26 国土庁発足。8.1 地域振興整備公団発足。	2.15 物価局設置。10. 都営住宅条例改正(高額所得者の明け渡し請求、建て替え事業の施行に伴う明け渡し請求等)。11. 杉並清掃工場問題解決。12.6 知事「財政戦争」宣言。	10.4 永山駅前にグリナード永山オープン。	4.1 多摩市立北永山小学校開校。8.1 八王子市議会多摩ニュータウン特別委員会は地下鉄東西線のニュータウン乗り入れを八王子商店街振興の観点から賛成しないと決定。	6.1 小田急多摩線が新百合ヶ丘駅から小田急永山駅まで開通。10.14 第九回南多摩開発計画会議において「多摩ニュータウンにおける住宅建設と地元の行財政に関する要綱」が制定され、住宅建設が再開する。10.18 京王相模原線がみうらグランド駅から京王多摩センター駅まで開通。
1975年(昭和50年)		9.1 宅地開発公団設立。	4.13 都知事選美濃部亮吉三選。		4.1 多摩市立北諏訪小学校開校。5.1 多摩町長選挙で富沢政鑒五選。稲城市長選で株直兄三選。	4.23 小田急多摩線が小田急永山駅から小田急多摩センター駅まで開通。11.26 都・日本住宅公団・東京都住宅供給公社の費用負担により、広域火葬施設として南多摩斎場が開設される。

年	社会の動き	中央省庁	東京都	日本住宅公団	多摩市, 八王子市, 稲城市, 町田市	多摩ニュータウン事業における左記連携の動き並びに交通等
1976年(昭和51年)	12.24 福田赳夫内閣成立.	3. 第三期住宅建設五箇年計画閣議決定. 11.12 国土庁, 第三次首都圏基本計画策定.	7.15 多摩ニュータウン医療計画検討委員会設置. 8. 1 東京都政会議がつくられ, 多摩ニュータウン推進対策会議は吸収廃止. 物価局廃止.	3.16 八王子市鹿島地区の入居開始. 3.20 多摩市豊ヶ丘・落合地区入居開始. 3.25 多摩市貝取・豊ヶ岡地区, 八王子市松が谷地区の入居開始.	4.1 豊ヶ丘小学校・北落合小学校・西愛宕小学校・豊ヶ丘中学校開校. が谷小学校・松が谷中学校・松が谷小学校・松が谷中学校開校. 11.30 毛根幹線計画反対住民が, 幹線予定地で工事用道路をバリケード封鎖.	
1977年(昭和52年)		3.18 国土庁, 新産業都市建設基本計画・工業整備特別地域整備基本計画策定. 11. 4 第三次全国総合開発計画閣議決定.			2. 6 八王子市長選で後藤惣一再選. 4. 1 多摩市立中諏訪小学校・南貝取小学校開校. 5. 1 永山地区に多摩保健相談所開設. 7.21 日本医科大学附属多摩永山病院が診療開始.	11.30 第十回南多摩開発計画会議において「多摩ニュータウン西部地区開発大綱」が決定され, 多摩ニュータウン西部地区（八王子市南大沢・松木・下柚木・上柚木・鑓水・町田市小山町の各一部）の開発方針が定められる.
1978年(昭和53年)	12. 7 大平正芳内閣成立.		2. 多摩センター地区都市基盤整備事業に着手. 2.13 自治体に財政健全化計画提出（職員定数削減等）, 赤字団体回避. 6.労働局・経済局の統合を中心とした第二次機構改革を実施. 9.「三沢川分水路の覚書」を住宅公団と交換.		4. 1 多摩市立諏訪中学校開校.	3. 2 京王帝都線建設促進実行委員会が, 京王相模原線の延長促進要望書を都知事宛に提出.
1979年(昭和54年)	11. 9 第二次大平正芳内閣成立.		4. 8 都知事選鈴木俊一当選.	10. 5 多摩ニュータウンで最初の一	4.1 多摩市立西永山小学校・南落合小学校, 都立南野高校	

表 323

年	社会の動き	中央省庁	東京都	日本住宅公団	多摩市、八王子市、稲城市、町田市	多摩ニュータウン事業における左記連携の動き並びに交通等
1980年(昭和55年)	7.17 鈴木善幸内閣成立。		2. 多摩川流域下水道の費用負担等に関する基本協定締結。10. 都と新住事業施行者の間で土地区画整理事業と新住事業の調整業務に関する費用負担協定締結。10. 東京都住宅供給公社の南多摩開発事務所廃止。	宅地分譲開始。4.21 多摩センター地区に上ノ上プラザオープン。	開校。4.22 多摩市長選で白井千秋当選。5.1 稲城市長選で森直兄三選。4.1 多摩市立北豊ヶ丘小学校、西永山中学校開校。	4.21 多摩センター駅前のバスターミナル使用開始。
1981年(昭和56年)		3. 第四期住宅建設五箇年計画閣議決定。6.8 通産省、高度技術工業集積都市（テクノポリス）建設候補地に函館等16地点決定。12.25 国土庁、第三次首都圏基本計画、第三次工業整備特別地域整備基本計画決定。	5.27 多摩都市計画特別用途地区（特別業務地区）の都市計画決定が行われる。	10.1 日本住宅公団と宅地開発公団を統合し、住宅・都市整備公団発足。	2.8 八王子市長選で後藤聰一三選。4.1 多摩市立東落合中学校、都立松が谷高校開校。	5.27 多摩市特別業務地区建築条令が施行。
1982年(昭和57年)	11.27 中曽根康弘内閣成立。	7.12 通産省産業構造審議会住宅・都市産業部会、住宅産業活性化に向けての中間答申をまとめる。	12.3 「東京都長期計画―マイタウン東京21世紀をめざして」が策定。今後について「業務・商業・文化施設の誘致にとどめることが提言される。	3.20 多摩市鶴牧地区の入居開始。3.30 多摩サービスコーナー、東京ガス営業所開設。多摩ガインダストリー地区第一次業務用地の分譲開始。	3.4 多摩センター地区に多摩郵便局、東京電力営業所、東京ガス営業所開設。3.30 八王子市議会が多摩ニュータウン対策特別委員会を「多摩・八王子ニュータウン対策特別委員会」と改称。	4. 第十一回南多摩開発計画会議開催、多摩ニュータウン開発の今後の展望と基本的方向、開発計画要綱の改正、改正。財政要綱の一部改正。7.9 関係23市町村で、多摩

年	社会の動き	中央省庁	東京都	日本住宅公団	多摩市、八王子市、稲城市、町田市	多摩ニュータウン事業における左記連携の動き並びに交通等
1983年(昭和58年)	12.26 第二次中曽根康弘内閣成立。	5.16 高度技術工業集積地域開発促進法(いわゆるテクノポリス法)公布。	2.1 多摩ニュータウン幹線道路の南大沢まで開通。4.10 都知事選鈴木俊一再選。5.26 東京都中央卸売市場 多摩ニュータウン市場開設。	3.24 八王子市南大沢地区の入居開始。	4.1 多摩市立南鶴牧小学校・西落合中学校開校。10.5 八王子市鹿島・松が谷地区の住民が、都知事に対し多摩市への編入陳情。	れる。地域都市モノレール等建設促進協議会発足。9.6 京王相模原線(京王多摩センター―橋本)の工事認可。
1984年(昭和59年)			12.南多摩新都市開発本部企画室を管理部に統合。	1.多摩ニュータウン初の建物付宅地分譲募集開始。3.24 多摩市聖ヶ丘地区の入居開始。	4.1 多摩市立北貝取小学校・南貝取小学校開校、八王子市立柏木小学校・南大沢小学校・愛宕小学校開校、南大沢中学校開校。4.多摩市長選で白井千秋再選。5.1 稲城市長選で森直竜三選。10.25 多摩市、八王子市が「多摩ニュータウンに係る八王子市及び多摩市の境界変更に関する協議会」を結成。	11.8 京王相模原線(京王多摩センター―橋本)の工事着手。
				1.29 八王子市長選で波多野重雄当選。4.1 多摩市立聖ヶ丘小学校・聖ヶ丘中学校開校。		11.28 多摩都市モノレールの多摩センター―東大和市ルート決定。
1985年(昭和60年)		3.5 新住宅市街地開発法施工令改正(公募によらず民間事業者が造成した宅地を譲受できるようにする)。5.27 国土庁「首都改造計画」を決定し、立	3.三沢川分水路竣工。	11.13 多摩センター地区に新都市センタービル開業。	8.30 鹿島・松が谷地区の行政一元化を考える多摩ニュータウン17・18住区の行政一元化を八王子市議会に陳情。	5.第十二回南多摩開発計画会議開催、相模原・小山地区の多摩センター設置、小田急多摩線の延伸。

年表 325

年	社会の動き	中央省庁	東京都	日本住宅公団	多摩市、八王子市、稲城市、町田市	多摩ニュータウン事業における左記連携の動きならびに交通等
1986年(昭和61年)	7.22 第三次中曽根康弘内閣成立。	川、八王子、青梅市を中心とした多摩自立都市圏構想を打ち出す。3.31 第五期住宅建設五箇年計画閣議決定。5.16 新住宅市街地開発法改正（特定業務施設の立地も可能にする）。6.5 国土庁、第四次首都圏基本計画策定。12.4 国土庁、第四次新産業都市建設基本計画・第四次工業整備特別地域整備基本計画策定。	3.31 東京都住宅供給公社による新住宅市街地開発事業が完了。		5. 多摩市は大型店対策資金貸付制度を創設。	3.9 小田急多摩線（小田急多摩センター－唐木田）の路線免許おりる。3.28 京王聖蹟桜ヶ丘ショッピングセンター開業。4.8 多摩都市モノレール（株）発足。
1987年(昭和62年)	11.6 竹下登内閣成立。	6.30 第四次全国総合開発計画閣議決定。	1.30 多摩センター駅南側5haについて、特別業務施設の建設ができるように都市計画変更の公告を行う。4.12 都知事選鈴木俊一三選。	2.1 多摩ニュータウン初の民間住宅地の分譲開始。5. 多摩センター地区において、多摩ニュータウン初の特定業務用地の分譲開始。	4. 多摩市長選で臼井千秋三選、稲城市長選で山田元当選。10.31 多摩センター地区に多摩市立複合文化施設（パルテノン多摩）が開館。10.「多摩市行政改革大綱」策定。	11.25 小田急多摩線（小田急多摩線－唐木田）の工事着手。
1988年(昭和63年)				3.26 稲城市向陽台地区の入居開始。5. CSK情報教育センター開業。	1.29 八王子市長選で波多野重雄再選。4.1 稲城市立向陽小学校・稲城第五中学校開校。	5.21 京王相模原線が京王多摩センター駅から南大沢駅まで開通。
1989年(昭和64・	6.2 宇野宗佑内閣成立。	8.1 南多摩新都市開発本部が組織改正に伴い、		3. 八王子市南大沢地区（15住区）分譲地改正に伴い、	4.1 八王子市立大宮上小学校開校。4.1 八王子市立宮上中学校開校。	

年	社会の動き	中央省庁	東京都	日本住宅公団	多摩市、八王子市、稲城市、町田市	多摩ニュータウン事業における左記連携の動き並びに交通等
平成元年	8.9 海部俊樹内閣成立.		多摩都市整備本部となる.	入居開始. 10. 多摩そごう開業.		
1990年(平成2年)	2.28 第二次海部俊樹内閣成立.		8. 南多摩新都市開発本部を「多摩都市整備本部」に改称。多摩地域の事業執行体制の強化. 11 第三次東京都長期計画策定.	3. 八王子市堀之内・別所地区入居開始. 京王プラザホテル多摩開業. 12. サンリオピューロランド開業.	4.1 八王子市立秋葉台小学校・別所中学校開校.	3.27 小田急多摩線多摩センター―唐木田間開通. 3.30 京王相模原線南大沢―橋本間開通. 6. 多摩都市モノレール(立川北―上北台)工事認可.
1991年(平成3年)	11.5 宮澤喜一内閣成立.	1.25 総合土地政策推進要綱を閣議決定. 3. 第六期住宅建設五箇年計画閣議決定. 12.18 国土庁、第四次新産業都市建設基本計画、第四次工業整備特別地域整備基本計画策定.	4.1 都立大学開校、新宿に都庁移転. 4.7 都知事選鈴木俊一四選.	3. 唐木田地区入居開始. 5.7 朝日生命保険多摩本社開業.	4. 多摩市長選で臼井千秋四選. 稲城市長選で石川良一当選.	4. 京王相模原線多摩境駅開業. 9. 多摩都市モノレール(立川北―多摩センター)工事認可.
1992年(平成4年)	3.26 国土庁地価公示17年ぶり下落.	1.31 大店法施行.		3. 八王子市南大沢地区(20住区)入居開始.	1.29 八王子市長選で波多野重雄三選. 4.1 八王子市立別所小学校開校. 稲城市立城山小学校開校.	
1993年(平成5年)	8.9 細川護熙内閣成立.	11.19 環境基本法公布.		3. 八王子市松木地区、上柚木地区入居開始.		
1994年(平成6年)	4.28 羽田孜内閣成立.	6.30 村山富市内閣成立.		3. ベネッセコーポレーション東京ビル開業.	4.1 多摩市南諏訪小学校が統合、中諏訪小学校に. 八王子市立松木中学校・上柚木中学校開校.	

年表 327

年	社会の動き	中央省庁	東京都	日本住宅公団	多摩市、八王子市、稲城市、町田市	多摩ニュータウン事業における左記連携の動き並びに交通等
1995年(平成7年)	1.17 阪神淡路大震災。		4.9 都知事選青島幸男当選	3. 稲城市長峰地区入居開始	4.1 八王子市立下柚木小学校・上柚木小学校開校。稲城市立長峰小学校開校。4. 多摩市長選で臼井千秋五選、稲城市長選で石川良一再選。	
1996年(平成8年)	1.11 橋本龍太郎内閣成立。11.7 第二次橋本龍太郎内閣成立。	3. 第七期住宅建設五箇年計画閣議決定。			1.29 八王子市長選で波多野重雄四選。	
1997年(平成9年)		2.10 新総合土地政策推進要綱を閣議決定。			3. ベルブ永山開業。4.1 八王子市立長池小学校開校。	3. 多摩ニュータウン学会発足。
1998年(平成10年)	7.30 小渕恵三内閣成立。	3.31 第五次全国総合開発計画閣議決定。6.3 中心市街地活性化法公布。	4. 水道事業を東京都水道局に統合し、地方公営部門廃止。「多摩の『しJ育成・整備計画』策定。7. 「多摩都市整備本部事務所を再編し、南多摩整備事務所、北多摩整備事務所、下水道事務所の3事務所に。	3. 八王子市鑓水地区入居開始。11. ハウスメーカーとの初の建物付宅地分譲実施(若葉台)。	4.1 八王子市立鑓水中学校・鑓水小学校開校。	11. 多摩都市モノレール上北台-立川北開通。
1999年(平成11年)		3.26 第五次首都圏基本計画策定。	4.11 都知事選石原慎太郎当選。4. 多摩都市整備本部経理課から宅地販売機能を分離し、宅地販売課(N-City)を設置。これにより宅地販売機能を強化。	3. 稲城市若葉台地区入居開始。10. 民間側による初の戸建住宅地の入居開始(N-City)。10. 都市基盤整備	4.1 稲城市立若葉台小学校・稲城第六中学校開校。4.25 多摩市長選で鈴木邦彦当選、稲城市長選で石川良一三選。	

年	社会の動き	中央省庁	東京都	日本住宅公団	多摩市、八王子市、稲城市、町田市	多摩ニュータウン事業における左記連携の動き並びに交通等
2000年（平成12年）	4.5 森喜朗内閣成立。7.4 第二次森喜朗内閣成立。			公団に改組。分譲住宅供給から撤退し、賃貸住宅供給、都市基盤整備を行うこととなった。7.4 多摩そごう閉店。同建物に11月三越・大塚家具開業。	1.29 八王子市長選で黒須隆一当選。	1. 多摩都市モノレール立川北-多摩センター開通。
2001年（平成13年）	4.26 小泉純一郎内閣成立。	1.6 省庁再編。運輸省、建設省、国土庁、北海道開発庁が統合し、国土交通省が発足。3. 第八期住宅建設五箇年計画閣議決定。	4. 多摩ニュータウン事業及び下水道事業の地元市移管の多摩都市整備本部企画部門と宅地販売部門を統合し、事業企画課を設置。下水道事務所を廃し、南多摩整備事務所に下水道課設置。	4. 八王子市長池公園開園。		
2002年（平成14年）			4. 多摩都市整備本部は建設局に統合。		4.21 多摩市長選で渡辺幸子当選。	
2003年（平成15年）	11.19 第二次小泉純一郎内閣成立。		4.13 都知事選石原慎太郎再選。		4.27 稲城市長選で石川良一四選。	
2004年（平成16年）			3. 東京都施行新住宅市街地開発事業完了。	7.1 都市基盤整備公団と地域振興整備公団の都市開発整備部門が統合され、都	1.25 八王子市長選で黒須隆一再選。	

年	社会の動き	中央省庁	東京都	日本住宅公団	多摩市, 八王子市, 稲城市, 町田市	多摩ニュータウン事業における左記連携の動きならびに交通等
2005年(平成17年)	9.21 第三次小泉純一郎内閣成立.	10. 日本道路公団民営化.		市再生機構が発足.		
2006年(平成18年)			12.22「10年後の東京」計画策定.	3. 都市再生機構施行新住宅市街地開発事業完了.	4.16 多摩市長選で渡辺幸子再選.	

上記年表は以下の文献等を参考に作成したものである.
建設省五十年史編集委員会 (1998)『建設省五十年史Ⅰ, Ⅱ』社団法人建設広報協議会
国土庁史(2000)『国土庁史』
多摩市史編集委員会 (1999)『多摩市史 通史編二近現代』多摩市
財団法人多摩文化振興財団 (1998)『多摩ニュータウン開発の軌跡』多摩市
財団法人通商産業調査会 (1992)『通商産業政策史第16巻』財団法人多摩文化振興財団
東京都南多摩新都市開発本部 (1987)『多摩ニュータウン開発の歩み』
UR都市機構 (2006)『多摩ニュータウン開発事業誌―通史編―』都市再生機構東日本支社

あとがき ―教訓としての「オーラル・ヒストリー」

　かつてブルクハルトは，歴史とは「一つの時代が他の時代の中に注目に値すると認めたもの」と述べたが，この定義は今でも適切であるとしても，あまりに一般的すぎる．したがって，我々の「多摩ニュータウン・アーカイブプロジェクト」の作業の一環として進めてきた「オーラル・ヒストリー」にこの定義を対応させようとすれば，「他の時代」とは何か，「注目に値する」とは何か，について自問自答しなければ，多摩ニュータウンの歴史を語るこの作業自体が完結しないといってよいだろう．「他の時代」とは多摩ニュータウンの開発を主導的に担ってきたUR都市再生機構（旧住宅都市整備公団）と東京都が開発事業の「終了を宣言した後の時代」と定義したい．そして「注目に値する」とは以下の代表的な事項を我々の前に示すことになったからだ．すなわち，トップランナーではなかったが，日本最大のニュータウン開発事業であったこと，その事業があまりにも長期にわたったことから時代の波を当然の如くかぶり，その計画の理念も使命も時代とともに変遷する運命を伴わざるを得なかったこと，そして「都市の創造」に関してあまたの教訓を残したことである．この本で取り扱った証言，すなわち「多摩ニュータウン」に関連して直接参画した立場から，学者として観察し評価してきた立場から，東京大都市圏を日本列島の産業立地担当として鳥瞰してきた立場から，そして直接の社会的圧力を調整してきた行政の立場から，その時代に立ち会った「キーパーソン」の様々な思いを直接「証言」として書きとめることの意味は，学問的価値からしても大きい．

　では，その学問的価値とは一体何だろうか．「歴史は予測が不可能である」という主張もある．我々が多摩ニュータウン学会の総力を結集して集めた資料や教訓は，ある歴史的事項について学習し解釈するためには有用ではある．しかし，未来の「べき論」に演繹できるように歴史は作られてはいないし，

そもそも予測とはなじまない学問だとする言説も多い．むしろ「サイエンス」を標榜する側の専門家からすればこのような態度こそ自然かもしれない．とくに，客観的データではなく，当事者の思い込みや主観が当然のごとく混入する「話し」に何の価値があろうという意見もある「オーラル・ヒストリー」に投げかけられるこの種の批判的意見に対しても，そして我々がこの本で目指した内容の学問的価値を維持するためにも，御厨，飯尾両先生の示された指針は重要である．

「オーラル・ヒストリー」も含めて資料や教訓は，ある意味で未来に潜むリスクや不合理に対する「防御柵」としての役割が意外なほど大きい．ヘロドトスが編んだ『歴史』にしろ，司馬遷の『史記』にしろ，大歴史書と呼ばれている著作の中には，人間によって営まれた「史実」に含まれる隠喩・暗喩の類が持つある種の「メッセージ」が含まれている．同種のメッセージが現在にも十分通用する有用な教訓として本書の中に散りばめられていることにおそらく読者は納得してくれることだろう．

本書で編まれた「オーラル・ヒストリー」に登場していただいた各界の代表者の言葉の端々に，その種の隠喩・暗喩が隠されている．時代の証言者であると同時に，ある面では時代の一断面を主体的に担って来られた方々ばかり当場していただいたからであるから当然である．ところで，彼ら「キーパーソン」の原稿を丹念にたどってゆくとき，その言葉の端々に「その時代の精神」の残滓を感じる．「時代の精神」という概念に強く反発する歴史家も多いが，本書で登場する「キーパーソン」は当事者として，あるいは観察者として，そしてそれぞれの立ち位置でその時代の持つ固有性が発散する精気を吸いながら，考え，行動し，そしてまた悩みながら考え，調整しながら行動してきたのだ．その多面的で豊穣な「時代の証言」を読者が自らのものとし，そこに明日の教訓を得ることができるとしたら，編著者として望外の喜びである．

ところで本書の母体となった「多摩ニュータウン・アーカイブプロジェクト」は中央大学政策文化総合研究所と多摩ニュータウン学会の共同作業とし

て2006年度から3年間続けられたものである．この間，多くの多摩ニュータウン学会会員にご協力をいただいた．篠原啓一，西浦定継，成瀬惠宏，阿部明美，松本祐一，中川和郎，岡田ちよ子，田中まゆみ，林浩一郎の学会員諸氏には質問者として力になっていただいた．特に，林浩一郎氏は臼井千秋氏インタビューのトランスクリプションを行う等，積極的に関わっていただいた．また，元住宅・都市整備公団常任参与の御舩哲氏からは多くの示唆をいただき，財団法人日本立地センター立地総合研究所主任研究員の久保亨氏，株式会社都市産業研究所の伊藤清武氏からは有益なコメントとご協力をいただいた．この他にも，多摩ニュータウンの明日を考える多くの方々の協力がなければ本書は成り立たなかった．この場を借りて御礼申しあげたい．

編著者を代表して
細 野 助 博

索 引

事項索引

あ 行

アーカイブス　　　　　　　　　88
エンパワーメント　　　　　　　61
オーラル・ヒストリー　　75, 76, 78,
　　　　　　　　　80-84, 89, 91-94

か 行

開発政策史　　　　　　　　　　20
開発マネジメント　　　　　　　29
行財政要綱　9, 35, 50, 53, 217, 234, 277
拠点開発論　　　　　　　　45, 163
近隣住区論　　　　　5, 157, 160, 174
区画整理事業　　　　　　　　　 6
グリーンベルト　　　　　　　　 4
グレーター・ロンドン・プラン　162
工業再配置促進法　　　　　128, 133
工業整備特別地域　　　　　109, 124
工業適正配置構想　　　　　123, 133

さ 行

最小限住宅　　　　　　　　　 151
桜ヶ丘団地　　　　　　　　　 255
産業立地政策　　　　　　　　 122
三多摩格差　　　　　　　　32, 201
資源調査会　　　　　　　　　 159
シビルミニマム　　　　47, 151, 168
住建ストップ　　　　　　　　 216
住宅営団　　　　　　　　　　 150
住宅金融公庫　　　　　　　41, 154
住宅建設五箇年計画　41, 113, 157, 167
住宅公社　　　　　　　　　　 154
首都圏整備委員会　　　　　　 158
首都圏整備計画　　　　　　4, 110
首都圏整備法　　　　　　　　 123

職住近接　　　　　　　10, 39, 53, 46
所得倍増計画　　　　　　100, 109, 110
新産業都市　　　　　　　　　　124
新産業都市整備計画　　　　　　109
新住宅市街地開発法　　5, 10, 27, 44,
　　　　　　　　　　　　　160, 223
新日本建築家集団　　　　　　　143
西部地区開発大綱　　　　　　　 10
セクター開発　　　　　　　　　164
全国総合開発計画　45, 99, 109, 123, 135
ソーシャル・キャピタル　　　59, 73

た 行

第二次首都圏整備基本計画　　　161
太平洋ベルト地帯構想　　4, 109, 122,
　　　　　　　　　　　　　124, 133
宅地開発要綱　　　　　　　　　 51
多心型都市構造論　　　　　　　204
立替施工制度　　　　　　　219, 235
多摩都市整備本部　　　　　　　206
多摩ニュータウン開発計画 1965 45, 49
多摩ニュータウン開発計画会議　 9
多摩ニュータウン市場　　　　　186
多摩の心　　　　　　　　　　　 11
多摩連環都市計画　　　　　　　 49
賃貸分譲比率　　　　　　　　　236
適応効率性　　　　　　　　　　 36
テクノポリス構想　　　　　　　 54
テクノポリス政策　　　　　　　122
テクノポリス地域開発法　　　　135
田園都市論　　　　　　　　　　102
東京都南多摩新都市開発事業
　連絡協議会　　　　　　　　　271
とうきょうプラン 95　　　　　205
東京問題調査会　　　　　29, 32, 47

同潤会	150	府中カントリー	255
都営住宅に関する地域開発要綱	53	ベッドタウン	189
特定業務施設	10	**ま　行**	
特別業務地区	235		
都市政策大綱	127	南多摩新都市開発本部	195
な　行		南多摩新都市建設に関する基本方針	28
永山団地	192	美濃部都政	189
燃料革命	114	**や　行**	
は　行		要綱行政	52
パルテノン多摩	240	**ら　行**	
広場と青空の東京構想	193, 202		
複合型多機能都市	10	ロブソン報告	32, 188, 207

人名索引

あ 行

浅田孝	49
東竜太郎	185
安部磯雄	149
池田勇人	100, 111
池辺陽	145
石井威望	100
石川要三	291
石田頼房	47
石原信雄	77
磯村英一	107
市川清志	144
井手嘉憲	29
伊藤公介	291
伊藤整	104
伊東光晴	29
井上孝	104
猪瀬博	100
内田祥三	106, 107
浦良一	146
遠藤湘吉	29
大内兵衛	194
大川一司	108
大崎本一	186
大場正典	175

か 行

柿本善也	243
加藤誠平	104
茅陽一	100
川上秀光	100
川手昭二	45, 108, 112
木内信蔵	107
木崎茂男	263
岸信介	78
河野一郎	259
後藤田正晴	77, 90
小長啓一	122, 128
小室鉄雄	27
小森武	47, 192
今野源八郎	107
今野博	25
金芳晴	221, 281
今和次郎	145

さ 行

佐伯進	55
山東良文	161, 162
下河辺淳	82, 130, 138, 145
下総薫	100
下野峰雄	220
新澤嘉芽統	29, 47
鈴木俊一	187, 226
鈴木成文	146

た 行

タウト，ブルーノ	103
高橋正雄	194
高村旭	253
高山英華	99, 105, 107, 108, 128, 129, 144, 147
武居高四郎	104, 107
武基雄	145
田中角栄	111, 127, 128, 134
田村明	49
丹下健三	49, 111, 145
堤清二	77
角本良平	46, 164
都留重人	29, 191

富澤政鑒	215, 220	美濃部亮吉	29, 47, 48, 191
		宮沢喜一	77
		宮本顕治	288

な 行

仲田勝彦	186
中村隆英	77
西山卯三	145, 146, 147, 150
二宮公雄	49
野々村宗逸	55

森まゆみ	94

や 行

八十島義之助	129
山田正男	25, 85, 86, 163
横倉舜三	27, 214, 222
横倉真吉	220, 222
吉坂隆正	145

は 行

橋本寿朗	77
華山謙	47
浜口ミホ	146
浜口隆一	151
浜西節郎	284
早坂茂三	138
原彬久	78
日笠端	145
平松守彦	121, 133, 134
麓邦明	138
古川修	145
北条晃敬	25, 163

ら 行

ライト，フランク・ロイド	103
リリエンソール	111
ル・コルビュジエ	102, 103
ロブソン，ウィリアム・A.	29

わ 行

鷲田清一	77

ま 行

升本達夫	27

編著者・証言者略歴

<編著者>

細野助博(ほそのすけひろ)　中央大学総合政策学部・同大学院公共政策研究科教授

　1949年(昭和24年)生まれ．1981年(昭和56年)筑波大学大学院社会工学研究科博士課程修了．1995年(平成7年)より現職．1997年(平成9年)-1998年(平成10年)，メリーランド大学大学院客員教授．日本公共政策学会元会長，多摩ニュータウン学会会長，日本計画行政学会常務理事，公共選択学会理事等をつとめる．主な著書に『中心市街地の成功方程式』(時事通信社，2007)，『政策統計』(中央大学出版部，2005)，『実践コミュニティビジネス』(中央大学出版部，2003)，『スマートコミュニティ』(中大出版部，2000)，『中央省庁の政策形成過程』(中央大学出版部，1999)『現代社会の政策分析』(勁草書房，1995) 他多数．

廣岡守穂(ひろおかもりほ)　中央大学法学部教授

　1951年(昭和26年)生まれ．東京大学法学部卒業．中央大学法学部助教授等を経て1990年(昭和55年)より現職．専門は政治学．主な著書に『よくわかる自治体の男女共同参画政策』(共著，学陽書房，2001)，『男だって子育て』(岩波書店，1990)，『「豊かさ」のパラドックス』(講談社，1986)，『女たちの「自分育て」』(講談社，1992)，『福祉と女性』(中央大学通信教育部，1998)，『近代日本の心象風景』(木鐸社，1995) 他．

中庭光彦(なかにわみつひこ)　多摩大学総合研究所准教授・中央大学政策文化総合研究所客員研究員

　1962年(昭和37年)生まれ．学習院大学法学部政治学科卒業．中央大学大学院総合政策研究科博士課程退学．ミツカン水の文化センター主任研究員等を経て，2009年(平成21年)より多摩大学総合研究所准教授．専門は地域政策，政策史，水文化論．主な著書に『NPOの底力』(水曜社，2004) 他．

＜証言者・対論者＞ ※五十音順

青山 佾　元東京都副知事

1943年（昭和18年）まれ．1967年（昭和42年）東京都庁経済局に入る．中央市場・目黒区・政策室・衛生局・都立短大・都市計画局・生活文化局等を経て，高齢福祉部長，計画部長，政策報道室理事等を歴任．1999年（平成11年）から2003年（平成15年）まで石原慎太郎知事のもとで東京都副知事（危機管理，防災，都市構造，財政等を担当）．2004年（平成16年）より明治大学公共政策大学院ガバナンス研究科教授．

飯島 貞一　日本立地センター顧問

1922年（大正11年）生まれ．1947年（昭和22年）早稲田大学理工学部工業経営学科卒業後，物価庁に入る．経済安定本部を経て，1952年（昭和27年）通商産業省企業局へ．以後産業立地行政に関わり，1965年（昭和40年）（財）日本立地センター常務理事．一貫して立地行政の第一線で活躍してきた．

飯尾 潤　政策研究大学院大学教授

1962年（昭和37年）生まれ．東京大学大学院法学政治学研究科博士課程修了．埼玉大学大学院助教授，ハーバード大学客員研究員等を経て現職．主な著書に『政局から政策へ』(NTT出版，2008)，『日本の統治構造』（中央公論新社，2007），『民営化の政治過程』（東京大学出版会，1993），『年金改革の政治経済学』（共著，東洋経済新報社，1995）等他多数．

伊藤 滋　早稲田大学特任教授，東京大学名誉教授，多摩ニュータウン学会名誉会長

1931年（昭和6年）東京生まれ．東京大学農学部林学科，工学部建築学科卒業．同大学大学院工学系研究科建築学博士課程修了．MIT・ハーバード大学共同都市研究所客員研究員，東京大学工学部都市工学科教授，慶應義塾大学環境情報学部教授，同大学院政策・メディア研究科教授を経て現職．また，1997年（平成9年）3月の多摩ニュータウン学会設立時に会長を務め，現・名誉会長．主な著書に『提言・都市創造』（晶文社，1996），『東京育ちの東京論』（PHP出版，2002），『昭和のまちの物語』（ぎょうせい，2006）他多数．

編著者・証言者履歴

臼井千秋（うすいちあき）　元多摩市長

1927年（昭和2年）多摩村百草出身．1971年（昭和46年）-1979年（昭和54年）の2期，多摩村議会議員をつとめた後，1979年（昭和54年）-1999年（平成11年）の5期に渡り，多摩市長をつとめる．

川手昭二（かわてしょうじ）　筑波大学名誉教授

1927年（昭和2年）東京生まれ．1951年（昭和26年）日本大学工学部建築学科卒業．1956年（昭和31年）東京大学工学部旧制大学院退学，日本住宅公団に就職．多摩ニュータウン，港北ニュータウンを担当し，企画・事業計画・都市計画決定手続き業務の責任者となる．1984年（昭和59年）日本住宅公団退職，筑波大学社会工学系教授就任．1991年（平成3年）芝浦工業大学システム工学部教授．2004（平成16年）財団法人つくば都市交通センター理事長．主な著書に，『事業化と都市経営』（理工図書，1962），『住宅問題講座第8巻　宅地開発事業』（有斐閣，1968），『土地問題講座第5巻　宅地開発の手法と問題点』（鹿島出版会，1970），『都市計画教科書』（彰国社，1987），『建設設計資料集成　港北ニュータウン』（丸善，2003）．

御厨貴（みくりやたかし）　東京大学先端科学技術研究センター教授

1951年（昭和26年）生まれ．東京大学法学部卒．ハーバード大学客員研究員，東京都立大学教授，政策研究大学院大学教授を経て現職．日本公共政策学会会長．主な著書に『オーラル・ヒストリー入門』（岩波書店，2007），『明治国家をつくる』（藤原書店，2007），『正伝後藤新平』（藤原書店，2007），『政策の総合と権力』（東京大学出版会，1996），『東京―首都は国家を越えるか』（読売新聞社，1996），『馬場恒吾の面目―危機の時代のリベラリスト』（中央公論新社，1997）等他多数．

横倉舜三（よこくらしゅんぞう）　多摩ニュータウンタイムズ社主

1923年（大正12年）多摩村落合に生まれる．1950年（昭和25年）多摩村農業協同組合常務理事，1955年（昭和30年）多摩村村会議員．1963年（昭和38年）頃より，多摩ニュータウンの用地買収の地元取りまとめ役として中心的役割を果たした．1975年（昭和50年）多摩市議会議員当選，初代議会運営委員長．1979年（昭和54年）臼井千秋市長選選挙対策本部副本部長．1982年（昭和57年）多摩ニュータウンタイムズ社主就任，現在にいたる．

オーラル・ヒストリー　多摩ニュータウン
中央大学政策文化総合研究所研究叢書11

2010 年 3 月 31 日　初版第 1 刷発行

編 著 者　　　細　野　助　博
　　　　　　　中　庭　光　彦

発 行 者　　中 央 大 学 出 版 部
　　　　　代表者　玉　造　竹　彦

〒192-0393　東京都八王子市東中野 742-1
発行所　中 央 大 学 出 版 部
http://www2.chuo-u.ac.jp/up/
電話 042(674)2351　FAX 042(674)2354

© 2010　　　　　　　　　ニシキ印刷／三栄社
ISBN978-4-8057-1410-2